电工安全作业

DIANGONG ANQUAN ZUOYE

曹孟州　编著

中国电力出版社
CHINA ELECTRIC POWER PRESS

内 容 提 要

为推动我国电气技术安全的进步，本书侧重电气安全技术方面的知识，主要内容包括电气安全工作、变配电安全、电气安全用具与安全标识、电击防护技术措施、接地与等电位联结、电气防火与防爆、防雷与防静电、触电危害与救护及电气事故案例。在电气事故案例一章中，收集了98例在实际工作中发生的典型电气事故案例，并对案例从事故经过、原因分析及对策措施三方面分别加以阐述。

本书适用于从事供、变电现场运行的操作人员，中、低压电气装置设计、安装、检验和管理人员及供电企业供电所、变配电站员工及农电工、工矿企事业电气工作者培训和使用，还可供专业院校师生参考以及设计人员参加资质考试用。

图书在版编目（CIP）数据

电工安全作业/曹孟州编著．—北京：中国电力出版社，2016.10（2018.3重印）

ISBN 978-7-5123-9669-2

Ⅰ.①电…　Ⅱ.①曹…　Ⅲ.①电工-安全技术　Ⅳ.①TM08

中国版本图书馆CIP数据核字（2016）第197292号

中国电力出版社出版、发行

（北京市东城区北京站西街19号　100005　http://www.cepp.sgcc.com.cn）

三河市航远印刷有限公司印刷

各地新华书店经售

*

2016年10月第一版　2018年3月北京第二次印刷

787毫米×1092毫米　16开本　17.5印张　403千字

印数2001—3500册　定价**49.00**元

前　言

安全供电是各级电力系统的一个永恒主题，各级电力企业要时刻做到常讲常新，形式多样，使安全供电工作深入人心，真正起到安全教育和警示作用。众所周知，安全供电是经济发展的基础，实践证明，没有安全的发展是不健康的发展，没有安全的效益也是暂时的效益，要想电力企业科学、健康、持续地发展，安全生产必须常抓不懈。电力企业各级领导要引起高度重视，同时它也是广大电力员工的第一需要。从组织保证上看，国家电网公司、南方电网有限责任公司、各大电网公司、网省公司明确规定，各级电力企业行政正职是该企业抓安全的第一责任人，并且纳入各单位业绩考核指标中，其重要程度与廉政建设相并列，具有一票否决的绝对地位。一位县级供电企业领导曾深有感触地说："可以无条件拿掉我冠帽的，一是廉政；二是安全。"可见当今电力系统中安全管理机制的苛刻和严厉。领导重视安全还体现在方式方法上。在国家电网公司事故通报中经常可以看到，对电力事故责任人的处理是非常严厉的，除坚持"四不放过"（①事故原因未查清不放过；②事故责任人未受到处理不放过；③事故责任人和周围群众没有受到教育不放过；④事故指定的切实可行的整改措施未落实不放过）原则，分析原因警示他人外，事故责任人下岗，事故单位的领导撤职的不在少数。由此可见，在安全供电工作中，一定要牢固树立"安全第一"的思想，切实把安全工作做细、做好。

随着我国电力工业的迅速发展，电力企业、厂矿企事业和人们的日常生活及生产过程中，离不开电器、用电设备和电力设施，电气设备随之不断地改进、更新，但由于用电设备和电力设施在运行过程中，不安全的事故时有发生，每年因为电击伤人甚至致人死亡和损毁电气设备所带来的经济损失数额巨大，因此电气安全问题成为关系到供用电安全、人身安全和设备安全的头等大事。

本书内容完整、通俗易懂。本书吸取了编者多年从事电气设备安全运行的经验和成果，并在编写过程中，参考、查阅了大量的文献资料和触电事故案例，也得到了电力同仁王斌、高延超、陈峰君、张胜利、李延辉、王海玉、杨晓坤、李广兴、刘富源等的大力支持，在此向这些作者及同仁表示诚挚的谢意！

限于编者水平，书中难免会存在疏漏，敬请广大读者批评指正。

编著者

2016 年 8 月

目　录

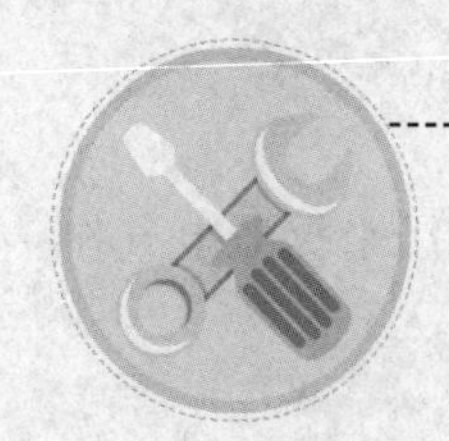

第 1 章　电气安全工作

1. 电气安全工作的基本任务

（1）研究和推广电气安全先进技术，提升电气安全水平。

（2）建立和完善电气安全技术标准和规范。

（3）制定和执行电气安全管理制度和程序。

（4）研究和落实电气安全技术方案和措施。

（5）部署和实施电气作业人员安全知识教育、培训和考核工作。

（6）分析电气事故案例原因和规律，提出有效预防措施，减少电气事故的发生。

（7）编制和演练电气事故应急救援预案，提高应急救援队伍突发性事故的应急响应速度和处理能力。

2. 电气安全工作的基本要求

（1）建立健全规章制度。合理的规章制度是人们从长期生产实践中总结出来的，是保证安全生产的有效措施，包括安全操作规程、电气安装工程、运行管理和维护检修制度及其他规章制度。

（2）配备管理机构和管理人员。管理机构要结合用电特点和操作特点，管理人员应具备必需的电工知识和电气安全知识，管理机构之间和人员之间要相互配合。

（3）进行安全检查。定期进行群众性的电气安全检查，检查内容要详细，发现问题及时解决。

（4）加强安全教育。安全教育的目的是为了使工作人员懂得电的基本知识，认识安全用电的重要性，掌握安全用电的基本方法。

（5）组织事故分析。通过事故分析，吸取教训，分析事故原因，制定防范措施。

（6）建立安全资料。安全技术资料是做好安全工作的重要依据，应该注意收集和保存。

3. 保证电气安全的基本要素

影响电气安全的要素较多，保证电气安全的基本要素有以下几方面：

（1）电气绝缘。电气设备和线路的绝缘性能是保证电气安全最基本的要素。绝缘电阻、耐压强度、泄漏电流和介质损耗等参数的大小可以反映绝缘性能的好坏。

（2）安全距离。安全距离是指人体、物体等接近带电体时不会发生电击危险的可靠距离。安全距离包括带电体与带电体之间、带电体与地面之间、带电体与人体之间、带电体与其他物体之间的可靠距离。

（3）安全载流量。安全载流量是指电气设备和线路允许长期通过的电流，是保证设备和线路正常运行的重要参数。

（4）安全标志。安全标志是用来表明电气设备和线路所处的状态或者用来提醒电气作业人员必须遵守的指令。安全标志是保证电气安全的重要因素。

4. 电气作业人员应具备的基本条件

作为一名电气作业人员，应当具备下列基本条件：

（1）年满 18 周岁，身体健康，精神正常，无妨碍电气作业的病症（如精神病、癫痫病、晕厥症、心脏病、高血压等）和生理缺陷（如肢体残缺、耳聋眼花、行动不便等）。

（2）具有较强的事业心和责任心，工作认真负责、积极踏实肯干。

（3）具有初中以上文化程度，掌握基本的电气作业安全技术和专业技术知识，具有一定的实践经验。

（4）通过国家行政机关或上级主管部门组织的电气作业技术教育培训和考核，取得有效的并经定期复审合格的“进网作业电工许可证”和“特种作业人员安全技术操作证”。

（5）熟悉和了解电气安全技术规程和设备运行操作规程。

（6）熟练掌握和运用触电急救方法（心肺复苏法）。

5. 电气作业人员应当履行的职责

（1）积极参加电气作业安全技术培训，做到持证上岗。

（2）自觉遵守电气安全法律法规、管理制度和操作规程，杜绝各种违章违纪现象。

（3）对分管电气设备和线路的安全负责，做好巡视检查工作，及时发现和消除各种安全隐患。

（4）对于自己无法处理的电气故障，要及时报告上级主管领导，寻求解决方案。

（5）架设临时线路或者从事危险作业（如高空作业、高温作业、动土作业和受限空间作业等），必须遵守相关的审批程序。

（6）积极宣传电气安全技术知识，及时纠正和制止各种违章指挥和违章作业行为。

6. 电气作业安全措施的分类

电气作业的安全措施一般可分为安全组织措施和安全技术措施两大类。两大类措施也是《国家电网公司电力安全工作规程（变电部分）》及《国家电网公司电力安全工作规程（线路电部分）》（合并简称《电力安全工作规程》）的主要组成部分，具有同等的作用，互为补充，缺一不可。安全技术措施又可分为预防性措施和防护性措施。预防性技术措施是为了防止产生危害人身安全的因素，防护性技术措施是当发生危害人身安全的因素时，保护工作人员不受伤害。

7. 保证电气设备作业安全的组织措施

保证电气设备作业安全的组织措施有：工作票制度；工作许可制度；工作监护制度；

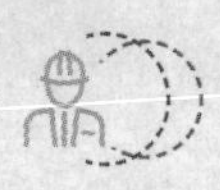

（10）对于不能判断发生原因的事故和异常现象应立即报告，报告前不得进行任何修理恢复工作。

（11）熟练掌握触电急救方法。

6. 变配电站值班人员应注意的安全事项

（1）不得单独移开或超过遮栏及警戒线进行任何操作和巡视。

（2）应注意与带电设备保持安全距离：高压柜前不小于0.60m；10kV及以下电压，不小于0.70m；10kV以上、35kV及以下电压，不小于1.00m；60～110kV电压，不小于1.50m；220kV电压，不小于3.00m。

（3）单人值班不得参加修理工作。

（4）发生停电现象，在未拉开有关隔离开关和采取安全措施以前，不得触及停电设施或进入遮栏内，以防止突然来电。

（5）巡线时，禁止随意攀登电杆、铁塔或配电台。两人检查时，一人检查，一人监护，并注意安全距离。

（6）特殊天气（雨、雪、雾等）检查必须穿绝缘靴，雷雨天不得靠近避雷器。

（7）检查高压接地故障时，必须与故障点保持一定的安全距离（室内4m、室外8m）。

7. 变配电站值班人员交接班工作的具体要求

（1）交班人员应提前做好以下交班准备工作：

1）整理好统计报表、值班记录、检修记录及交接班记录等。

2）系统设备实际运行与状态显示是否一致。

3）各种运行参数的检测，显示是否正常。

4）系统设备存在的异常现象或缺陷排除记录。

5）检查和核对仪器仪表、安全绝缘用具、钥匙及各种工器具等是否完好和齐全。

6）做好值班室、控制室等现场的环境卫生清洁工作。

（2）接班人员须按规定时间提前（一般提前15min）到岗，做好以下接班准备工作：

1）查阅各种记录的填写情况。

2）询问了解调度命令以及倒闸操作的执行情况。

3）检查各项运行参数的检测、显示以及系统设备运行方式和负荷情况。

4）检查系统设备存在的异常现象或缺陷的排除情况。

5）检查和核对仪器仪表、安全绝缘用具、钥匙及各种工器具等情况。

6）检查值班室、控制室等室内外的环境卫生清洁情况。

（3）交接班工作，应包括以下内容：

1）系统设备的运行方式和状况。

2）系统设备的各种运行参数的检测和显示情况。

3）系统设备发生的变更、存在的异常或缺陷及排除的经过、结果等情况。

4）系统设备检修、改造的情况和结果。

5）继电保护装置的运行和动作情况。

6）已完成和未完成的工作及安全措施等情况。

（4）交接班人员必须遵照现场、书面和口头三同时交接的原则，不得脱离现场交接，交接后双方必须履行签字手续。接班人员签字后允许交班人员离开后，接班人员方可离岗。

（5）以签字时间为准，在交接班前系统设备发生异常，由交接班人员负责处理；在交接班后系统设备发生异常，由接班人员负责处理。

（6）在以下情况下不允许交接班：

1）正在执行调度命令或正在进行倒闸操作。

2）系统设备异常尚未查清原因。

3）系统设备发生故障或正在处理事故。

4）接班人员班前饮酒或精神异常。

8. 倒闸操作及其分类

倒闸操作主要是指分、合断路器或隔离开关，分、合直流操作回路，拆、装临时接地线等，以改变设备和线路的运行方式（运行、热备用、冷备用和检修）等方面的操作。倒闸操作可以通过就地操作、遥控操作和过程控制等方式完成。

倒闸操作可分为监护操作、单人操作和检修人员操作三类。

（1）监护操作。由两人进行同一项的操作，由其中对设备较为熟悉者做监护。较为复杂的操作，应由熟练的运行人员、运行值班负责人监护。

（2）单人操作。由一人完成的操作。单人操作时，运行人员根据发令人用电话传达的操作指令填写操作票，复诵无误。实行单人操作的设备、项目及运行人员需经设备运行管理单位批准，人员应经过专项考核。

（3）检修人员操作：由检修人员完成的操作。经设备运行管理单位考试合格、批准的本企业的检修人员，可进行220kV及以下电气设备由热备用转至检修或由检修转至热备用的监护操作，监护人应是同一单位的检修人员或设备运行人员。检修人员进行操作的接、发令程序及安全要求应由设备运行管理单位技术负责人审定，并报相关部门和调度机构备案。

9. 倒闸操作的基本条件

（1）具有与现场一次设备和实际运行方式相符的一次模拟图（包括各种电子接线图）。

（2）操作设备应具有明显的标志，包括命名、编号、分合指示、旋转方向、切换位置的指示及设备相色等。

（3）高压电气设备具备完善的防误操作闭锁装置。防误操作闭锁装置不得随意退出运行，需要停用时必须经过单位技术负责人批准，需要短时间退出运行时，应经变配电站站长或值班负责人批准，并按程序尽快投入。

（4）具有值班调度员、运行值班负责人正式发布的指令（规范的操作术语），并使用经事先审核合格的操作票。

（5）在未安装防误闭锁装置或闭锁装置失灵的隔离开关手柄和网门上，在当设备处于

冷备用且网门闭锁失去作用时的有电间停网门上，在检修设备回路中的各来电侧隔离开关机构箱的箱门上，均应加挂机械锁。机械锁应做到一把钥匙开一把锁，钥匙须编号并妥善保管。

10. 倒闸操作的基本要求

（1）必须填写操作票。

（2）应当两人同时进行，一人操作、一人监护。复杂操作，应由电气负责人监护。

（3）高压操作应戴绝缘手套，室外操作应穿绝缘靴、戴绝缘手套。

（4）装卸高压熔断器时应戴防护镜和绝缘手套，必要时使用绝缘夹钳并站在绝缘垫（台）上。

（5）特殊天气（雷、雨、雪、雾等）不得进行室外操作。

11. 调度命令

调度命令就是上级值班调度对下级值班调度或发电厂、变电站值班人员发布的有关运行操作、事故处理的命令。

电力系统的发电、输电、变电、配电、用电是同时完成的，所以确保电网安全、稳定运行是非常重要的，在所有的控制环节中调度处于枢纽地位，它是电网变换的命令中枢，而调度命令是关键的载体，所以熟悉各种调度命令术语和有关规定，对于系统倒闸操作的安全、正确、顺利地完成是极其重要的。

我国电力调度管理系统由六级组成，即国网、网调、省调、地调、县调、厂调。正如名称所显示的，不同的调度依据管辖电网的范围大小分别担负不同的电网调度指挥职责，各级调度实行垂直技术领导，不受外界干预。

调度命令作为电网管理的控制工具，它具有严谨的语义和准确的使用范围，调度命令必须字句准确无误，不能出现歧义和误解或者纠缠不清的问题。调度设备的一切正常倒闸操作，必须按值班调度员的指令或得到值班调度员的许可方能进行工作，作为运行值班员，必须听从调度指挥。调度命令是严肃的指令，发布命令和接受调度指令及填写倒闸操作票，必须使用电力系统统一规定的调度术语和统一的双重编号。

要熟练掌握调度命令并很好地使用，就需各发电厂、变电站运行值班人员认真理解、学习调度命令的形式、内容以及调度命令的使用方法。下面就调度命令的主要内容做详细解释。

（1）各级调度技术术语。调度的技术术语是调度员与值班运行人员进行业务上的专用语言，熟悉掌握其含义，对于系统倒闸操作具有很重要的意义，主要包括以下内容。

1）调度管辖。电力系统设备运行管理和操作及事故处理的指挥权限的划分。

2）调度命令。值班调度员对其管辖的设备和系统发布有关运行方式的倒闸操作、系统内的检修和事故处理的命令。

3）调度同意。上级值班调度员对运行值班人员（包括下一级调度员、发电厂值长、变电站值班长）提出的申请予以认可。

4）许可操作。在改变发电厂、变电站的电气设备运行状态和方式前，根据有关规定，由发电厂、变电站运行技术人员及有关主管生产领导提出操作任务、停电范围、应采取的安全措施、风险评价等，值班调度员同意其操作。

5）双重调度。调度和用户双方共同管理设备的调度权，即一方操作需取得另一方同意。

（2）调度操作指令形式。

1）逐项指令。涉及两个及两个以上单位的操作，如线路操作，地调逐项下达操作指令的一项或几项，受令人按调度指令顺序执行完毕，向调度人员汇报。在逐项指令中可以包括综合指令。

2）综合指令。只涉及一个单位的操作，如断路器的停止运行、解除备用等，地区调度只下达操作任务和注意事项。

3）即时指令。事故处理、单一操作项目使用。如拉开、合上单一断路器、限电拉闸、继电保护和自动装置的启用、停止、有载调压主变压器分接开关的调节、电容器的投入和退出等。

4）许可操作指令。只涉及一个单位且对主网运行方式影响不大的系统倒闸操作，倒闸操作的单位只需经调度许可即可，但操作的正确性、倒闸操作的安全性由系统倒闸操作的单位有关领导、技术人员、值班长等负责人负责。

5）综合指令。逐项指令的倒闸操作，调度人员应填写操作票，受令单位要按现场规定再详细填写倒闸操作票。即时指令的倒闸操作，调度人员和受令单位可以不填写倒闸操作票。许可操作指令，调度人员可不填写倒闸操作票，由操作单位的值班运行人员按操作规程规定填写详细的倒闸操作票。任何形式的指令、发令、受令后的复诵，以及执行情况的汇报，倒闸操作前的联系，发、受令双方都必须录音，并做好记录。

（3）调度命令的发布与接受方式。

1）发布命令。值班调度员正式给各值班运行人员发布的调度指令。

2）接受指令。值班运行人员正式接受值班调度人员发布给他们的调度指令，并做好记录。

3）复诵指令。受令人依照值班调度人员发布的指令按步骤和内容，给值班调度人员复诵所发布的调度指令的步骤、内容、时间等。

4）拒绝接受指令。受令人认为值班调度人员所发布的调度指令有危害人身、设备及系统安全时，可以拒绝调度指令，但必须说明拒绝调度指令的原因、后果、可行性的办法等，不能以其他形式拒绝调度指令。

5）操作指令。值班调度员对所管辖的设备进行倒闸操作，给值班运行人员发布有关的倒闸操作指令。

调度命令的发布与接受命令时应注意以下几点。

a. 发布和接受命令时，应使用调度技术术语，双方要互报工作单位、姓名及时间，受令后应复诵调度指令，核对无误后应立即按调度指令去执行，在执行调度指令的过程中，若听到调度电话铃响后，应立即停止一切倒闸操作，迅速接听调度电话，执行完调度指令后，要立即向值班调度汇报执行指令的情况，不汇报或汇报不完整，就算调度指示没有执行完毕。调度指令都要录音，并做好记录。

b. 调度操作一般由正值调度员发布调度指令，由副值监听，发现问题及时纠正。也可以由具备正值调度员资格的副值发令，正值调度员监听。发令人应按操作命令宣读指令，受令人应复诵操作指令的全部内容，双方确认无误后方可进行系统倒闸操作，倒闸操作后，受令人在检查所操作的项目无误后，立即向值班调度（发布命令人）汇报，此项调度指令才算执行完毕。发令、受令、操作、汇报时间双方应记录在倒闸操作票或记录本内。受令人在倒闸操作时听到调度电话铃响后，应立即停止倒闸操作，并迅速接听值班调度的电话。

c. 在决定操作前，调度员应充分考虑到该倒闸操作对系统运行方式、电力潮流、周波、电压的稳定、继电保护、自动装置、系统中性点的接地方式（中性点直接接地、间隙接地）、消弧线圈、载波通信、远动装置等各方面的影响，以及设备缺陷、倒闸操作中的异常情况可能带来的影响。

d. 在倒闸操作前，各有关操作单位应及时准备好倒闸操作票，做好事故预想。

e. 填写和审核倒闸操作票应对照模拟盘（必要时查询现场实际）逐项检查操作顺序的正确性。若因操作需要相应地变更继电保护、自动装置的运行方式时，则应全部填入倒闸操作票中。

12. 变电站内倒闸操作十五步程序法

（1）命令、受令。电气倒闸操作命令，由值班调度员或主管领导下达，电气倒闸操作受令由值班运行负责人或有权监护的值班员担任。命令人和受令人都要互通姓名、地址、时间，受令人边听边记录（或录音），记录后再复诵一遍，确认无误，受命才能结束，有任何疑问都要问清楚。命令一定要用双重名称（设备编号和名称）。

（2）宣布命令。由运行值班负责人召集全所人员，宣布操作命令。

（3）确定监护人和操作人。受令人（值班负责人）确定技术力量强、有操作经验的运行人员为监护人，操作人也必须要有电工许可证、有操作权的值班员担任。

（4）填写操作票。由操作人执笔填写操作票（或副票），操作票一定要按照格式填写，操作票上项目必须填写双重名称，拆装地线必须要写明装设地点和接地线编号，测绝缘，检查项目可以合并一项，拉、合隔离开关前，必须检查相应断路器的实际开、合位置，检查项目单列一项，填写操作票一定要使用倒闸操作的调度命令术语。

（5）检查操作票。操作人拟定好倒闸操作票后，先由操作人自己检查，认为所拟的倒闸操作票无误后，交给监护人及受令人审查。

（6）审核操作票。拟定好的倒闸操作票，全所人员检查无误后，还需要报命令人审核（通过电话），命令人检查无误后，操作票方可生效。

（7）模拟操作。一切倒闸操作必须由两人一同前往，正式操作前，先在模拟盘上演练。演练操作和正式的倒闸操作一样认真、严肃，每模拟操作一项，在操作票的模拟预演栏内打个蓝色对勾，见表2-1，监护人唱票，操作人认真复诵，边复诵，边做手势给监护人看，监护人认为复诵正确，手势也正确，方可发出“对！可以操作”的命令。听到命令的操作人方可实施模拟操作的动作。

表 2-1　　　　变配电站倒闸操作票

单位______　　　　编号______

发令人		受令人		发令时间	年　月　日　时　分
操作开始时间：　年　月　日　时　分			操作结束时间：　年　月　日　时　分		
（　）监护下操作		（　）单人操作		（　）检修人员操作	
操作任务：					
顺序	操作项目			√	
备注：					
操作人：	监护人：	值班负责人（值长）：		站长（运行专工）：	

（8）签名。经过模拟演练进一步确认操作无误后，操作人、监护人分别在操作票上签名，同时写上操作开始时间（命令人如果不在本岗位但确认无误后，可由监护人代签姓名）。

（9）佩戴安全用具。着装整齐，戴好安全帽，准备好一切安全用具，包括电筒、验电笔、放电棒、绝缘手套、绝缘靴、电锁扣、钥匙、绝缘电阻表、装设接地线的电工用具，以及要装设的安全标志、遮栏等。

（10）四对照思考 30s。

监护人和操作人一同到达操作地点后，监护人和操作人站好位置，由监护人带领操作人进行四对照，即对照设备名称、编号、位置和拉（合）方向，防止走错位置，发生误操作。思考 30s，主要思考：有无缺陷、有无送电阻碍、绝缘是否合格、继电保护及自动装置是否良好、倒闸操作后的保护及自动装置配合是否合理、负荷分配是否均匀、有无超负荷现象。

（11）宣读操作票。监护人按照制定好的倒闸操作票按顺序宣读操作项目，操作人认真复诵，并做到声音洪亮、清晰、准确，操作人边复诵，边做手势，表示拉、合方向，给监护人看，监护人确认操作人的复诵和手势正确后，发出“对！可以操作”命令，操作人要按监护人的口令进行操作，不得自作主张。

（12）操作。操作人按监护人发出的指令内容进行操作，操作要果断、干净、利索，如果操作人认为监护人的发令有错误，或认为此命令极可能造成误操作，操作人有权拒绝操作，并在操作前，提出纠正意见，终止操作，待确认无误后，再恢复操作。

（13）勾项。每操作完一项，由监护人在操作票顺序栏左侧的操作栏内，顺序打一个红色的“∠”，依次进行下一项操作。操作开关或系统并（解）列倒闸操作时，要联系调度并征得调度同意后才能操作，此时要在指令项栏内写明“联系调度”，并写明操作的时间。

（14）锁票。所拟定的操作票按顺序全部操作完毕，监护人、操作人一同再全面检查一遍所有操作，有无错误，经过全面检查后无问题，再在操作票“备注”栏内盖上“已执

行”章。

（15）汇报。全部操作结束后，操作现场的安全用具全部放回原来位置，由监护人向值班调度（命令人）汇报“操作全部结束”或“可以开车”指令。

操作票的“十五步法”是长期工作总结出来的，是对误操作及事故分析后编写的。只要认真执行，是绝不会误操作的。发电厂、变电站是电力工业的命脉，是工厂生产的枢纽，是要害岗位，值班运行人员要认真地执行电力安全工作规程及电气运行技术规程，认真执行操作票制度，做到严肃、认真、集中精力，才能保证安全供电。

13. GIS设备操作

GIS（SF_6）全封闭组合电器就是把整个变电站的某一电压等级的一次设备全部封闭在一个接地的金属外壳内，壳内充以2.5～3.0大气压（1个标准大气压＝101.3Pa）的SF_6气体。保证对地以及断口间的可靠绝缘的电气设备，内部包括母线、隔离开关、电流互感器、电压互感器、断路器、接地开关、高压套管、避雷器等一次设备。

（1）GIS（全封闭组合电器）操作前的检查工作项目。

1）检查断路器、隔离开关及接地开关的位置指示器是否正确。

2）检查柜内各种信号、指示灯及控制或保护装置是否正常。

3）各种压力表指示值。

4）断路器及避雷器动作计数器指示值。

5）有无异声或异臭。

6）有无漏气、漏油。

7）检查GIS安装场所的含氧报警仪或SF_6泄露报警装置。当空气含氧量小于18%或SF_6气体含量超过1000×10^{-6}报警时，禁止进入SF_6设备室操作。

（2）GIS（全封闭组合电器）操作。

1）GIS的机械闭锁或者电气闭锁必须投入，停电顺序严格按照断开断路器，拉开隔离开关（小车开关至试验位置或检修位置、柜外），推上接地开关顺序进行，送电顺序与此相反。

2）当GIS设备发出压力报警信号或压力闭锁信号时，应当停止操作。

3）操作过后，应全面检查断路器和隔离开关的机械和电气指示位置，保证和后台监控计算机的指示位置相符。

4）操作过程中要远离GIS设备防爆膜。

5）当操作遇阻时，应检查操作或者合闸回路，弄清问题后，方可进行操作，禁止随意解除闭锁装置。

（3）注意事项。

1）操作前应对GIS室内通风15min以上方可进入室内操作。

2）当全密封电器发生气体外逸时，周围人员应迅速撤离现场并立即投入全部通风装置。在事故发生20min内人员不得进入现场，20min后4h内进入室内必须穿防护衣戴防毒面具。

3）由于GIS设备无法验电，也无法看到隔离开关的断口，这就要求其闭锁装置必须非常可靠，做好安全措施前，详细检查设备位置。

4）一般GIS设备断路器与隔离开关，隔离开关与接地开关，接地开关与母线电压互感器隔离开关，隔离开关间都有相互的闭锁关系，操作前必须清楚这些相互闭锁关系后才可操作。

5）SF_6 断路器满容量开断次数或者运行年限超过规定，应进行大修。

14. 继电保护及自动装置的作用

（1）电力系统发生故障或出现异常现象时，为了将故障部分切除，或者防止故障范围扩大，减少故障损失，保证系统安全运行，需要利用一些电气自动装置。自动装置中的主要器件是继电器，装有继电器的保护装置称为继电保护装置。

继电保护及自动装置的作用主要是当电力系统发生足以损坏设备或危及安全运行的故障时，使被保护设备快速脱离系统，并在电力系统或某些设备出现非正常情况时，及时发出警报信号，以便运行人员迅速进行处理，使之恢复正常工作状态。最后还可以实现电力系统的自动化和远动化，以及工业生产的自动控制（如自动重合闸、备用电源自投入、遥控、遥测、遥信等）。

（2）分类。

1）按保护范围。有线路保护、变压器保护、母线保护、发电机保护及自动装置。

2）按继电器分类。有电磁保护、晶体管保护、微机保护、综合自动化。

（3）定值管理。

1）必须有正式的保护方案，并符合以下要求。

a. 值班人员对保护方案应无疑问。

b. 保护方案不能涂改。

c. 值班人员收到保护方案必须与值班调度检核对无误后，并在方案上写明："×××已与××调度×××核对无误，××××年××月××日"，日期为本方案执行日期，核对后的方案为现场正式执行方案，方可使用。

2）有与保护方案相关的继电保护整定校检记录必须填写清晰、完整，特别注意的事项必须添加说明（如保护压板的作用等），多套定值多区位保护时，必须写明区位与定值的对应关系及操作方法（旁路保护、母联兼旁路保护），不得涂改。

3）值班人员不得使用调试人员密码进入微机保护或综合自动化后台机内查看定值。

4）核对后的保护方案应认真存放，以备随时使用。

5）保护方案是现场值班人员唯一执行定值的依据。若发生微机保护或综合自动化保护装置内存定值与保护方案不符时，应停止操作，立即上报调度及单位有关领导。

（4）基本要求。

1）查阅保护装置的整定校检记录和已经核对后的保护方案齐全、正确、无疑问。

2）断路器在恢复备用状态前根据调度命令投入或解除相关保护。

3）装置电源送上后应检查装置无异常，所显示内容正确，调整查看定值区正确，查阅并核对方案定值正确，实验通道正确。

4）装置检查正确后，应先投入功能压板之后再投入出口压板。

（5）注意事项。

1）设备不允许无保护运行。全部保护解除时需经总工程师（单位主管生产领导）批

准。一切新设备均应按照 GB/T 14285—2006《继电保护和安全自动装置技术规程》的规定，配置足够的保护及自动装置。设备送电前，保护及自动装置应齐全，图纸、整定值应正确，传动试验良好，压板在规定位置。

2）倒闸操作中或设备停电后，如无特殊要求，一般不必操作保护或断开压板。但在下列情况下要特别注意，必须采取措施。

a. 倒闸操作将影响某些保护的工作条件，可能引起误动作，应提前停用。例如：电压互感器在停电前低电压保护应先停用。

b. 运行方式的变化将破坏某些保护的工作原理，有可能发生误动作时，倒闸操作前也必须将这些保护停用。例如：当双回线接在不同母线上，且母联断路器断开运行，线路横联差动保护应停用。

c. 操作过程中可能引发某些联动跳闸装置动作时，应预先停用。例如：发电机无励磁倒备用励磁机，应预先把灭磁开关联锁压板断开，以免恢复励磁和灭磁开关时，引起发电机主断路器及厂用变压器跳闸。

d. 设备虽已停电，如该设备的保护动作（包括校验、传动试验）后，仍会引起运行设备断路器跳闸时，也应将有关保护停用，压板断开。例如：一台断路器控制两台变压器，应将停电变压器的重瓦斯保护压板断开；发电机停机，应将过电流保护跳其他设备（主变压器、母线及分段断路器）的跳闸压板断开。

15. 变配电站几种接线操作实例

实例一

如图 2-1 所示是某企业 35kV 变电站，采用双电源、双母线、分段带母联的接线图。正常运行时 TM1、TM2 解列运行，外桥 3200 甲、乙隔离开关在合闸位置，3200 开关在分闸位置，当任一条 35kV 电源故障时，立即拉开 3212 甲（或 3222 甲）隔离开关，合上 3200 断路器，便可由另一条电源线路带全变电站的负荷。6kV 侧，正常时Ⅰ母线为工作母线，

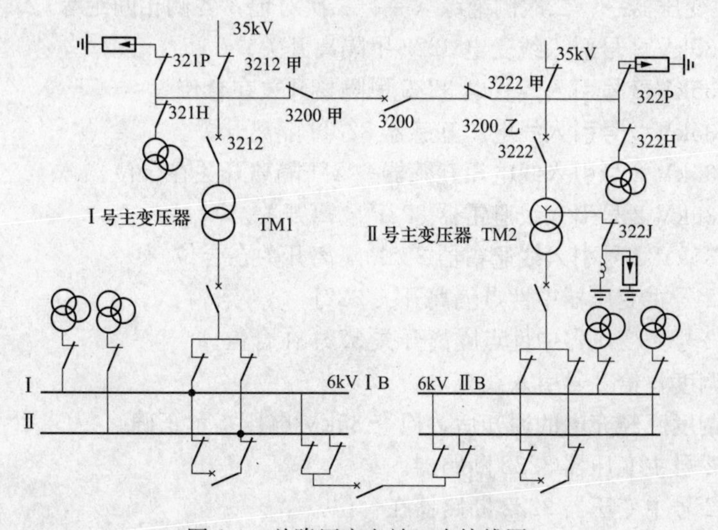

图 2-1　总降压变电站一次接线图

Ⅱ母线为备用母线，母线的隔离开关，断路器均在合闸位置，分段两侧的隔离开关的位置均在Ⅰ母线（工作母线）上，分段断路器在分闸位置。当TM1、TM2任意一台变压器故障时，变压器两侧的断路器跳闸，这时，只要合上令段断路器，在很短的时间内就可以恢复负荷的投入运行。

分段断路器在这种接线中还有以下任务。

(1) 当6kV负荷开关不能正常运行时，或因为其他故障不能进行分、合闸，只能当隔离开关用时，可利用母联将不能分、合闸的断路器倒到备用母线上，然后用母联将其负荷断路器停下。当母联断路器在检修中，不能投入运行时，可用分段断路器将负荷停用，减小了停电范围。

(2) 当6kV小电流接地系统发生单相接地时，用分段断路器来选择接地的负荷，保证了其他负荷的正常运行。

(3) 当两台变压器其中一台过负荷时，可以利用分段断路器来进行负荷的分配。

这种接线操作灵活，供电可靠性高，但操作复杂，占地面积大，价格高，因此大多都采用单母线分段代自动投入装置。

操作任务 送Ⅱ主变压器带6kVⅡ段负荷

(1) 联系调度，根据值班调度员或值班运行负责人的指令，受令人复诵无误后，开始执行操作。

(2) Ⅱ主变压器检修工作已全部结束，工作票已锁，检修人员全部撤离检修现场。

(3) Ⅱ主变压器检修后的各种试验数据合格，继电保护定值正确，传动试验良好。

(4) 检查Ⅱ主变压器设备单元接线完好，无异物，具备送电条件。

(5) 拆除Ⅱ主变压器3222断路器Ⅱ主变压器侧××号接地线一组。

(6) 检查Ⅱ主变压器3222断路器Ⅱ主变压器侧××号接地线确已拆除。

(7) 拆除Ⅱ主变压器主二次断路器主变压器侧××号接地线一组。

(8) 检查Ⅱ主变压器主二次断路器主变压器侧××号接地线确已拆除。

(9) 对Ⅱ主变压器一、二次侧绝缘（一、二次对地，各侧相间绝缘）。

(10) 合上35kV 2号引入线受电3222甲隔离开关。

(11) 检查35kV 2号引入线受电3222甲隔离开关在合位。

(12) 合上35kV 2号引入线电压互感器322H隔离开关。

(13) 检查35kV 2号引入线电压互感器322H隔离开关在合位。

(14) 合上35kV 2号引入线避雷器322P隔离开关。

(15) 检查35kV 2号引入线避雷器322P隔离开关在合位。

(16) 合上2号主变压器中性点隔离开关322J。

(17) 检查2号主变压器中性点隔离开关322J在合位。

(18) 联系调度，给2号引入线充电。

(19) 得到调度已经充电的通知后，检查35kV电压指示正确。

(20) 合上2号主变压器3222断路器。

(21) 检查2号主变压器3222断路器在合位。

(22) 检查2号主变压器充电良好，声音正常。

（23）合上2号主变压器低压冷却装置电源。
（24）检查2号主变压器低压冷却装置电源在合位。
（25）合上2号主变压器Ⅰ母6kV母线隔离开关。
（26）检查2号主变压器Ⅰ母6kV母线隔离开关在合位。
（27）合上2号主变压器主二次断路器。
（28）检查2号主变压器主二次断路器在合位。
（29）装上（合上）6kVⅠ母线电压互感器二次熔断器（空气断路器）。
（30）合上6kVⅠ母线电压互感器一次隔离开关。
（31）检查6kVⅠ母线电压互感器一次隔离开关在合位。
（32）检查6kVⅠ母线电压互感器三相电压表指示正确。
（33）合上6kVⅡ母线电压互感器一次隔离开关。
（34）检查6kVⅡ母线电压互感器一次隔离开关在合位。
（35）装上（合上）Ⅱ母线电压互感器二次熔断器（自动空气开关）。
（36）合上6kVⅡ段母线Ⅱ段Ⅰ列隔离开关。
（37）检查6kVⅡ母线Ⅱ段Ⅰ列隔离开关。
（38）合上6kVⅡ段母线Ⅱ段Ⅱ列隔离开关。
（39）检查6kVⅡ母线Ⅱ段Ⅱ列隔离开关。
（40）合上6kVⅡ段母联断路器。
（41）检查6kVⅡ段母联断路器在合位。
（42）检查6kVⅡ母线Ⅱ段Ⅱ列电压互感器二次电压指示正确。

实例二

如图2-1所示，为了对母线进行检修，或在运行时发生母线异常无法正常工作时以及负荷的母线隔离开关发热严重时，需要将备用母线改为工作母线运行，此时，需进行倒闸操作，倒母操作是在负荷不停电情况下进行的。

操作任务　将Ⅰ主变压器负荷由Ⅰ母线倒为Ⅱ母线运行

（1）联系调度，根据值班调度员或值班运行负责人的指令，受令人复诵无误后，开始执行操作。
（2）检查6kVⅠ段Ⅱ列电压互感器二次熔断器（空气断路器）在合位。
（3）检查6kVⅠ段母联Ⅰ段Ⅰ列隔离开关在合位。
（4）检查6kVⅠ段母联Ⅰ段Ⅱ列隔离开关在合位。
（5）检查6kVⅠ段母联断路器在合位。
（6）将Ⅰ段6kV绝缘监察装置转换开关转至Ⅱ母线位置。
（7）将Ⅰ段6kV电压互感器转换开关转至Ⅱ母线位置，检查三相电压指示正常。
（8）合上Ⅰ主变压器主二次Ⅰ段Ⅱ列母线隔离开关。
（9）检查Ⅰ主变压器主二次Ⅰ段Ⅱ列母线隔离开关在合位。
（10）将Ⅰ段母联断路器的操作、保护熔断器（自动空气开关拉开）取下。

(11) 依次将Ⅰ段负荷逐一由Ⅰ母线倒至Ⅱ母线（合上Ⅱ母线隔离开关，拉开Ⅰ母线隔离开关）。

(12) 检查Ⅰ段Ⅰ列无负荷。

(13) 将Ⅰ主变压器电压互感器由Ⅰ列转Ⅱ列。

(14) 拉开Ⅰ主变压器主二次Ⅱ段Ⅰ列隔离开关。

(15) 检查Ⅰ主变压器主二次Ⅱ段Ⅰ列隔离开关在开位。

(16) 拉开Ⅰ段母联断路器。

(17) 检查Ⅰ段母联断路器在开位。

(18) 检查Ⅰ段Ⅰ列电压互感器三相电压表指示为零。

(19) 拉开Ⅰ段Ⅰ列电压互感器一次隔离开关。

(20) 检查Ⅰ段Ⅰ列电压互感器一次隔离开关在分位。

(21) 取下（拉开）Ⅰ段Ⅰ列电压互感器二次熔断器（自动空气开关）。

(22) 拉开Ⅰ段母联Ⅰ段Ⅰ列隔离开关。

(23) 检查Ⅰ段母联Ⅰ段Ⅰ列隔离开关在开位。

(24) 拉开Ⅰ段母联Ⅰ段Ⅱ列隔离开关。

(25) 检查Ⅰ段母联Ⅰ段Ⅱ列隔离开关在开位。

(26) 拉开Ⅰ-Ⅱ分段Ⅰ段Ⅰ列隔离开关。

(27) 检查Ⅰ-Ⅱ分段Ⅰ段Ⅰ列隔离开关在分位。

(28) 拉开Ⅰ-Ⅱ分段Ⅱ段Ⅰ列隔离开关。

(29) 检查Ⅰ-Ⅱ分段Ⅱ段Ⅰ列隔离开关在分位。

(30) 在Ⅰ段母联上三相验电后。

(31) 在Ⅰ段母联上装设××号接地线一组。

实例三

如图 2-2 所示，此变电站为某化肥厂——合成氨总降变电站，它采用了单母线分段接线方式，正常情况下，两条进线为分列运行，母联断路器为热备用。

6kV 系统采用单母线分段接线方式，分别由二台 SF7-20000/35/6.3 变压器供 6kVⅠ段、Ⅱ段所有负荷，正常运行方式下，两台变压器解列运行，母联断路器为热备用。

操作任务 1　送 1 号进线供 1 号变压器代 6kVⅠ段负荷

(1) 联系调度，根据值班调度员或值班运行负责人的指令，受令人复诵无误后，开始执行操作。

(2) 检查全部设备完好，无异物，具备送电条件。

(3) 检查 35kV 1 号引入线 3501 断路器在开位。

(4) 检查 35kV 母联 3500 断路器在开位。

(5) 检查 1 号变压器主二次断路器在开位。

(6) 检查 6kV 母联断路器在开位。

(7) 检查 6kVⅠ段各馈出断路器在开位。

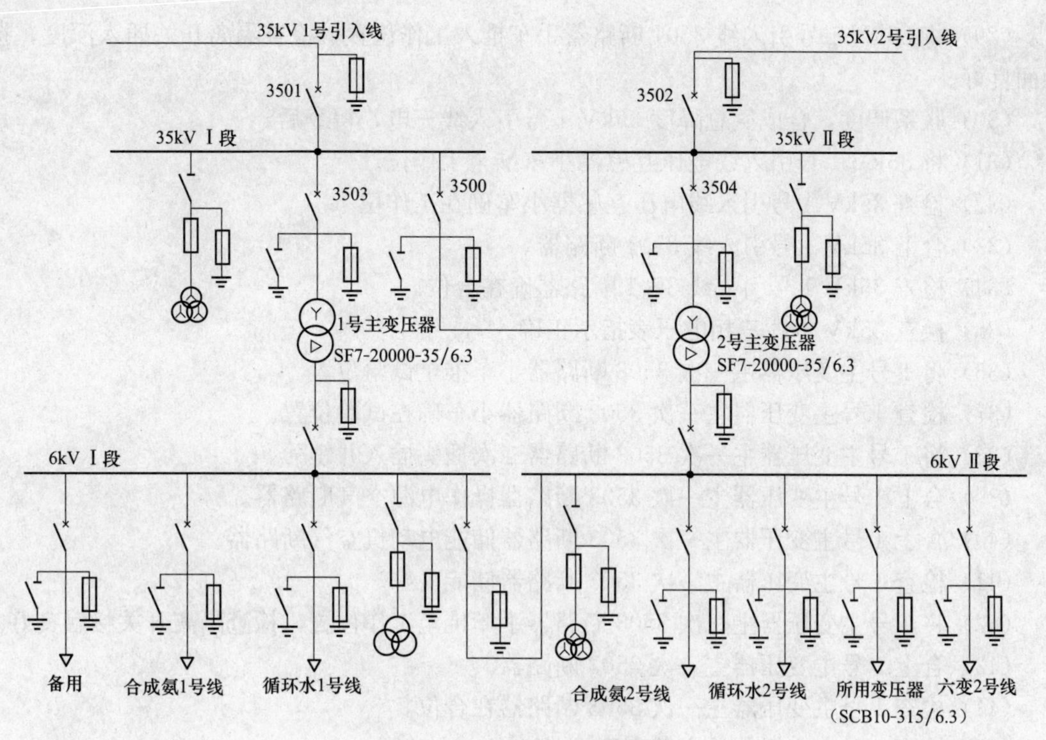

图 2-2 合成氨总降变电站

(8) 合上直流屏 35kV 高压柜合闸回路电源。

(9) 合上直流屏 6kV 高压柜合闸回路电源。

(10) 合上 35kV 高压柜保护、信号控制回路电源。

(11) 合上 6kV 保护柜保护、信号控制回路电源。

(12) 合上综合保护 35kV 1 号变压器 1 号变压器回路电源。

(13) 合上 6kV Ⅰ段进线操作电源。

(14) 启用 1 号主变压器跳高压侧 TLP1 压板。

(15) 启用 1 号主变压器跳低压侧 TLP2 压板。

(16) 启用 1 号变压器投差动保护 TLP5 压板。

(17) 启用 1 号主变压器跳高压侧 HLP1 压板。

(18) 启用 1 号主变压器跳低压侧 HLP2 压板。

(19) 启用 1 号主变压器跳高压侧 TLP1 压板。

(20) 启用 1 号主变压器跳低压侧 TLP2 压板。

(21) 启用 1 号主变压器本体重瓦斯跳闸 TLP5 压板。

(22) 将综合保护屏 1 号主变压器 3501 断路器的转换开关打至远程位置。

(23) 将综合保护屏 1 号主变压器主二次断路器的转换开关打至远程位置。

(24) 将 35kV 1 号引入线 3501 断路器手车推入试验位置，检查试验位置灯亮。

(25) 将 35kV 1 号引入线 3501 断路器手车二次插头插好、锁死。

(26) 合上 35kV 1 号引入线操作电源开关。

(27) 合上 35kV 1 号引入线 3501 断路器储能电动机开关。

(28) 检查 35kV 1 号引入线 3501 断路器储能良好。

(29) 将35kV 1号引入线3501断路器手车推入工作位置，检查隔离开关插入深度，接触面良好。

(30) 联系调度，合成氨总降度35kV 1号引入线充电，得令后。

(31) 将35kV 1号引入线电压互感器小车推至工作位。

(32) 检查35kV 1号引入线电压互感器小车确在工作位。

(33) 合上35kV 1号引入线3501断路器。

(34) 检查35kV 1号引入线3501断路器确在合位。

(35) 检查35kV母线三相电压表指示正确。

(36) 将1号主变压器主一次3503断路器小车推至试验位置。

(37) 检查1号主变压器主一次3503断路器小车确在试验位置。

(38) 将1号主变压器主一次3503断路器二次插头插入并锁死。

(39) 合上1号主变压器主一次3503断路器操作电源空气断路器。

(40) 合上1号主变压器主一次3503断路器储能电动机空气断路器。

(41) 检查1号主变压器主一次3503断路器储能良好。

(42) 将1号主变压器主一次3503断路器手车推至工作位置，检查隔离开关接触良好。

(43) 合上1号主变压器主一次3503断路器。

(44) 检查1号主变压器主一次3503断路器在合位。

(45) 检查1号主变压器的空载声音正常。

(46) 合上1号主变压器低压冷却装置电源。

(47) 检查1号主变压器低压冷却装置电源在合位。

(48) 1号主变压器的冷却装置按规程规定投入正常运行方式。

(49) 将1号主变压器主二次断路器小车推至试验位。

(50) 将1号主变压器主二次断路器二次插头插入。

(51) 合上1号主变压器主二次断路器操作电源开关。

(52) 合上1号主变压器主二次断路器储能电动机开关。

(53) 检查1号主变压器主二次断路器储能电动机开关储能良好。

(54) 合上6kVⅠ段电压互感器小车开关。

(55) 将1号主变压器主二次断路器小车推至工作位。

(56) 检查1号主变压器主二次断路器隔离开关触头接触良好。

(57) 合上1号主变压器主二次断路器。

(58) 检查1号主变压器主二次断路器在合位。

(59) 检查6kVⅠ段6kV三相电压表指示正确。

(60) 锁票。

(61) 操作结束后，立即报告值班调度操作全部结束，并记录结束时间。

送2号主变压器、2号引入线，6kVⅡ段的操作顺序与1号变压器一样。

操作任务2 35kV 1号引入线检修，送35kV段联，35kV 2号引入线带35kVⅠ、Ⅱ段负荷的操作。

(1) 联系调度，根据值班调度员或值班运行负责人的指令，受令人复诵无误后，开始

执行操作。

（2）检查 35kV 母联 3500 断路器在开位。

（3）检查 35kV 母联 3500 断路器操作电源在合位。

（4）检查 35kV 母联 3500 断路器储能电动机空气断路器在合位。

（5）检查 35kV 母联 3500 断路器储能良好。

（6）联系调度，合成氨总降度 35kV 1 号、2 号引入线并列，得令后。

（7）合上 35kV 母联断路器。

（8）检查 35kV 母联断路器在合位。

（9）检查 35kV 1 号、2 号引入线并列电流有指示。

（10）拉开 35kV 1 号引入线 3501 断路器。

（11）检查 35kV 1 号引入线 3501 断路器在开位。

（12）检查 35kVⅠ段母线三相电压表指示正确。

（13）将 35kV 1 号引入线 3501 断路器小车拉至试验位置。

（14）检查 35kV 1 号引入线 3501 断路器隔离开关在分开位置。

（15）拉开 35kV 1 号引入线 3501 断路器操作电源空气断路器。

（16）拉开 35kV 1 号引入线 3501 断路器储能空气断路器。

（17）拔下 35kV 1 号引入线 3501 断路器的二次插头。

（18）联系调度，合成氨总降 1 号引入线停电，得令后。

（19）将 35kV 1 号引入线断路器小车拉至检修位置。

（20）在 35kV 1 号引入线断路器高压柜前、后挂禁止合闸，“线路有人工作”标示牌。

（21）全面检查上述操作的压板、断路器，小车位置应与操作任务一致。

（22）锁票。

（23）操作结束后，立即报告值班调度操作全部结束，并记录结束时间。

操作任务 3　35kV 1 号引入线检修结束后恢复

（1）联系调度，根据值班调度员或值班运行负责人的指令，受令人复诵无误后，开始执行操作。

（2）检查 35kV 1 号引入线的检修任务全部结束，工作票已锁，检修人员全部撤离现场。

（3）检查 35kV 1 号引入线继电保护良好，无送电阻碍，具备送电条件。

（4）拆除 35kV 1 号引入线断路器高压柜前、后悬挂的标示牌。

（5）联系调度结合成氨总降 35kV 1 号引入线充电，得令后。

（6）将 35kV 1 号引入线 3501 断路器小车推至试验位置。

（7）插上 35kV 1 号引入线 3501 断路器二次插头。

（8）合上 35kV 1 号引入线 3501 断路器操作电源开关。

（9）合上 35kV 1 号引入线 3501 断路器储能电动机开关。

（10）检查 35kV 1 号引入线 3501 断路器储能良好。

（11）将 35kV 1 号引入线 3501 断路器推至工作位置。

（12）检查 35kV 1 号引入线 3501 断路器隔离开关接触良好。

（13）联系调度总降变 35kV 1 号、2 号引入线并列，得令后。

（14）合上 35kV 1 号引入线 3501 断路器。

（15）检查 35kV 1 号引入线 3501 断路器在合位。

（16）检查 35kV 1 号、2 号引入线并列有电流显示。

（17）拉开 35kV 母联 3500 断路器。

（18）检查 35kV 母联 3500 断路器在开位。

（19）检查 35kVⅠ段母线三相电压指示正确。

（20）全面检查上述操作的小车断路器的位置应与操作任务一致。

（21）锁票。

（22）操作结束后，立即向值班调度汇报操作全部结束，并记录结束时间。

操作任务 4　总降变 1 号变压器检修，送 6kV 段联，停 1 号主变压器的操作程序

（1）联系调度，根据值班调度员或值班运行负责人的指令，受令人复诵无误后，开始执行操作。

（2）检查 6kV 母联断路器确在工作位置备用。

（3）检查 6kV 母联断路器操作电源开关在合位。

（4）检查 6kV 母联断路器储能电动机电源开关在合位。

（5）检查 6kV 母联断路器储能良好。

（6）联系调度总降变压器 6kVⅠ、Ⅱ段并列，得令后。

（7）合上 6kV 母联断路器。

（8）检查 6kV 母联断路器在合位。

（9）检查 6kVⅠ、Ⅱ段并列电流有指示。

（10）拉开 1 号主变压器主二次断路器。

（11）检查 1 号主变压器主二次断路器在开位。

（12）检查 6kVⅠ段三相母线电压指示正确。

（13）将 1 号主变压器主二次小车拉至试验位置。

（14）拉开 1 号主变压器主二次断路器操作电源开关。

（15）拨下 1 号主变压器主二次断路器二次插头。

（16）拉开 1 号主变压器主二次断路器储能开关。

（17）将 1 号主变压器主二次断路器小车拉至检修位。

（18）拉开 1 号主变压器主一次 3503 断路器。

（19）检查 1 号主变压器主一次 3503 断路器在开位。

（20）将 1 号主变压器主一次 3503 断路器小车拉至试验位。

（21）拉开 1 号主变压器主一次 3503 断路器操作电源开关。

（22）拔下 1 号主变压器主一次 3503 断路器二次插头。

（23）拉开 1 号主变压器主一次 3503 断路器储能开关。

（24）将 1 号主变压器主一次 3503 断路器小车拉至检修位置。

（25）在 1 号主变压器主一次 3503 断路器高压柜前、后悬挂“禁止合闸，有人工作”标示牌。

（26）在 1 号主变压器主二次 3503 断路器高压柜前、后悬挂“禁止合闸，有人工作”

工作间断、转移和终结制度。

8. 工作票和工作票制度

工作票是准许在电气设备和线路上工作的书面命令，是现场工作开始前需要布置安全措施和到施工现场开展工作的主要依据，也是履行工作许可、监护、间断、终结和恢复送电制度所必需的手续。工作票制度是指在电气设备和线路上工作时，必须填写和使用工作票或者按照命令执行的一项制度。

9. 工作票种类及其格式

变配电站使用的工作票有第一种工作票和第二种工作票两种。

第一种工作票的格式如下：

第一种工作票

单位：__________ 编号：__________

1. 工作负责人（监护人）：________ 班组：________

2. 工作班人员（不包括工作负责人）：

____

____

____

__________________________________共______人。

3. 工作的变配电站名称及其双重名称：

____

4. 工作任务：

工作地点及设备双重名称	工作内容

5. 计划工作时间：

自______年______月______日______时______分至______年______月______日______时______分。

6. 安全措施（必要时可附页绘图说明）。

应拉断路器、隔离开关	已执行*

续表

应装接地线、应合接地开关（注明确实地点、名称及接地线编号*）	已执行
应设遮栏、应挂标志牌及防止二次回路误碰等措施	已执行

*已执行栏目及接地线编号由工作许可人填写。

工作地点保留带电部分或注明事项 （由工作票签发人填写）	补充工作地点保留带电部分和安全措施 （由工作许可人填写）

工作票签发人签名：________签发日期：________年________月________日。

7. 收到工作票时间：________年________月________日________时________分。

运行值班人员签名：________工作负责人签名：________。

8. 确认本工作票1～7项。

工作负责人签名：________ 工作许可人签名：________。

许可开始工作时间：________年________月________日________时________分。

9. 确认工作负责人布置的任务和本施工项目安全措施：

工作班组人员签名：

____

____

____

10. 工作负责人变动情况：

原工作负责人________离去，变更________为工作负责人。

工作票签发人________________年________月________日________时________分。

工作人员变动情况（增添人员姓名、变动日期及时间）：

____

____

____

工作负责人签名：________

11. 工作票延期：

有效期延长到______年______月______日______时______分。

工作负责人签名：________________年______月______日______时______分。

工作许可人签名：________________年______月______日______时______分。

12. 每日开工和收工时间（使用一天的工作票不必填写）。

收工时间				工作负责人	工作许可人	开工时间				工作许可人	工作负责人
月	日	时	分			月	日	时	分		

13. 工作终结：

全部工作于______年______月______日______时______分结束，设备及安全措施已恢复至开工前状态，工作人员已全部撤离，材料工具已清理完毕，工作已终结。

工作负责人签名：________　工作许可人签名：________

14. 工作票终结：

临时遮栏，标志牌已拆除，常设遮栏已恢复。未拆除或未拉开的接地线编号等共______组、接地开关（小车）共______副（台），已汇报调度值班员。

工作许可人签名：________________年______月______日______时______分。

15. 备注：

（1）指定专责监护人________负责监护____________________________（地点及具体工作）。

（2）其他事项：____

____

____

第二种工作票的格式如下：

第二种工作票

单位：________________　编号：________________

1. 工作负责人（监护人）：____________　班组：____________

2. 工作班人员（不包括工作负责人）：

____

____

____

____共______人。

3. 工作的变配电站名称及设备双重名称：

____

4. 工作任务：

工作地点及设备双重名称	工作内容

5. 计划工作时间：

自________年________月________日________时________分至________年________月________日________时________分。

6. 工作条件（停电不停电或邻近及保留带电设备名称）：

____

____

7. 注意事项（安全措施）：________________________________

____

____

工作票签发人签名：________签发日期：________年________月________日。

8. 补充安全措施（工作许可人填写）：

____

____

____

9. 确认本工作票1～8项：

许可工作时间：________年________月________日________时________分。

工作负责人签名：________ 工作许可人签名：________

10. 确认工作负责人布置的任务和本施工项目安全措施：

工作班人员签名：

____

____

____

11. 工作票延期：

有效期延长到________年________月________日________时________分。

工作负责人签名：________________年________月________日________时________分。

工作许可人签名：________________年________月________日________时________分。

12. 工作票终结：

全部工作于________年________月________日________时________分结束，工作人员已全部撤离，材料工具已清理完毕。

工作负责人签名：________________年________月________日________时________分。

工作许可人签名：＿＿＿＿＿＿年＿＿＿＿月＿＿＿＿日＿＿＿＿时＿＿＿＿分。

13. 备注：＿＿＿＿＿＿＿＿＿＿＿＿＿＿＿＿＿＿＿＿＿＿＿＿＿＿＿＿＿＿＿＿

＿＿＿＿＿＿＿＿＿＿＿＿＿＿＿＿＿＿＿＿＿＿＿＿＿＿＿＿＿＿＿＿＿＿＿＿

＿＿＿＿＿＿＿＿＿＿＿＿＿＿＿＿＿＿＿＿＿＿＿＿＿＿＿＿＿＿＿＿＿＿＿＿

＿＿＿＿＿＿＿＿＿＿＿＿＿＿＿＿＿＿＿＿＿＿＿＿＿＿＿＿＿＿＿＿＿＿＿＿

10. 第一种工作票的适用范围

第一种工作票适用于以下三种情况：

（1）在高压设备上工作需要全部停电或部分停电的情况。

（2）在二次系统或照明等回路上工作，需要将高压设备停电或采取安全措施的情况。

（3）其他工作需要将高压设备停电或采取安全措施的情况。

11. 第二种工作票的适用范围

第二种工作票适用于以下情况：

（1）在带电设备外壳上工作和不可能触及带电设备导电部分的工作情况。

（2）在控制盘和低压配电盘、配电箱、电源干线上工作的情况。

（3）在二次系统和照明等回路上工作，无需将高压设备停电或采取安全措施的情况。

（4）在转动中的发电机、同期调相机的励磁回路或高压电动机转子电阻回路上工作的情况。

（5）非运行人员用绝缘棒和电压互感器定相或用钳形电流表测量高压回路电流的情况。

12. 工作票的填写与签发规定

（1）工作票应由设备运行管理单位签发，也可经设备运行管理单位审核合格且经批准的修试及基建单位签发。修试及基建单位的工作票签发人、工作负责人名单应事先送有关设备运行管理单位备案。

（2）工作票签发人认为有必要时，第一种工作票可采用总工作票、分工作票的形式同时签发。总工作票和分工作票的填用、许可等有关规定应由单位主管生产的领导批准后执行。

（3）工作票要用黑色或蓝色钢笔或圆珠笔填写，字迹正确清楚。不得任意涂改。如有个别错、漏字需要修改，应使用规范的符号，字迹应清楚。用计算机生成或打印的工作票应使用统一的票面格式。由工作票签发人审核无误，手工或电子签名后方可执行。

（4）同一张工作票中，工作票签发人、工作负责人和工作许可人不得互相兼任。工作负责人可以填写工作票。

（5）工作票应一式两份。一份应提前交给工作负责人，保存在工作地点；另一份由工作许可人收执，按值移交。工作许可人应将工作票的编号、工作任务、许可及终结时间进行登记。

（6）供电单位或施工单位到用户变配电站内施工时，工作票应由有权签发工作票的供电单位、施工单位或用户单位签发。

13. 工作票的使用规定

（1）一个工作负责人只能发给一张工作票，工作票上所列的工作地点应以一个电气联结部分为限。

（2）若施工设备属于同一电压、位于同一楼层、同时停送电，且不会触及带电导体，则允许几个电气联结部分使用一张工作票。但开工前工作票内的安全措施应一次全部完成。

（3）若一个电气联结部分或一个配电装置全部停电，则所有不同地点的工作，可以发给一张工作票，但要详细填明主要工作任务。几个班同时进行工作时，工作票可发给总负责人，在工作班成员栏内只要填明各班的负责人即可。若至预定时间，一部分工作尚未完成，需继续工作而不妨碍送电者，在送电前，应按照送电后现场设备带电情况，办理新的工作票，布置好安全措施后方可继续工作。

（4）在几个电气联结部分依次进行不停电同一类型的工作时，可以使用一张第二种工作票。

（5）无特殊原因，不得变更工作负责人和工作班成员。工作班成员变更须经工作负责人同意，新成员须经履行安全交底手续后方可进行工作。工作负责人变更须经工作票签发人同意并通知工作许可人，工作许可人必须将变更情况记录在工作票上。工作负责人只能变更一次。原、现工作负责人必须对工作任务和安全措施进行交接。

（6）工作负责人需要在原工作票停电范围内增加工作任务时，应征得工作票签发人和工作许可人同意，并在工作票上增填工作项目。若需变更或增设安全措施，则应填用新的工作票，并重新办理工作许可手续。

（7）第一种工作票应在工作前一日预先送达运行人员。第二种工作票可在工作的当天预先交给工作许可人。临时性的工作，工作票可在工作前直接交给工作许可人。

（8）工作票的有效时间，以批准的检修期为限。若至预定时间，工作不能完成，应在工期尚未结束前办理延期手续。可由工作负责人向运行值班负责人提出申请，由运行值班负责人通知工作许可人给予办理。工作票只能延期一次。工作票若有破损不能继续使用，则应补办新的工作票。

14. 工作票所列人员应具备的基本条件

（1）工作票签发人应由熟悉人员技术水平、熟悉设备情况、熟悉《电力安全工作规程》并且有相关经验的生产领导、技术人员或经本单位主管生产领导批准的人员担任。工作票签发人名单应书面公布。

（2）工作负责人应由具有相关工作经验、熟悉设备情况、熟悉工作班人员工作能力和《电力安全工作规程》，并经本单位生产领导批准的人员担任。

（3）工作许可人应经本单位生产领导书面批准的具有一定工作经验的运行人员、检修单位的操作人员（进行该工作任务操作及做安全措施的人员）或用户变配电站持有效证书的高压电工担任。

（4）专责监护人应是具有相关工作经验，熟悉设备情况和《电力安全工作规程》的人员。

15. 工作票签发人的安全职责

工作票签发人不得兼任工作负责人。工作票签发人的安全职责如下：

（1）审核工作必要性和安全性。

（2）核实工作票所填安全措施是否正确完备。

（3）核查所派工作负责人和工作班人员是否适当和充足。

16. 工作负责人的安全职责

工作负责人可以兼任工作监护人。工作负责人的安全职责如下：

（1）正确安全地组织工作，严格执行工作票所列安全措施。

（2）负责检查工作票所列安全措施是否正确完备和工作许可人所做的安全措施是否符合现场实际条件，必要时予以补充。

（3）工作前对工作班成员进行危险点告知，交代安全措施和技术措施，并确认每一个工作班成员都已知晓。

（4）督促、监护工作班成员遵守《电力安全工作规程》正确使用劳动保护用品和执行现场安全措施。

（5）确认工作班成员精神状态是否良好，工作班成员变动是否合适。

17. 工作许可制度及其要求

工作许可制度是指在电气设备上开始工作时，必须事先得到工作许可人的许可，不得擅自进行工作的一项制度。工作许可手续应逐级办理。工作许可人不得签发工作票。执行工作许可制度，是为了在完成安全措施以后，进一步加强工作责任感，确保万无一失地采取安全措施。

执行工作许可制度应注意以下要求：

（1）工作许可人在完成施工现场的安全措施后，还应会同工作负责人到现场检查所做的安全措施，证明检修设备确无电压，对工作负责人指明带电设备的位置和工作过程中的注意事项。工作许可人和工作负责人在工作票上分别签字确认后，经工作许可人同意，工作负责人方可开始工作。

（2）运行人员不得变更有关检修设备的运行接线方式，工作负责人、工作许可人也不能擅自变更现场安全措施。如因特殊情况需要变更时，进行变更的一方必须取得其他两方的同意，并将变更情况记录在值班记录簿上。

18. 工作许可人的安全职责

（1）负责审查工作票所列安全措施是否正确完备，是否符合现场条件。

（2）负责检查工作现场布置的安全措施是否完善，必要时予以补充。

（3）负责检查检修设备有无突然来电的危险。

（4）对工作票所列内容即使发生很小疑问，也应向工作票签发人询问清楚，必要时应要求进行详细补充。

19. 工作监护制度及其要求

工作监护制度是指作业人员在作业过程中必须有人监督和保护，以便及时纠正作业人员一切不安全行为和错误的一项制度。

执行工作监护制度应注意以下要求：

（1）工作许可人许可工作后，工作负责人、专责监护人应向工作班成员交代工作内容。人员分工、带电部位和现场安全措施，进行危险点告知，并履行确认手续，工作班方可开始工作。

（2）工作负责人、专责监护人应始终在工作现场，对工作班成员的安全进行认真监护，及时纠正不安全的行为。

（3）所有工作人员（包括工作负责人）不得单独进入、滞留在高压室内和室外高压设备区内。若工作需要而且现场允许，可准许有实际经验的人员进入工作，但工作负责人应详尽告知安全注意事项。

（4）全部停电时，工作负责人可以参加工作班工作。在部分停电时，只有在安全措施可靠，人员集中在一个工作地点、不致误碰带电部分的情况下，工作负责人方能参加工作。

（5）工作票签发人和工作票负责人应根据现场的安全条件、施工范围、工作需要等具体情况，增设专责监护人和确定被监护的人员。

（6）专责监护人不得兼做其他工作。专责监护人临时离开时，应通知被监护人员停止工作或离开工作现场，待专责监护人回来后方可恢复工作。

（7）在工作期间，工作负责人因故暂时离开工作现场时，应指定能胜任的人员临时代替，离开前应将工作现场交代清楚，并告知工作班成员。原工作负责人返回工作现场时，也应履行同样的交接手续。

（8）若工作负责人必须长时间离开工作现场时，应由原工作票签发人变更工作负责人，履行变更手续，并告知全体工作人员及工作许可人。原、现工作负责人应做好必要的交接。

20. 专责监护人的安全职责

（1）明确被监护人员和监护范围。

（2）工作前对被监护人员交代安全措施、告知危险点和安全注意事项。

（3）监督被监护人员遵守《电力安全工作规程》和现场安全措施，及时纠正不安全行为。

21. 工作班成员的安全职责

（1）熟悉工作内容、工作流程，掌握安全措施，明确工作中的危险点，并履行确认手续。

（2）严格遵守安全规章制度、技术规程和劳动纪律，对自己在工作中的行为负责，互相关心工作安全，并监督《电力安全工作规程》的执行和现场安全措施的实施。

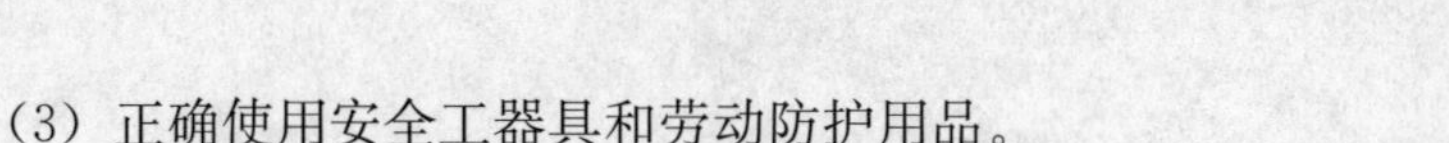

（3）正确使用安全工器具和劳动防护用品。

22. 工作间断、转移和终结制度及其要求

工作间断制度是指对于当天的作业因故需要暂停中断时必须执行的一项制度。工作转移制度是指对于需要在同一电气联结部分的不同作业地点依次进行作业时所必须执行的一项制度。工作终结制度是指作业全部完成后，作业人员清理现场、拆除安全措施、撤离现场后，需要恢复设备送电时所必须执行的一项制度。

执行工作间断、转移和终结制度时，应注意以下要求：

（1）工作因故需要间断时，作业人员应从现场撤出，所有安全措施保持不动，工作票暂由工作负责人执存，间断后继续作业时无须再通过工作许可人许可。

（2）在工作间断期间，若遇紧急情况需要送电，运行人员可在工作票未交回的情况下合闸送电，但应事先通知工作负责人，在得到工作人员全部撤离工作地点、可以送电的答复后，拆除临时遮栏、接地线和标志牌，恢复常设遮栏，换挂“止步，高压危险!”标志牌后方可执行操作。同时应在所有道路派专人守候，以便告知工作人员“设备已经合闸送电，不得继续工作!”，守候人员在工作票未交回以前，不得离开守候地点。

（3）每日收工时，应清扫工作地点，开放已封闭道路，工作负责人应将工作票交回运行人员。次日复工时，应得到工作许可人的许可，工作负责人取回工作票，按照工作票要求对现场安全措施重新进行检查和确认，并召开现场站班会。未经工作负责人或专责监护人同意，工作班成员不得进入工作地点。

（4）在同一电气联结部分用同一工作票依次在几个工作地点转移工作时，全部安全措施应在开工前一次完成，不需要办理转移手续。但工作负责人在转移工作地点时，应向工作人员交代带电范围、安全措施和注意事项。

（5）在检修工作结束前，需要对设备试加工作电压时，所有工作人员应撤离工作地点，运行人员收回所有工作票，拆除临时遮栏、接地线和标志牌，恢复常设遮栏，并由工作负责人和运行人员对设备进行全面检查确认无误后，运行人员方可进行加压试验。若需继续工作时，工作负责人应重新办理工作许可手续。

（6）全部工作结束后，工作班成员应对现场进行清扫、整理。工作负责人对现场进行详细检查，待所有工作人员撤离工作地点后，再向运行人员交代所修项目、发现缺陷、试验结果和存在问题等，并与运行人员共同检查设备状况，清理遗留对象，然后在工作票上填明工作结束时间。经双方签名后，表明现场工作终结。

（7）现场工作终结后，运行人员对照工作票拆除临时遮栏、接地线和标志牌，恢复常设遮栏，并向值班调度员或运行值班负责人汇报后，工作票才算终结。已终结的工作票，应当保存一年以上。

（8）在未办理工作票终结手续以前，运行人员不得将停电设备合闸送电。只有在同一停电系统的所有工作票都已终结，并取得值班调度员或运行值班负责人的许可指令后，方可合闸送电。

（9）工作结束后，工作负责人在工作票上填写工作终结时间，经值班员确认，双方签名后，工作票交付值班员。只有在同一停电系统内的所有工作结束并收回所有工作票后，值班员方可拆除各种安全措施（接地线、临时遮栏及标志牌等），得到值班负责人的命令后，方可恢复送电。

23. 保证电气设备作业安全的技术措施

保证电气设备作业安全的技术措施有停电、验电、装设接地线、悬挂标志牌和装设遮栏（围栏）。在全部停电或部分停电的电气设备上工作时，必须有运行值班人员在完成以上技术措施后，工作人员方可开始工作。

24. 电气设备作业的停电要求

（1）在工作地点应对以下电气设备进行停电：

1）检修设备。

2）与工作人员在工作中正常活动范围的距离小于表 1-1 规定的设备。

3）在 35kV 及以下的设备处工作、安全距离虽大于表 1-1 的规定，但小于表 1-2 的规定，同时又无绝缘挡板或安全遮栏措施的设备。

4）在工作人员上下、两侧及后面有带电部分、又无可靠安全措施的设备。

5）其他需要停电的设备。

表 1-1　　工作人员工作中正常活动范围与带电设备的安全距离

电压等级（kV）	10 及以下（13.8）	20、35	63（66）110	220	330	500
安全距离（m）	0.35	0.60	1.50	3.00	4.00	5.00

注　表中未列电压按高一挡电压等级的安全距离。

表 1-2　　设备不停电时的安全距离

电压等级（kV）	10 及以下（13.8）	20、35	63（66）110	220	330	500
安全距离（m）	0.70	1.00	1.50	3.00	4.00	5.00

注　表中未列电压按高一挡电压等级的安全距离。

（2）对于检修设备的停电，应把各方面的电源完全断开（应将任何运用中的星形接线设备的中性点视为带电设备）。与停电检修设备有关的变压器和电压互感器也须断开，防止向停电检修设备反送电。断开检修设备电源时，在断开断路器后，应继续拉开隔离开关，手车开关应拉至试验检修位置。采用跌落式熔断器时，须将熔管摘下。断开检修设备电源后，其电气联结部分至少应有一个明显的断开点（无法观察到断开点的设备除外）。

（3）停电检修设备和可能来电侧的断路器、隔离开关的控制电源和合闸电源也应断开，隔离开关的操作把手应加锁，确保不会误送电。

（4）对难以做到与电源完全断开的检修设备，可以拆除设备与电源之间的电气联结。禁止在只经断路器断开电源的设备上工作。

25. 电气设备停电后的验电要求

电气设备停电后，还必须进行验电。验电必须遵循以下要求：

（1）在对停电设备装设接地线前，要先验电，确认设备无电压。验电器应采用符合相应电压等级的接触式验电器，并在试验合格有效期内。

（2）验电前，宜先在带电设备上进行试验，确认验电器工作良好；无法在带电设备或线路上进行试验时，可用高压发生器等确认验电器工作良好。

（3）验电时，应戴绝缘手套，并设专人监护。验电器应逐渐接近导线，根据有无放电声和火花来判断线路是否确无电压。验电器的伸缩式绝缘棒应拉足到位，手握在手柄处，不得超过护环。验电人员应与被验电设备之间的距离不小于安全距离。

（4）验电时，验电人员如果站在木梯、木架或木杆上，不接地线验电器无法指示，可在验电器绝缘杆尾部接上接地线，但应经过运行值班负责人或工作负责人许可。

（5）对无法直接验电的设备，可采用间接验电方法。可以通过检查隔离开关的机械指示位置、电气指示、仪表及带电显示装置指示的变化，并且至少有两个及以上指示同时发生对应变化。若采用遥控操作，应同时检查隔离开关的状态指示、遥测、遥信信号及带电显示装置的指示进行间接验电。线路验电应逐相进行。检修联络用的断路器、隔离开关或其组合时，应在两侧分别验电。330kV 及以上的电气设备，可以采用间接验电方法进行验电。

（6）如果表示设备断开和允许进入间隔的信号、经常接入的电压表指示有电，则禁止人员在该设备上工作。

（7）雨雪天气时，禁止在室外对设备进行直接验电。

26. 停电后必须进行验电和放电

设备和线路停电后，必须对其进行验电和放电。验电是为了验证电气设备和线路等是否确无电压，以防止发生带电装设接地线或带电合接地开关等恶性事故。验电后确认电气设备和线路已停电，还要进行放电。放电的目的是消除电气设备和线路上的残余电荷，避免冲击电流伤害作业人员。

27. 接地线的装设要求

停电检修设备，经过验电确认其无电压后，可以对其装设接地线。装设接地线的要求如下：

（1）经过验电，确认设备无电压后，应立即装设接地线，将检修设备接地并三相短路。电缆及电容器接地前应逐相充分放电，星形联结电容器的中性点应接地，串联电容器及与整组电容器脱离的电容器应逐个放电，装在绝缘支架上的电容器的外壳也应放电。

（2）装设或拆除接地线应由两人（一人操作、一人监护）进行。当单人值班时，只允许使用接地开关接地，而且必须用绝缘杆操作。装设、拆除接地线，运行人员应做好记录，交接班时应交代清楚。

（3）装设接地线应先接接地端，后接导体端，接地线应接触良好，联结应可靠。拆接地线的顺序与此相反。装、拆接地线均应使用绝缘棒和戴绝缘手套。人体不得触碰接地线或未经接地的导线，以防止感应电触电。

（4）检修部分若是在电气上不相联结的几个部分，如被断路器、隔离开关隔开的几段分段母线，则应对各部分别进行验电和接地短路。如果变配电站全部停电，应将各个可能来电侧的部分接地短路，其余部分不必每段都装设接地线或合上接地开关。

（5）接地线、接地开关与检修设备之间不得连有断路器或熔断器。若由于设备原因，接地开关与检修设备之间连有断路器。在接地开关和断路器合上后，应有保证断路器不会分闸的措施。

（6）对于可能送电至停电设备的各方面都应装设接地线或合上接地开关。所装接地线与带电部分之间的距离，在接地线摆动时仍要符合安全距离的规定。

（7）对于因平行或邻近带电设备导致检修设备可能产生感应电压时，应加装接地线或工作人员使用个人保安线。加装的接地线应登记在工作票上，个人保安线由工作人员自装自拆。

（8）在门型架构的线路侧进行停电检修，若工作地点与所装接地线的距离小于 10m，工作地点虽在接地线外侧，也可以不另装接地线。

（9）配电装置上的接地线应当联结在其导电部分的固定地点，刮除联结地点处的油漆，并标明黑色标记。所有配电装置的适当地点，均应设有与接地网相连的接地端，接地电阻应符合要求。

（10）严禁工作人员擅自移动或拆除接地线。因工作需要拆除接地线时，必须经运行值班负责人或工作负责人同意方可拆除。工作完毕，应立即恢复接地线。

28. 安装接地线的重要性

安装接地线是防止突然来电的唯一可靠的安全措施，同时也可以释放掉设备和线路中的残余电荷。对于可能送电到停电设备的各电源侧，或停电设备可能产生感应电压的部分都要装设接地线，并将三相短路。安装接地线的目的在于将三相人为短路，一旦检修的设备和线路突然来电，会发生短路故障，引起保护装置动作，迅速切断电源，保护作业人员的安全。当验证所要检修的电气设备确无电压并将其放电后，应立即将设备接地，并将三相短路，这是防止作业人员遭受电击伤害最直接和有效的保护措施。

29. 对接地线的要求

接地线应采用三相短路式接地线。若使用分相式接地线，应设置三相合一的接地端。成套接地线应由有透明护套的多股软铜线组成，其截面不得小于 25mm^2，同时应满足装设地点短路电流的要求。禁止使用其他导线作接地线或短路线。每组接地线均应编号，并存放在固定地点。存放位置也要编号，并与其存放接地线的编号一致。每次使用前，都应对接地线进行详细检查，确保完好。使用时接地线应使用专用的线夹固定在导体上，严禁用缠绕的方法进行接地或短路。

30. 悬挂标志牌和装设遮栏的要求

不同的标志牌适用于不同的场所。悬挂标志牌和装设遮栏应注意以下要求：

（1）在一经合闸即可送电到工作地点的断路器和隔离开关的操作把手上，均应悬挂“禁止合闸，有人工作！”的标志牌。

(2) 如果线路上有人工作，在线路断路器和隔离开关的操作把手上，均应悬挂“禁止合闸，线路有人工作!”的标志牌。

(3) 如果检修设备与接地开关之间有断路器，在接地开关和断路器（开关）合上后，应在断路器（开关）的操作把手上悬挂“禁止分闸”的标志牌。

(4) 在显示屏上进行操作时，应在断路器和隔离开关的操作处应设置“禁止合闸，有人工作!”“禁止合闸，线路有人工作!”或“禁止分闸”的标记。

(5) 部分停电的工作，安全距离应符合相关规定，见表1-1与表1-2。当工作人员与未停电设备之间的距离小于表1-2中的安全距离时，应装设临时遮栏。但临时遮栏与带电体之间的距离不得小于表1-1中的安全距离。临时围栏可用干燥木材、橡胶或其他坚韧绝缘材料制成，装设应牢固，并悬挂“止步，高压危险!”的标志牌。

(6) 35kV及以下电气设备的临时遮栏，如因工作特殊需求，可用绝缘隔板与带电部分直接接触，但是绝缘隔板应具有高度的绝缘性能，并应符合相关规定要求。

(7) 在室内高压设备上工作，在工作地点的两旁及对面运行设备间隔的遮栏（围栏）上和禁止通行的过道遮栏（围栏）上应悬挂适当数量的“止步，高压危险!”的标志牌。

(8) 在室外高压设备上工作，应在工作地点四周装设围栏，其出入口要围至邻近道路旁边，并设置“从此进入”的标志牌。在工作地点四周的围栏上悬挂适当数量的“止步，高压危险!”的标志牌，标志牌应朝向围栏里面。若室外设备大多已经停电，只有个别设备带电并且其他设备也没有触及带电导体的可能，则可以在带电设备四周装设全封闭围栏，在围栏上悬挂适当数量的“止步，高压危险!”的标志牌，标志牌应朝向围栏外面。

(9) 在室外构架上工作，在工作地点邻近带电部分的横梁上，应悬挂“止步，高压危险!”标志牌。在工作人员上下铁架或梯子上，应悬挂“从此上下”的标志牌。在邻近其他可能误登的带电构件上，应悬挂“禁止攀登，高压危险!”的标志牌。

(10) 在工作地点应设置“从此上下”的标志牌。对于已经接地的设备，可以悬挂“已接地!”的标志牌。

(11) 严禁工作人员擅自移动、拆除临时遮栏（围栏）和标志牌。

31. 悬挂标志牌和装设遮栏的重要性

悬挂标志牌的目的在于及时提醒有关人员纠正将要进行的错误操作或动作，确保作业人员在检修过程中的安全。装设遮栏是为了限制作业人员的活动范围，以防止作业人员误入带电间隔或者接近高压带电设备。严禁作业人员在工作中移动或拆除遮栏和标志牌。

32. 线路作业的安全措施

在线路上作业，变配电站应采取以下安全措施：

(1) 值班调度员或工作许可人应将该线路停电检修的工作班组数目、工作负责人姓名、工作地点和工作任务记入记录簿。

(2) 线路作业的停、送电都应当按照值班调度员或线路工作许可人的指令执行，不得约时停、送电。

(3) 停电时，值班人员应首先将该线路可能来电的所有断路器、隔离开关全部拉开，手车开关应拉至试验或检修位置；其次进行验电，确认该线路无电压后，在线路上所有可能来电的各端装设接地线或合上接地开关；最后在线路断路器和隔离开关的操作把手上均应悬挂“禁止合闸，线路有人工作!”的标志牌，在显示屏上断路器和隔离开关的操作处均应设置“禁止合闸，线路有人工作!”的标记。

(4) 线路作业结束时，值班调度员或工作许可人应得到工作负责人（包括用户）的工作结束报告，确认工作班组均已竣工、接地线已拆除、工作人员已全部撤离线路，并与记录簿核对无误后，方可下令拆除变配电站内的安全措施，向线路送电。

(5) 当用户管辖的线路要求停电时，值班调度员或工作许可人应得到用户停送电联系人的书面申请，经单位主管生产领导批准后方可停电，并做好安全措施。恢复送电，应接到原申请人的工作结束报告，做好录音并记录后方可送电。用户停、送电联系人的名单应在调度和有关部门备案。

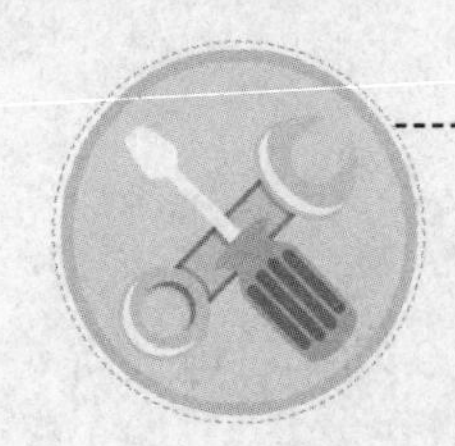

第 2 章　变配电安全

1. 变配电站安全要求

变配电站的一般安全要求涉及建筑设计、设备安装、运行管理等环节。安全要求具体如下：

(1) 变配电站的选址位置合理得当。变配电站应靠近企业用电负荷中心，进出线方便，有利于生产和运输，与其他建筑之间互无影响，远离易燃、易爆、易污染场所，位于企业的上风侧。

(2) 变配电站的建筑要符合要求。油浸式变压器室不低于一级，高压配电室耐火等级不低于二级，低压配电室耐火等级不低于三级。变配电站通往室外的门应向外开启，室内通道之间的门应向两个方向开启。高压配电室长度超过 7m 或低压配电室长度超过 10m 时，应设置两个及以上通向室外的门。

(3) 变配电站的检修通道及间距合格。电气设备安装符合规范要求，检修通道、屏柜之间要留有足够的安全距离，门窗、围栏等屏护装置完好，各种标识清晰正确。

(4) 变配电站通风良好。各室自然通风良好（下进风、上排风），必要时进行强制通风，以利于热量散失和排放。

(5) 安全用具和灭火器材齐全完好。安全用具符合规范要求，应配置 1211 灭火器、二氧化碳灭火器、干粉灭火器等可用于带电灭火的灭火器材。

(6) 各种管理制度、操作程序正确完善。建立值班运行、巡视检查、停送电、检修等制度程序及岗位责任管理制度。

(7) 保持电气设备正常运行，各种电气设备的电压、电流、温度等参数及状态指示正确无误，各种安全连锁防护装置均处于正常和可控状态。

2. 变配电站应当建立健全的管理制度

(1) 岗位责任制度。明确各岗位人员的职责和权限等。

(2) 交接班制度。规定交接班的内容、程序及要求等。

(3) 倒闸操作票制度。规定倒闸操作时各个操作的步骤、顺序及注意事项。

(4) 巡视检查制度。制定巡视检查的时间、路线和内容等。

(5) 检修工作票制度。制定检修的申请、审核和批准等工作要求。

(6) 工器具保管制度。明确工器具的保管方法、条件和环境要求等。

(7) 设备缺陷管理制度。规定设备缺陷的检查、处理等要求。

(8) 安全保卫制度。明确来客登记、审查和批准等要求。

3. 变配电站应当建立完善的记录

（1）抄表记录。主要记录各开关柜、控制柜运行过程中的电压、电流、功率、电能等参数。

（2）值班记录。主要记录系统运行方式、设备检修、安全措施布置、事故处理、指令指示等事项。

（3）设备缺陷记录。主要记录设备出现缺陷的时间、内容、类别以及消除缺陷处理等情况。

（4）试验及检修记录。主要记录定期预防性试验、预防维修以及故障性检修和试验的过程资料和数据等。

（5）异常及事故记录。主要记录设备发生异常或事故的时间、经过、保护动作以及原因分析、处理措施等。

4. 变配电站运行基本条件

变配电站要投入运行，应达到以下基本条件：

（1）变配电站及其周围场所必须设置安全遮栏，悬挂相应的警示标志。

（2）值班人员拥有符合电压等级的绝缘安全用具（绝缘棒、验电器、绝缘夹钳、绝缘手套、绝缘靴、绝缘垫和绝缘台等）和一般防护用具（携带型接地线、临时遮栏、隔离板及安全腰带等）。

（3）绝缘安全用具应定期进行预防性试验合格有效后方可继续使用，并且要整齐存放在干燥、显眼的地方，以方便取用。

（4）变配电站的电气设备应定期进行预防性试验，并经试验合格。

（5）变配电站配置有有效的灭火器材和通信设备。

（6）无人值守的变配电站必须加锁。

5. 变配电站值班人员的工作要求

（1）电气设备操作须两人同时进行，一人操作，一人监护。

（2）严禁口头约时进行停、送电操作。

（3）应确切掌握变配电系统的接线情况，主要设备的位置、性能和技术数据。

（4）应熟悉事故照明的配电情况和操作方法。

（5）认真填写、抄报有关报表和记录，将日运行情况、检修及事故处理情况填入运行记录内，并按时上报。

（6）自觉遵守劳动纪律和各项规章制度，规范穿戴劳动防护用品。

（7）应具备必要的电气“应知”“应会”技能，有一定的排除故障能力，熟知电气安全操作规程，并经考试合格。

（8）进行停电检修或安装工作时，应有保证人身和设备安全的组织和技术措施，并向工作人员指明停电范围和带电设备所在位置。

（9）遇紧急情况可先拉开有关设备的电源开关，后向上级报告。

标示牌。

（27）在1号主变压器主一次3503、主二次高压柜前、后及两侧悬挂三角旗。

（28）全面检查上述操作的小车断路器位置是否与操作任务一致。

（29）锁票。

（30）操作结束后，立即向值班调度汇报操作结果，并记录结束时间。

操作任务5 总降变1号主变压器检修结束后，送电操作程序

主变压器送电前的准备工作：

（1）核对相序。

（2）测绝缘。

（3）检查各种试验单。

（4）进行三冲击。

（5）将重瓦斯作用于跳闸压板改为作用于信号。

送电操作程序如下。

（1）联系调度，根据值班调度员或值班运行负责人的指令，受令人复诵无误后，开始执行操作。

（2）检查1号主变压器的检修任务结束，工作票已锁，检修人员全部撤离现场。

（3）检查1号主变压器各种试验数据合格，继电保护良好，传动试验良好。

（4）对主变压器测绝缘合格后（测一次、二次对地，一、二次相间）。

（5）拆除1号主变压器主一次3503、主二次高压柜前、后及两侧三角旗。

（6）取下1号主变压器3503高压柜、主二次断路器高压柜前、后的标示牌。

（7）检查1号主变压器设备单元接线完好，无异物，具备送电条件。

（8）将1号主变压器主一次3503断路器小车推至试验位置。

（9）插上1号主变压器主一次3503断路器的二次插头。

（10）合上1号主变压器主一次3503断路器的操作电源开关。

（11）合上1号主变压器主一次3503断路器储能电动机电源开关。

（12）检查1号主变压器主一次3503断路器储能良好。

（13）将1号主变压器主一次3503断路器小车推至工作位置。

（14）检查1号主变压器主一次3503断路器隔离开关插入良好。

（15）合上1号主变压器主一次3503断路器。

（16）检查1号主变压器主一次3503断路器在合位。

（17）检查1号主变压器的空载声音正常。

（18）对1号主变压器进行三次冲击。

（19）对1号主变压器进行空载冲击，核对相序，声音正常后进行以下操作。

（20）将1号主变压器主二次断路器小车推至试验位置。

（21）插上1号主变压器主二次断路器二次插头。

（22）合上1号主变压器主二次断路器操作电源开关。

（23）合上1号主变压器主二次断路器储能电动机电源开关。

（24）检查1号主变压器主二次断路器储能良好。

(25) 将 1 号主变压器主二次断路器小车推至工作位置。

(26) 联系调度总降变压器 6kVⅠ、Ⅱ段并列，得令后。

(27) 合上 1 号主变压器主二次断路器。

(28) 检查 1 号主变压器主二次断路器在合位。

(29) 检查 6kVⅠ、Ⅱ段并列电流有指示。

(30) 拉开 6kV 母联断路器。

(31) 检查 6kV 母联断路器在开位。

(32) 检查 6kVⅠ段母联三相电压指示正常。

(33) 全面检查上述操作的小车断路器位置与操作任务是否一致。

(34) 锁票。

(35) 操作结束后，立即向值班调度汇报操作全部结束，并记录结束时间。

实例四

如图 2-3 所示是某化工厂的一次变电站接线图，某电源为东肥线供 220kV 北母线运行，另一电源为新肥线供 220kV 南母线运行，正常为解列运行方式。根据运行系统情况，220kV 线路及主变压器中性点的倒闸操作及事故处理等直接由省电力调度指挥，35kV、6kV 系统的倒闸操作和事故处理等直接由市电力调度指挥，但一次系统的并、解需请示省调。

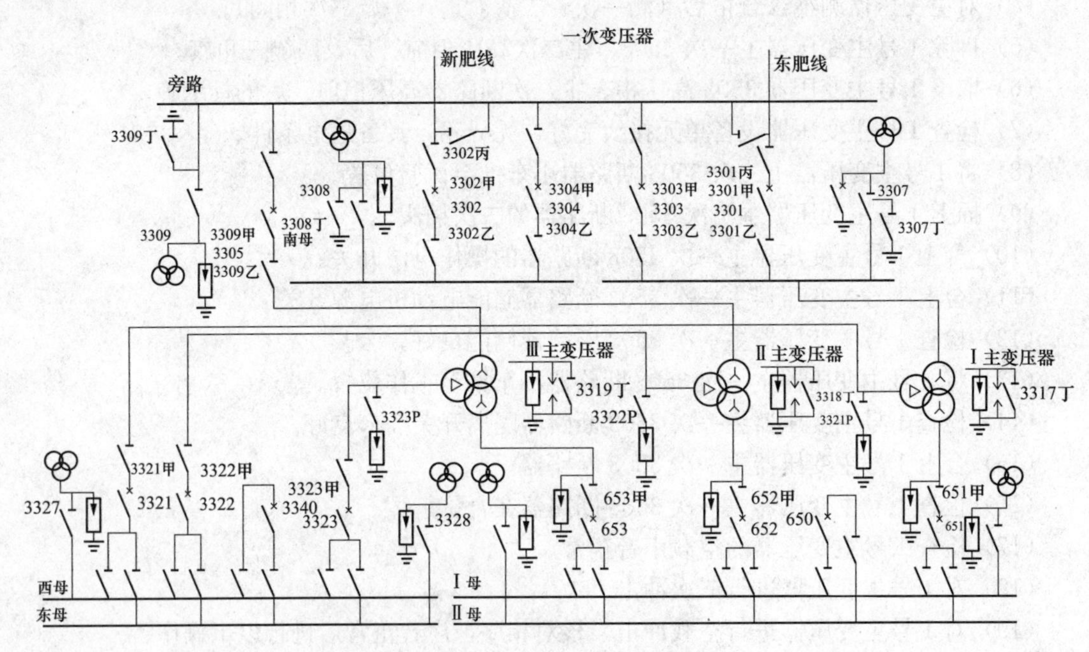

图 2-3 一次变电站接线图

操作任务 1 送 220kV 东肥线供Ⅰ主变压器代 35kV 西母、6kVⅠ母

(1) 联系调度，根据值班调度员或值班运行负责人的指令，受令人复诵无误后，开始

执行操作。

（2）检查 220kV 北母 3307 丁隔离开关在开位。

（3）检查 220kV 旁路母线 3309 丁隔离开关在开位。

（4）检查 220kV 旁路母线 3301 丙隔离开关在开位。

（5）合上Ⅰ主变压器中性点 3317 丁隔离开关。

（6）检查Ⅰ主变压器中性点 3317 丁隔离开关在开位。

（7）合上 220kV 北母线 3307 电压互感器隔离开关。

（8）检查 220kV 北母线 3307 电压互感器隔离开关在开位。

（9）合上 220kV 北母线电压互感器二次自动空气开关 1ZK～3ZK。

（10）检查 220kV 北母线 3301 断路器在开位。

（11）检查 220kV 北母线 3301 甲隔离开关在开位。

（12）检查 220kV 北母线 3301 乙隔离开关在开位。

（13）检查 220kV 北母旁路母线 3303 断路器在开位。

（14）检查 220kV 北母旁路母线 3303 甲隔离开关在开位。

（15）检查 220kV 北母旁路母线 3303 乙隔离开关在开位。

（16）检查Ⅰ主变压器 35kV 3321 断路器在开位。

（17）检查Ⅰ主变压器 6kV 651 断路器在开位。

（18）对Ⅰ主变压器测绝缘。

（19）对 35kV 西母线测绝缘。

（20）对 6kVⅠ母线测绝缘。

（21）合上东肥钱 3301 甲隔离开关。

（22）检查东肥线 3301 甲隔离开关在合位。

（23）联系调度，东肥线线路充电。

（24）得到充电完毕，检查各连接端子及架空线的受电情况良好后。

（25）合上东肥钱 3301 乙隔离开关。

（26）检查东肥钱 3301 乙隔离开关在合位。

（27）合上Ⅰ主变压器总控制、保护断路器开关。

（28）合上Ⅰ主变压器一次侧控制，保护断路器开关。

（29）合上Ⅰ主变压器二次侧控制，保护断路器开关。

（30）合上Ⅰ主变压器三次侧控制，保护断路器开关。

（31）启用Ⅰ主变压器差动保护出口压板 1LP。

（32）启用Ⅰ主变压器重瓦斯保护压板 1QP 投跳闸位置。

（33）启用Ⅰ主变压器零序保护直接接地出口压板 2LP。

（34）启用Ⅰ主变压器一次侧复合电压闭锁过电流出口压板 3LP。

（35）启用Ⅰ主变压器保护一次总出口压板 6LP。

（36）启用Ⅰ主变压器 35kV 复合电压闭锁方向二次过电流出口保护压板 7LP。

（37）启用Ⅰ主变压器 6kV 三次过电流出口压板 8LP。

（38）联系调度Ⅰ主变压器充电，得令后。

（39）启用Ⅰ主变压器主一次 3301 断路器。

(40) 检查Ⅰ主变压器主一次 3301 断路器在合位。
(41) 检查 220kV 北母线三相电压表指示正常。
(42) 检查Ⅰ主变压器运行良好，声音正常。
(43) 合上Ⅰ主变压器低压冷却装置电源开关。
(44) 检查Ⅰ主变压器低压冷却装置电源开关在合位。
(45) Ⅰ主变压器冷却装置的投入按规程规定方式运行。
(46) 合上Ⅰ主变压器主Ⅱ次 3321 甲隔离开关。
(47) 检查Ⅰ主变压器主Ⅱ次 3321 甲隔离开关在合位。
(48) 检查Ⅰ主变压器主Ⅱ次 3321 西母隔离开关。
(49) 检查Ⅰ主变压器主Ⅱ次 3321 西母隔离开关在合位。
(50) 合上 35kV 西母线电压互感器 3327 隔离开关。
(51) 检查 35kV 西母线电压互感器 3327 隔离开关在合位。
(52) 装上（合上）合上 35kV 西母线电压互感器熔断器（自动空气开关）。
(53) 联系调度 35kV 西母线充电，得令后。
(54) 合上Ⅰ主变压器主二次 3321 断路器。
(55) 检查Ⅰ主变压器主二次 3321 断路器在合位。
(56) 检查 35kV 西母线三相电压指示正常。
(57) 合上Ⅰ主变压器主三次 651 甲隔离开关。
(58) 检查Ⅰ主变压器主三次 651 甲隔离开关在合位。
(59) 合上Ⅰ主变压器主三次 651Ⅰ母隔离开关。
(60) 检查Ⅰ主变压器主三次 651Ⅰ母隔离开关在合位。
(61) 联系调度，6kVⅠ母线充电，得令后。
(62) 合上Ⅰ主变压器主三次 651 断路器。
(63) 检查Ⅰ主变压器主三次 651 断路器在合位。
(64) 合上 6kVⅠ母线电压互感器二次断路器开关。
(65) 合上 6kVⅠ母线电压互感器隔离开关。
(66) 检查 6kVⅠ母线电压互感器隔离开关在合位。
(67) 检查 6kVⅠ母线三相电压指示正常。
(68) 合上Ⅰ主变压器主二次避雷器 3321P 隔离开关。
(69) 检查Ⅰ主变压器主二次避雷器 3321P 隔离开关在合位。
(70) 根据省电力调度命令拉开或保留中性点 3317J 隔离开关。
(71) 如果主变压器（简称主变）中性点由直接接地方式改为间隙接地方式时。
(72) 停用Ⅰ主变压器（简称主变）直接接地保护压板 2LP。
(73) 启用Ⅰ主变压器（简称主变）间隙接地保护压板 1LP。

操作任务 2 东肥线 3301 开关检修

3301 开关检修时，其二、三次负荷由 3301 丙，3303 甲、乙隔离开关，3303 断路器供电。

(1) 联系调度，根据值班调度员或值班运行负责人的指令，受令人复诵无误后，开始执行操作。

(2) 检查 220kV 旁路母线无送阻碍。

(3) 启用 220kV 旁路母线过电流保护出口压板 1LP。

(4) 检查Ⅲ主变 3305 断路器在开位。

(5) 检查北母 3303 断路器在开位。

(6) 检查北母 3303 甲隔离开关在合位。

(7) 检查北母 3303 乙隔离开关在合位。

(8) 合上旁路母线电压互感器 3309 隔离开关。

(9) 检查旁路母线电压互感器 3309 隔离开关确在合位。

(10) 合上旁路母线电压互感器二次 1ZK～3ZK 自动空气开关。

(11) 联系调度旁路母线充电，得令后。

(12) 合上旁路母线 3303 断路器。

(13) 检查旁路母线 3303 断路器在合位。

(14) 检查旁路母线三相电压指示正常。

(15) 合上东肥线 3301 丙隔离开关。

(16) 检查东肥线 3301 丙隔离开关在合位。

(17) 拉开东肥线 3301 断路器。

(18) 检查东肥线 3301 断路器在开位。

(19) 拉开东肥线 3301 甲隔离开关。

(20) 检查东肥线 3301 甲隔离开关在开位。

(21) 拉开东肥线 3301 乙隔离开关。

(22) 检查东肥线 3301 乙隔离开关在开位。

(23) 停用 220kV 旁路母线过电流出口压板 1LP。

(24) 在东肥线 3301 断路器电流互感器侧三相验电，确无电压后。

(25) 在东肥线 3301 断路器电流互感器侧装设 01 号接地线一组。

(26) 在东肥线 3301 断路器乙隔离开关侧三相验电，确无电压后。

(27) 在东肥线 3301 断路器乙隔离开关侧装设 02 号接地线一组。

操作任务 3 东肥线 3301 断路器检修后送电

东肥线 3301 断路器检修结束后，其主变压器所代的二、三次负荷由 3301 断路器正常供电。

(1) 联系调度，根据值班调度员或值班运行负责人的指令，受令人复诵无误后，开始执行操作。

(2) 全面检查东肥线 3301 开关检修任务已结束，工作票已锁，检查人员撤离工作现场。

(3) 检查东肥线 3301 断路器的各种试验数据合格，具备送电条件。

(4) 检查东肥线 3301 断路器设备单元接线完好，无异物。送电无阻碍。

(5) 拆除东肥线 3301 断路器乙隔离开关侧 02 号接地线一组。

(6) 检查东肥线 3301 断路器乙隔离开关侧 02 号接地线已拆除。

(7) 拆除东肥线 3301 断路器电流互感器侧 01 号接地线一组。

(8) 检查东肥线 3301 断路器电流互感器侧 01 号接地线确已拆除。

(9) 检查东肥线 3301 断路器在开位。

(10) 合上东肥线 3301 甲隔离开关。

(11) 检查东肥线 3301 甲隔离开关在合位。

(12) 合上东肥线 3301 乙隔离开关。

(13) 检查东肥线 3301 乙隔离开关在合位。

(14) 联系调度东肥线 3301 断路器充电，得令后。

(15) 合上东肥线 3301 断路器。

(16) 检查东肥线 3301 断路器在合位。

(17) 拉开东肥线 3301 丙隔离开关。

(18) 检查东肥线 3301 丙隔离开关在开位。

(19) 拉开北旁路母线 3303 断路器。

(20) 检查北旁路母线 3303 断路器在开位。

(21) 检查北母线三相电压表指示正常。

(22) 拉开旁路母线电压互感器二次 1ZK～3ZK 自动空气开关。

(23) 拉开旁路母线电压互感器 3309 隔离开关。

(24) 检查旁路母线电压互感器 3309 隔离开关确在开位。

(25) 检查旁路母线三相电压表无指示。

操作任务 4　Ⅰ主变停电检修

Ⅰ主变停电检修时，其主变压器负荷由Ⅲ主变代的操作。

(1) 联系调度，根据值班调度员或值班运行负责人的指令，受令人复诵无误后，开始执行操作。

(2) 检查Ⅲ主变 3305 断路器在开位。

(3) 检查Ⅲ主变 3305 甲隔离开关在开位。

(4) 检查Ⅲ主变 3305 乙隔离开关在开位。

(5) 检查Ⅲ主变主二次 3323 断路器在开位。

(6) 检查Ⅲ主变主二次 3323 甲隔离开关在开位。

(7) 检查Ⅲ主变主二次 3323 西、东母隔离开关在开位。

(8) 检查Ⅲ主变主三次 653 断路器在开位。

(9) 检查Ⅲ主变主三次 653 甲隔离开关在开位。

(10) 检查Ⅲ主变主三次 653Ⅰ、Ⅱ母线隔离开关在开位。

(11) 对Ⅲ主变测绝缘（合格后）。

(12) 检查北母 3303 断路器在开位。

(13) 检查北母 3303 甲隔离开关在合位。

(14) 检查北母 3303 乙隔离开关在合位。

(15) 合上旁路母线 3309 电压互感器隔离开关。

(16) 检查旁路母线 3309 电压互感器隔离开关在合位。

(17) 合上旁路母线 3309 电压互感器二次 1ZK～3ZK 自动空气开关。

（18）启用旁路母线过电流保护出口压板 1LP。

（19）联系调度旁路母线充电，得令后。

（20）合上北旁路 3303 断路器。

（21）检查北旁路 3303 断路器在合位。

（22）检查北旁路母线三相电压表有指示。

（23）合上东肥线 3301 丙隔离开关。

（24）检查东肥线 3301 丙隔离开关在合位。

（25）拉开北旁路 3303 断路器。

（26）检查北旁路 3303 断路器在开位。

（27）合上Ⅲ主变中性点 3319 丁接地隔离开关。

（28）检查Ⅲ主变中性点 3319 丁接地隔离开关在合位。

（29）停用旁路母线过电流保护出口压板 1LP。

（30）合上Ⅲ主变 3305 甲隔离开关。

（31）检查Ⅲ主变 3305 甲隔离开关在合位。

（32）合上Ⅲ主变 3305 乙隔离开关。

（33）检查Ⅲ主变 3305 乙隔离开关在合位。

（34）启用Ⅲ主变差动保护出口压板 1LP。

（35）启用Ⅲ主变气体保护 1QP 投跳闸位置。

（36）启用Ⅲ主变零序总出口压板 2LP。

（37）启用Ⅲ主变 220kV 复合电压闭锁过电流保护出口压板 3LP。

（38）启用Ⅲ主变 35kV 复合电压闭锁过电流保护出口压板 7LP。

（39）启用Ⅲ主变 6kV 过电流保护出口压板 8LP。

（40）启用Ⅲ主变零序过电压跳 1QF 出口压板 4LP。

（41）启用Ⅲ主变零序过电流Ⅱ段跳 1QF 出口压板 5LP。

（42）启用Ⅲ主变保护总出口跳 1QF 出口压板 6LP。

（43）联系调度，Ⅲ主变充电，得令后。

（44）合上Ⅲ主变 3305 断路器。

（45）检查Ⅲ主变 3305 断路器在合位。

（46）检查Ⅲ主变受电良好。

（47）合上Ⅲ主变低压冷却装置电源开关。

（48）检查Ⅲ主变低压冷却装置电源开关在合位。

（49）联系调度 35、6kV 倒负荷，得令后。

（50）合上Ⅲ主变主二次 3323 甲隔离开关。

（51）检查Ⅲ主变主二次 3323 甲隔离开关在合位。

（52）合上Ⅲ主变主二次 3323 西母隔离开关。

（53）检查Ⅲ主变主二次 3323 西母隔离开关在合位。

（54）合上Ⅲ主变主二次 3323 断路器。

（55）检查Ⅲ主变主二次 3323 断路器在合位。

（56）检查东、西母并列电流有指示。

(57) 拉开Ⅰ主变主二次 3321 断路器。
(58) 检查Ⅰ主变主二次 3321 断路器在分位。
(59) 检查东、西母电流表指示正确。
(60) 合上Ⅲ主变主三次 651 断路器。
(61) 检查Ⅲ主变主三次 651 断路器在合位。
(62) 检查Ⅰ、Ⅱ母三相电流表并列有指示。
(63) 拉开Ⅰ主变主三次 651 断路器。
(64) 检查Ⅰ主变主三次 651 断路器在开位。
(65) 检查Ⅰ、Ⅱ母三相电流表解列指示正确。
(66) 联系调度Ⅰ主变停电，得令后。
(67) 拉开Ⅰ主变主一次 3301 断路器。
(68) 检查Ⅰ主变主一次 3301 断路器在开位。
(69) 拉开Ⅰ主变主一次 3301 乙隔离开关。
(70) 检查Ⅰ主变主一次 3301 乙隔离开关在开位。
(71) 拉开Ⅰ主变主一次 3301 甲隔离开关。
(72) 检查Ⅰ主变主一次 3301 甲隔离开关在开位。
(73) 拉开北旁母 3303 甲隔离开关。
(74) 检查北旁母 3303 甲隔离开关在开位。
(75) 拉开北旁母 3303 乙隔离开关。
(76) 检查北旁母 3303 乙隔离开关在开位。
(77) 拉开Ⅰ主变主二次 3321 甲隔离开关。
(78) 检查Ⅰ主变主二次 3321 甲隔离开关在开位。
(79) 拉开Ⅰ主变主二次 3321 西母隔离开关。
(80) 检查Ⅰ主变主二次 3321 西母隔离开关在开位。
(81) 拉开Ⅰ主变主三次 651 甲隔离开关。
(82) 检查主变主三次 651 甲隔离开关在开位。
(83) 拉开Ⅰ主变主三次 651 Ⅰ母隔离开关。
(84) 检查Ⅰ主变主三次 651 Ⅰ母隔离开关在开位。
(85) 拉开Ⅰ主变中性点 3317 丁接地隔离开关。
(86) 拉开Ⅰ主变低压冷却装置电源开关。
(87) 检查Ⅰ主变低压冷却装置电源开关在开位。
(88) 拉开北母电压互感器二次 1ZK～3ZK 自动空气开关。
(89) 拉开北母电压互感器 3307 隔离开关。
(90) 检查北母电压互感器 3307 隔离开关在开位。
(91) 拉开Ⅰ主变主二次 3321P 避雷器隔离开关。
(92) 拉开Ⅰ主变主三次控制保护开关。
(93) 拉开Ⅰ主变主二次控制、保护开关。
(94) 拉开Ⅰ主变主一次控制、保护开关。
(95) 拉开Ⅰ主变总控制、保护开关。

（96）合上北母线3307丁隔离开关。

（97）检查北母线3307丁隔离开关在合位。

（98）在Ⅰ主变主二次3321断路器等3321甲隔离开关间三相验电，确无电压后。

（99）在Ⅰ主变主二次3321断路器与3321甲隔离开关间装设01号接地线一组。

（100）在Ⅰ主变主三次651断路器与651甲隔离开关间三相验电，确无电压后。

（101）在Ⅰ主变主三次651断路器651甲隔离开关侧装设02号接地线一组。

16. 倒闸操作的技术规定

（1）送电先合电源侧隔离开关（俗称母刀闸）、再合负荷侧隔离开关（俗称线刀闸），最后合断路器；停电顺序与之相反。严禁带负荷分、合隔离开关。

（2）同一系统的联络母线在停、送电时要用断路器解列、并列，不得用隔离开关解列、并列。

（3）母线停送电时电压互感器应后停、先送。

（4）倒换母线时应先合备用母线，再将负荷倒至备用母线，最后再分原运行母线断路器。

（5）变压器停电先停负荷侧，后停电源侧。送电顺序相反。

（6）分、合隔离开关应迅速果断，但不能用力过猛，也不能强行分、合。

（7）跌落熔断器在停电时先拉中相，再拉下风向一相，最后拉另一相，严禁带负荷操作。

17. 操作隔离开关应注意的问题

隔离开关不能用来接通、切断负荷电流和短路电流，只能在断路器切断负荷的情况下才能进行操作，因此隔离开关的操作必须与断路器的分、合状态相配合，也就是说，隔离开关必须在断路器闭合之前先闭合，在断路器断开之后再断开。操作隔离开关前，应当注意隔离开关的分、合位置，严禁带负荷作隔离开关。手动分、合隔离开关时，应迅速果断，在合闸行程终了时用力不能太猛。操作完毕，检查隔离开关分、合状态是否良好，并将隔离开关的操作把手锁住。

18. 停电时先分线路侧隔离开关，送电时先合母线侧隔离开关

停电时先分线路侧隔离开关，送电时先合母线侧隔离开关，都是为了防止错误操作，缩小事故范围，避免事故扩大。在断路器没有断开的情况下先分母线侧隔离开关，也即带负荷拉闸，或者在断路器已经合上的情况下后合母线侧隔离开关，也即带负荷合闸，都有可能引发母线短路故障，而断路器没有断开的情况下先分线路侧隔离开关，也即带负荷拉闸，或者在断路器已经合上的情况下后合线路侧隔离开关，也即带负荷合闸，一旦发生线路短路故障，均可引起断路器动作保护，能够迅速切除故障。

19. 操作隔离开关出现失误的处理办法

操作隔离开关应当小心谨慎，不可带负荷操作。当发生带负荷误合隔离开关时，即使

合错甚至出现电弧，也不能将隔离开关再拉开，防止发生三相弧光短路事故。当发生带负荷误拉隔离开关时，如果刀片未完全离开固定触头，应当立即将隔离开关合上，可以消除电弧短路事故；如果刀片已经完全离开固定触头，则不能将隔离开关再合上。

20. 隔离开关和断路器之间的联锁装置及其常用类型

在隔离开关和断路器之间加装联锁装置，是为了防止在断路器未切断电源的情况下拉开隔离开关，也即带负荷拉闸，或者在断路器已闭合的情况下闭合隔离开关，也即带负荷合闸。常用的联锁装置分为机械联锁装置和电气联锁装置。机械联锁装置一般利用钢丝绳或杠杆等的机械位置的变化来限制隔离开关的操作，以确保在断路器闭合的情况下无法分断隔离开关。电气联锁装置一般利用操动机构上的联幼辅助触点去控制断路器或隔离开关，以防止带负荷操作隔离开关。

21. 正确操作跌落式熔断器

跌落式熔断器是分相操作的，在操作第二相时会产生强烈的电弧。因此断开跌落式熔断器时，先断中相，再断下风侧边相，后断上风侧边相；闭合跌落式熔断器时，先合上风侧边相，再合下风侧边相，后合中相。在操作时，必须穿绝缘靴、戴绝缘手套、使用绝缘棒。

22. 操作票及其格式

操作票是指进行倒闸操作时必须填写的一种凭证，其中记录着每一步操作项目的内容及先后顺序。操作票的格式见表 2-1。

23. 操作票的填写要求

（1）操作票必须有操作人在接受指令后，操作前亲自填写（打印）。操作指令应清楚明确，受指令人应将指令内容向发令人复诵，核对无误。发令人发布指令（包括对方复诵指令）的全过程和听取指令的报告时，都应录音并做好记录。

（2）操作票必须根据调度操作指令（口头、电话或传真、电子邮件）或上级通知要求填写（打印），不得填错或遗漏。事故应急处理和拉合断路器的单一操作可不使用操作票。

（3）操作票应用钢笔或圆珠笔逐行填写，不得空行或错行。用计算机打印的操作票应与手写格式票面统一。操作票票面应清楚整洁，不得任意涂改。

（4）操作票应填写设备双重名称，即设备名称和编号。必须按照操作项目的先后操作顺序逐项填写，不得颠倒或并项填写。

（5）操作票填写完毕，操作人和监护人应根据模拟图或接线图核对所填写的操作项目，并分别签名，经值班负责人审核签字后方可操作。

（6）操作票应按统一连续编号顺序使用，使用过的注明“已执行”字样，作废的注明“执行”字样，两者都要妥善保管，便于日后查询。操作票保管期至少一年。

24. 操作票中的操作项目栏应填写的内容

（1）相关电源运行、负荷分配和转移情况。

（2）应拉、合的断路器、隔离开关和接地开关的名称和编号。

（3）应拉、合的断路器、隔离开关和接地开关的位置和状态。

（4）拉、合后断路器、隔离开关和接地开关的位置和状态。

（5）验电、接地线的装设或拆除以及标志牌的悬挂或拆除。

（6）验电、临时接地线的装设或拆除以及临时遮栏（围栏）的装设或拆除。

（7）电压互感器回路或控制回路熔断器的安装、拆除。

（8）保护回路的切换与否以及电压的隔离与测试确认。

25. 正确执行操作票

操作票的执行好坏，直接关系到倒闸操作的结果是否正确。因此，操作票应按照以下要求执行。

（1）操作票填写完毕，值班人员必须进行审核确认，与系统接线图或模拟盘进行对照，以消除差错。

（2）操作前，值班人员应检查确认要操作设备的名称、编号、位置以及当前所处的状态，并按操作票顺序在模拟图或接线图上预演核对无误后方可执行。

（3）操作后，应对已经操作设备的实际状态进行检查。无法看到实际状态时，可通过设备机械指示位置、电气指示、仪表及各种遥测、遥信信号的变化，且至少应由两个及以上的指示同时发生对应变化，才能确认该设备已经操作到位。

（4）操作时，应由两人进行。一人操作，一人监护，并认真执行唱票、复诵制。发布指令和复诵指令都要严肃认真，使用规范术语，准确清晰。由监护人唱票，操作人复述，监护人评判正确并发出操作命令后，操作人方可操作。

（5）严格按照操作票上操作项目的先后顺序执行，不得重复或遗漏。每操作完一项，监护人对其检查无误后，立即在操作票上的对应操作项目前打上“√”标记。

（6）操作过程中，如果发现疑义，应立即停止操作，汇报值班负责人或调度员，待弄清楚后再继续操作，不可擅自改动操作票、随意解除闭锁装置甚至强行贸然操作。遇到严重危及人身安全的情况时，可不等待指令即行断开电源，但事后应立即报告调度员或设备运行管理单位。

（7）操作票全部项目操作完成后，值班人员应填写终了时间，并做好“已执行”的标记。

（8）操作机械传动的断路器或隔离开关时应戴绝缘手套。操作没有机械传动的断路器、隔离开关和跌落式熔断器，应使用合格的绝缘棒进行操作。雨天室外操作应使用有防雨罩的绝缘棒，并戴绝缘手套。操作柱上断路器时，应有防止断路器爆炸伤人的措施。

（9）更换电力变压器跌落式熔断器熔丝的工作，应先将低压隔离开关和高压隔离开关或跌落式熔断器拉开。摘挂跌落式熔断器的熔管时，应使用绝缘棒，并应由专人监护。其他人员不得触及带电设备。

（10）雷电天气时，严禁进行倒闸操作和更换熔丝工作。

26. 对操作监护人的条件要求

操作监护要由专人监护，及时纠正和制止错误的操作，确保操作人员操作的正确性和人身安全。因此，操作监护人必须满足下列条件要求：

（1）有丰富的操作经验和工作经历。

（2）审核操作票，并协助操作人员检查操作使用的安全用具。

（3）坚守操作现场，监护操作人员的每一步操作是否正确，直至操作完毕，中途不得擅离现场或参与其他工作。

（4）检查每一部操作完成后的开关位置、仪表指示、状态标识是否正确。

（5）设备投运后，检查电压、电流、声光显示灯是否正确。

27. 倒闸操作停送电时应注意的安全事项

倒闸操作，必然涉及停送电操作，倒闸操作必须注意以下安全事项：

（1）明确操作票或调度指令的要求，认真填写操作票，核对将要停电、送电的设备。

（2）按照操作票上的先后操作顺序，在模拟盘上进行模拟操作。

（3）操作时，必须穿戴好个人防护用品。

（4）在监护人的监护下，按照操作票上的顺序逐项操作，监护人对已完成的操作项要做好记号。

（5）停电时，应先停负荷侧，后停电源侧；送电时，应先送电源侧，后送负荷侧。

（6）停电后，要使用合格有效的验电器进行验电，确认停电后，方可挂接地、设遮栏和悬挂标志牌等。

（7）送电时，首先要拆除设置的安全设施。送电完成后，必要时进行验电。

28. 新的调度术语中设备和线路的状态划分

新的调度术语中，将设备和线路的状态划分为“运行”“热备用”“冷备用”和“检修”四种。

（1）运行是指设备和线路的隔离开关和断路器都在合上位置，继电保护和二次设备按规定投入，设备和线路带有规定电压的状态。

（2）热备用是指设备和线路的断路器断开，而隔离开关仍在合上位置，保护正常运行的状态。线路高压电抗器、电压互感器等无单独开关的设备均无“热备用”状态。

（3）冷备用是指设备和线路没有故障、无安全措施、隔离开关和断路器都在断开位置，可以随时投入运行的状态。

（4）检修是指设备和线路的所有断路器、隔离开关均断开，并挂好接地线或合上接地开关的状态。

29. 常用的调度操作术语

××设备或线路由“运行”转“热备用”、××设备或线路由“热备用”转“冷备用”、

××设备或线路由“冷备用”转“检修”或者××设备或线路由“运行”转“检修”。

××设备或线路由“检修”转“冷备用”、××设备或线路由“冷备用”转“热备用”、××设备或线路由“热备用”转“运行”或者××设备或线路由“检修”转“运行”。

××设备或线路由“运行”转“冷备用”。

××设备或线路由“热备用”转“检修”。

××设备或线路由“冷备用”转“运行”。

××设备或线路由“检修”转“热备用”等。

30. 变配电站应实行调度管理的情况

变配电站在下列情况下，一般应当实行调度管理：

（1）供电电源电压在 35kV 及以上的变配电站。

（2）由双路及以上电源供电、必须并路倒闸的变配电站。

（3）由多路电源供电、用电容量较大、内部线路结构复杂或形成了一个独立系统的变配电站。

（4）为重要公共场所、政治活动中心供电的变配电站。

（5）其他必须直接调度管理的变配电站。

31. 值班人员可不经调度员下令自行操作的情况

实行调度管理的变配电站，值班人员的各种操作均应经过调度员的下令或许可方可执行。但当出现以下情况之一时，可以不经调度员批准自行操作：

（1）35kV 及以上供电电源电压的变配电站，10kV 部分可以自行操作，但不能与外部 10kV 电源进行并路倒闸。

（2）双电源供电的变配电站，当一路电源无电压时，在确认非本站故障引起的情况下，可以先断开该路电源的进户断路器，后合上备用电源进户断路器，然后报告调度员。

（3）两路电源开路操作时，为防止过电流保护动作，值班员可以自行断开两路电源线路保护，不必由调度员下令。

（4）遇到紧急情况（突发故障或事故、发生燃爆、人员触电等）时，值班人员可先切断电源，后报告调度员。

（5）变配电站内不属于调度范围的设备需要停电检修时，值班人员可以自行操作。

32. 变配电站常用联锁装置的类型

为防止值班人员误操作，变配电站应设联锁装置，以便从技术上进行限制。常用的联锁装置有以下几种类型：

（1）机械联锁。以机械传动部件的位置变动对断路器的分、合状态进行控制。

（2）电气联锁。利用断路器分、合时辅助开关的通断信号在操作回路中进行控制。

（3）电磁联锁。利用多个电磁锁及其配套组件的组合进行控制。

（4）钥匙联锁。将需要联锁的开关利用锁、匙分离的办法进行控制。只有在一个断路器分、合的情况下，才能取下钥匙对另一个断路器进行分、合操作。

33. 变配电站常见事故的引发原因

（1）值班人员误操作。

（2）开关操作失灵、触点发热、绝缘子闪络等。

（3）继电保护装置误接线、误整定等。

（4）电缆绝缘击穿损坏。

（5）开关、互感器、电容器等设备损坏或发生燃爆。

34. 变配电站发生误操作的处理办法

变配电站值班人员应严格遵守操作规程，减少和消除误操作现象。一旦发生误操作，不要恐慌，要冷静处理。误操作断路器，在不影响其他回路断路器运行的情况下，可立即纠正其操作，再汇报领导。若影响到并列断路器的运行，须报告调度员，按照调度指令进行处理。如果误操作隔离开关，必须立即停止操作，并对相关设备进行检查，再汇报领导。

35. 变配电站突然断电的处理办法

（1）断开站内所有进出回路的电源断路器，在断开时要注意各断路器，尤其是进户电源断路器，确认其有无跳闸现象。

（2）对站内所有设备和电缆进行巡视检查，检查是否有异常现象。

（3）检查测试进户电源电压是否正常，确定是站内故障引起还是系统停电引起。如果进户电源电压正常，进户断路器跳闸，说明站内设备或线路发生故障。如果进户电源无电压，进户断路器未跳闸，说明系统停电。如果进户电源无电压，进户断路器也跳闸，说明站内设备或线路发生故障，并造成系统停电。

（4）如果属于系统停电引起，值班人员应立即与调度员联系，确定是否切换至备用电源或投入备用发电机组，以便早日恢复供电。备用电源或发电机组投运时，必须防止向系统倒送电现象的发生。

（5）如果属于站内某一设备或回路发生故障引起的全站失压，应首先断开该回路的断路器及上下隔离开关，断开故障设备或线路，并采取安全技术措施，禁止合闸；其次按照操作顺序合上其他断路器，恢复其他无故障回路的供电；然后再检查处理停电设备或线路的故障。

36. 变配电站巡视检查周期的规定

（1）有人值守的变配电站，除交接班外，每班至少巡查两次。

（2）设备运行存在缺陷或过负荷时，至少 0.5h 巡查一次，直至运行恢复正常。

（3）设备发生重大事故后恢复运行，对事故范围内的设备进行特殊巡查。

（4）新投运或大修后投运的设备，在 72h 内应加强巡查，直至运行正常。

（5）遇大风、暴雨、冰雹、雪雾等特殊天气，对室外设备进行特殊巡查。

（6）处于多尘污秽区域的变配电站的室外设备，视污染程度大小进行相应周期的巡查。

37. 变配电站巡视检查方法

配电设备发生故障前，都会出现一些征兆，如声音、气味、颜色、温升等出现异常。因此在巡视检查过程中，要充分发挥人的目视、耳听、鼻嗅和手摸功能，以便及早地发现故障并得到及时处理。目视就是用眼观察，检查设备的运行参数、状态指示、表面颜色等是否正常，电气联结点有无烧伤、黏结、熔焊等现象。耳听就是用耳倾听，检查设备运行过程中有无振动、噪声、放电、啸叫、摩擦等异常声响。鼻嗅就是用鼻嗅闻，检查设备运行过程中有无烟熏、焦煳等刺鼻性气味。手摸就是用手触摸设备外壳，检查设备运行过程中有无发热，温升是否在允许范围内。

38. 变配电站巡视检查注意的安全事项

在变配电站内对配电设备进行巡视检查时，巡视人员应注意以下安全事项：

（1）进入变配电站巡视设备的人员，应当熟悉站内设备的内部结构、接线和运行等情况。

（2）巡视人员应沿固定的安全路线和规定方向行走，保持与带电设备之间的安全距离。

（3）巡视人员检查配电设备时，不得越过遮栏或围栏。

（4）巡视人员进出配电室（箱）时，应随手关门，巡视完毕后应及时上锁。

（5）单人巡视时，禁止巡视人员打开配电设备的柜门或箱盖等。

39. 变配电站正常巡视检查内容

（1）检查电气设备的外观是否清洁完好，外壳有无积垢、损伤等异常现象。

（2）检查电气设备的实际状态是否正确，状态指示信号是否与实际相一致。

（3）检查电气设备的三相运行参数是否正确，电压、电流、功率等指示值及平衡度是否在正常允许范围以内。

（4）检查电气设备的温升是否正常，有无超出允许限值；声音是否正常，有无杂声或噪声；气味是否正常，有无焦煳味。

（5）检查电气设备的进出联结导线是否完好，有无断裂；检查导线联结处接触是否良好，有无氧化或过热现象。

（6）检查所有电气设备的瓷质绝缘部分是否清洁完好，有无掉瓷、裂纹、放电、闪络等痕迹。

（7）检查各电气保护装置的信号指示是否正常，有无报警或动作，整定值是否正确。

（8）检查各类充油设备的密封是否完好，油位、油色是否正常，有无漏油、缺油或变色现象。

（9）检查所有接地线是否完好，有无松动、断裂或锈蚀。

（10）检查各安全用具是否有效，有无损坏、超检验期。

（11）检查门窗、孔洞是否严密，有无小动物进入痕迹。

40. 变配电站特殊巡视检查内容

除了正常的巡视检查以外，对变配电站还应进行特殊的巡视检查。特殊巡视检查的主要内容包含：

（1）大风天气，检查电气设备周围有无异物，导线摆动是否过大。

（2）阴雨、大雾天气，检查绝缘子有无放电、闪络痕迹。

（3）雷雨后，检查避雷装置的动作指示及记录和绝缘子有无放电、闪络痕迹。

（4）冰雹后，检查电气设备的绝缘子和熔断器有无损伤，导线有无断股和脱落现象。

（5）降雪及雾凇天气，检查导线联结端头和连接导线有无过热、融雪现象。

（6）夜间闭门，检查导线的各个电气连接点有无放电、发红现象。

（7）高温天气，检查充油设备的油位是否过高，连接导线是否过松，降温通风设备是否正常运转。

（8）低温天气，检查充油设备的油位是否过低，连接导线是否过紧，断路器套管及隔离开关连接处是否冷缩变形。

41. 线路巡视检查应注意的安全事项

（1）巡视检查线路的工作应由有电力线路工作经验的人员担任。单独巡线人员应考试合格并经单位主管生产领导批准。单人巡线时，禁止攀登电杆和铁塔。

（2）电缆隧道、偏僻山区、夜间或者暑天、大雪天等恶劣天气的巡线工作应由两人进行，巡视人员应配备必要的防护工具和药品。

（3）雷雨、大风天气或事故巡线，巡视人员应穿绝缘鞋或绝缘靴，并沿线路上风侧前进，以免万一触及断落的导线。

（4）夜间巡线，巡视人员应携带足够的照明工具，并应沿线路外侧前进。

（5）特殊巡线，巡视人员应注意选择路线，防止洪水、塌方、恶劣天气等对人的伤害。

（6）事故巡线，巡视人员应始终认为线路带电。即使明知该线路已停电，也应认为线路随时有恢复送电的可能。

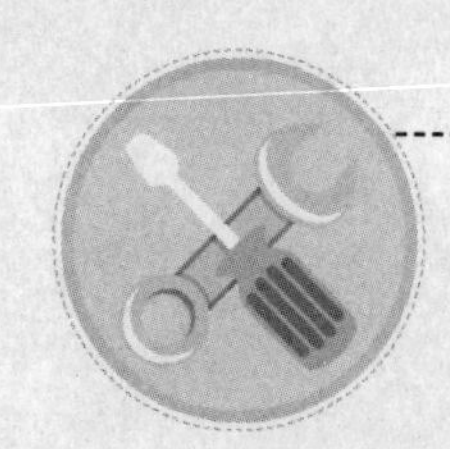

第 3 章　电气安全用具与安全标识

1. 电气安全用具的分类和构成

电气安全用具是指在作业过程中为保证作业人员人身安全，防止发生触电、坠落、灼伤等事故所必须使用的各类专用工器具。电气安全用具可分为绝缘安全用具和一般防护用具两大类。而绝缘安全用具包括基本绝缘安全用具和辅助绝缘安全用具两种。具体分类和构成如图 3-1 所示。

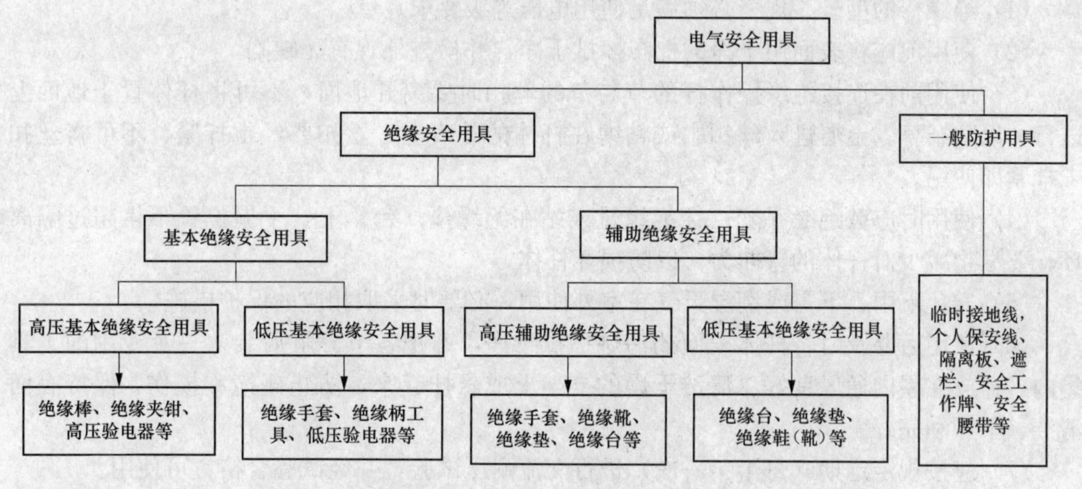

图 3-1　电气安全的分类与构成

2. 基本绝缘安全用具和辅助绝缘安全用具

基本绝缘安全用具是指绝缘强度足以抵抗电气设备运行电压的安全用具，可以直接接触带电部分，能够长时间承受设备和线路的工作电压。基本绝缘安全用具主要用来操作隔离开关、更换高压熔断器和装拆携带型接地线等。辅助绝缘安全用具是指绝缘强度不足以支持电气设备运行电压的安全用具。辅助绝缘安全用具一般必须与基本绝缘安全用具配合使用。因此，由于实际使用电压高低的不同，基本绝缘安全用具和辅助绝缘安全用具只是相对的。高压辅助绝缘安全用具可以作为低压基本绝缘安全用具使用。

3. 绝缘棒的使用注意事项

绝缘棒俗称灵克棒、操作杆、绝缘拉杆等，主要由工作头、绝缘杆和握柄三部分构成，外形示意图如图 3-2 所示。

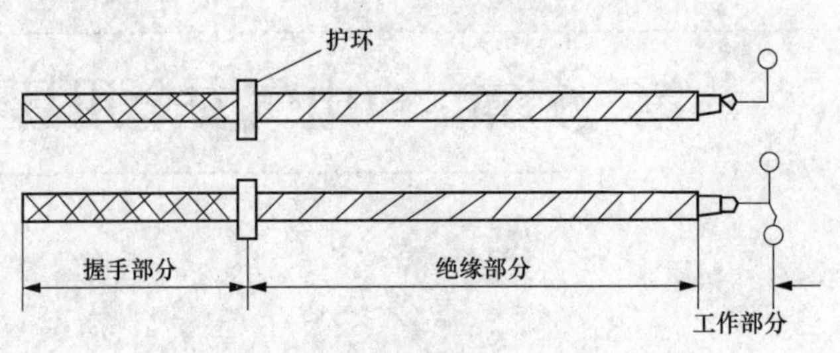

图 3-2　绝缘棒外形示意图

绝缘棒用于操作高压跌落式熔断器、单极隔离开关、柱上断路器及装卸临时接地线，以及进行测量和试验等。

绝缘棒分有不同的电压等级和长度规格（500V/1640mm、10kV/2000mm、35kV/3000mm）。

使用时应注意以下事项：

(1) 绝缘棒的型号、规格必须满足使用电压等级要求。

(2) 使用前应将表面用干净的棉布擦拭干净，并检查外观有无缺陷。

(3) 使用前在连接绝缘操作杆的节与节的丝扣时要离开地面，不可将杆体置于地面上进行，以防杂草、土屑进入丝扣中或粘缚在杆体的外表上，丝扣要经常拧紧，不可将丝扣未拧紧即使用。

(4) 使用时应戴绝缘手套，穿绝缘靴或站在绝缘垫（台）上，手握位置不得超过隔离环，要尽量减少对杆体的弯曲力，以防损坏杆体。

(5) 避免下雨、下雪或潮湿天气在室外使用，必要时采取相应的保护措施。

(6) 使用后要及时将杆体表面的污迹擦拭干净，并把各节分解后装入一个专用的工具袋内，存放在屋内通风良好、清洁干燥的支架上或悬挂起来，防止碰撞和损伤，保持表面清洁、干燥和完好。

(7) 应按规定定期（每半年一次）进行交流耐压试验，并经试验合格方可使用。

4. 绝缘夹钳的使用注意事项

绝缘夹钳用来在带电情况下安装或拆卸高压熔断器等，用于 35kV 及以下电力系统中，绝缘夹钳由工作钳口、绝缘部分和握手三部分组成，各部分都用绝缘材料制成，所用材料与绝缘棒相同，只是工作部分是一个坚固的夹钳，并有一个或两个管形的开口，用以夹紧熔断器。绝缘夹钳的外形示意图如图 3-3 所示。

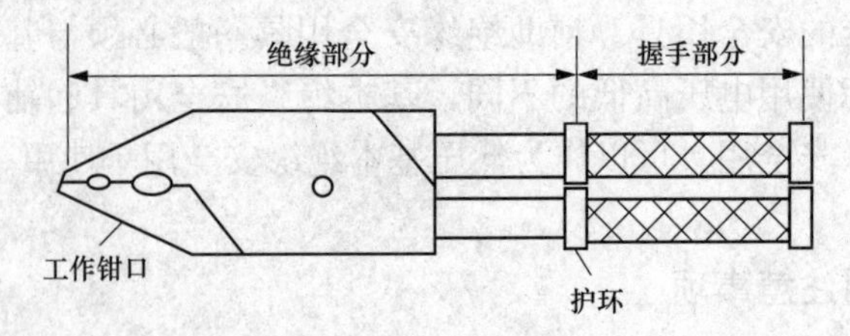

图 3-3　绝缘夹钳的外形示意图

使用绝缘夹钳时，应注意以下事项：

(1) 使用前应将表面用干净的棉布擦拭干净。

(2) 使用前应将线路负载停运。

(3) 使用时应戴绝缘手套，穿上绝缘靴，戴上护目镜。

(4) 在潮湿天气使用专门的防雨夹钳。

(5) 应按规定定期（一年一次）进行绝缘试验，并经试验合格方可使用。试验时，10～35kV 夹钳施加 3 倍线电压，220V 夹钳施加 400V 电压，110V 夹钳施加 260V 电压。

5. 高压验电器的类型及使用注意事项

高压验电器是检测 6～35kV 供配电系统设备和线路是否带电的专用工具，工作原理是通过检测流过验电器对地杂散电容中的电流，以达到检验设备、线路是否带电的目的，具有携带方便、验电灵敏度高、不受强电场干扰、具备全电路自检功能、待机时间长等特点。高压验电器主要由检测部分、绝缘部分和握手部分构成，可分为发光型、声光型和风车式三种类型，外形示意图如图 3-4 所示。

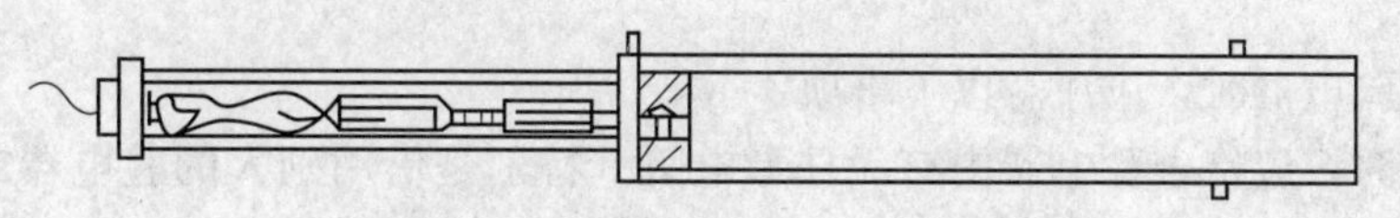

图 3-4　高压验电器的外形示意图

高压验电器的使用注意事项：

(1) 高压验电器的型号规格必须与被测电压等级相适应，以免危及验电操作人员的人身安全或者造成误判断。

(2) 使用前必须确认验电器完好无损工作正常。各部分的连接牢固、可靠，指示器密封良好，表面光滑、平整，指示器上的标志完整，绝缘杆表面清洁、光滑。

(3) 使用时操作人员应戴绝缘手套、穿绝缘靴，并有专人监护。双手必须握在罩护环以下的绝缘手柄处，不得超过隔离环，并首先在有电设备上进行检验。

(4) 验电时必须逐渐将验电器靠近带电体直至发出指示或响声为止，以确认验电器性能良好。有自检系统的验电器应先揿动自检钮确认验电器工作完好，然后再在需要进行验电的带电体上检测。

(5) 验电时，在将高压验电器逐渐移近待测设备，直至触及设备导电部位的过程中，若验电器一直无声、无光指示，则可判定该设备不带电。反之，如在移近过程中突然发光或发声，则认为该设备带电，即可停止移近，结束验电。

(6) 使用时不可将高压验电器直接接触带电体，并且要防止高压验电器遭受碰撞或受到其他机械损伤。

(7) 对线路验电必须逐相进行；对联络断路器或隔离开关等设备验电必须在两端逐相进行；对电容器组验电必须在放完电后进行；对同杆塔架设的线路验电必须先低压、后高压，先下层、后上层。

(8) 对待检修的设备验电确认无电后，应立即进行接地操作，验电后若因故未及时接地，必须在接地前重新验电。

(9) 高压验电器应妥善保管，应做到防尘、防潮、防腐等，并避免在特殊天气（雨、雪、雾、湿度大等）的室外使用。

(10) 高压验电器应定期（每半年一次）进行耐压试验，合格后方可继续使用。

6. 低压验电器的类型及使用注意事项

低压验电器俗称电笔，只能用于 380V 及以下供配电系统的线路和设备。低压验电器按其结构形式分为钢笔式和螺钉旋具式两种，按其显示组件不同分为氖管发光指示式和数字显示式两种。氖管发光指示式验电器由氖管、电阻、弹簧、笔身和笔尖等部分组成。低压验电器如图 3-5 所示。

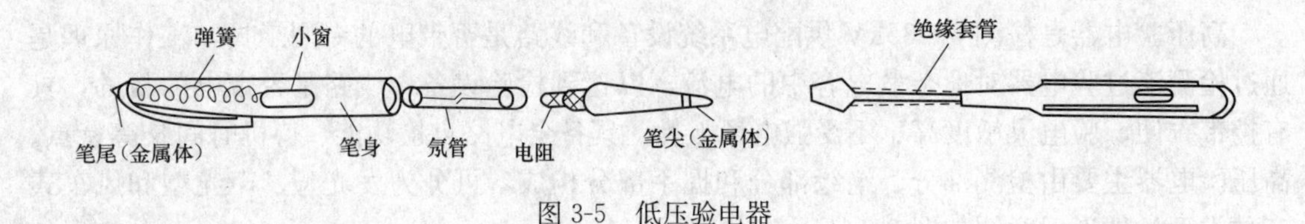

图 3-5　低压验电器

使用低压验电器时，应注意以下事项：

（1）使用时，应检查验电器内有无柱形电阻（特别是借用别人的验电器或长期未用的验电器），若无电阻，严禁使用。否则，将发生触电事故。

（2）验电前，先将验电器在确实有电处试测，只有氖管发光，说明验电器正常才可使用。

（3）验电时一般用右手握住电笔，左手背在背后或插在衣裤口袋中。应防止笔尖同时搭在两线上，人体的任何部位切勿触及与笔尖相连的金属部分。

（4）验电时要注意避光，在明亮光线下不易看清氖管是否发光，防止误判。

7. 低压验电器的特殊用法

除了可以测量设备或线路是否带电外，低压验电器还有以下几种特殊用法：

（1）区分相线与中性线：氖管亮者为相线。

（2）区分交流电和直流电：氖管两极亮者为交流电。

（3）判断直流电正负极：与氖管发亮的一端连接者为正极。

（4）区分电压高低：氖管越亮、电压越高。

（5）判断相线碰壳：氖管亮，说明外壳带电。

（6）线路接触不良：氖管闪亮，说明线路接触不良。

8. 组合验电器

组合验电器是由常用的部分电工工具组合而成的，其中包括低压验电器、螺钉旋具（“一”字形和“十”字形）、扁圆锉、圆锥钻和扩孔钻等。具有携带方便、配备齐全等优点。

9. 绝缘手套规格、用途及使用注意事项

绝缘手套用绝缘性能良好的特种橡胶制成，具有足够的绝缘强度和机械性能，可以使

人的两手与带电体之间绝缘。按所用的材料可以分为橡胶绝缘手套和乳胶绝缘手套。绝缘手套的规格有12kV和5kV两种。12kV绝缘手套可用作基本安全用具（1kV以下电压区）和辅助安全用具（1kV及以上电压区）；5kV绝缘手套可作为基本安全用具（250V以下电压区）和辅助安全用具（1kV以下电压区）使用。

使用绝缘手套时，应注意以下事项：

（1）使用前必须进行充气检验，发现有任何破损均不能使用。

（2）使用时，应将衣袖口套入筒口内，以防发生意外。

（3）使用后，应将内外污物擦洗干净，待干燥后，撒上滑石粉放置平整，以防受压受损，且勿放于地上。

（4）应定期（每半年一次）对其进行耐压试验，合格后方可继续使用。

（5）应妥善保管，保持通风、干燥，远离热源，避免阳光直晒，防止油污、酸碱腐蚀等。

10. 绝缘靴规格、用途及使用注意事项

绝缘靴（鞋）可以使人体与地面绝缘，并防止跨步电压触电。常用绝缘靴（鞋）一般有20kV绝缘短靴、6kV矿用长筒靴和5kV绝缘鞋（电工鞋）三种。

使用绝缘靴（鞋）时，应注意以下事项：

（1）应根据作业现场电压高低正确选用绝缘靴（鞋）。5kV绝缘鞋只能用于1kV以下电压区。

（2）绝缘靴（鞋）只能用作辅助安全用具，人体不能与带电设备或线路相接触。

（3）绝缘靴（鞋）应完好，不能有破损现象。

（4）穿用绝缘靴时，应将裤管套入靴筒内；穿用绝缘鞋时，裤管不宜长及鞋底外沿条高度，更不能长及地面，保持布帮干燥。

（5）非耐酸、碱、油的橡胶底绝缘靴（鞋），不可与酸碱油类物质接触，并应防止尖锐物刺伤。

（6）布面料的绝缘鞋只能在干燥环境下使用，避免布面潮湿或进水。

（7）5kV绝缘鞋底的花纹已被磨光，露出内部颜色时不能再作为绝缘鞋使用。

（8）绝缘靴（鞋）应定期（每半年一次）进行耐压试验，合格后方可继续使用。

11. 绝缘垫和绝缘台的作用

绝缘垫用于增强人体与地面的绝缘，并防止跨步电压触电。绝缘垫只能作为辅助安全用具使用，在低压操作时可以代替绝缘手套和绝缘鞋的作用。绝缘垫按照电压等级可分5、10、20、25、35kV等，按照颜色可分为黑色、红色、绿色等，按照厚度可分为2、3、4、5、6、8、10、12mm等。常用绝缘垫一般用厚度不小于5mm的特种橡胶制成，最小尺寸不应小于800mm×800mm。

绝缘台主要用在设备安装调试过程中，安装调试完成后拆除，是一种临时安全设施。绝缘台一般用木板或木条（间距不得大于25mm）制成，最小尺寸不应小于800mm×800mm。绝缘台可以代替绝缘垫和绝缘鞋，也只能作为辅助安全用具使用。

12. 携带型接地线的作用及使用注意事项

携带型接地线也称携带型短路接地线，是用来防止停电检修设备或线路突然来电或者感应起电而对人体造成的危害，同时也可以对需检修的设备或线路进行放电。携带型接地线由绝缘操作杆、导线夹、短路线、接地线、接地端子、汇流夹、接地夹等组成，分为分相式（单相）和组合式（三相）。导线采用多股软铜线，截面积应不小于25mm²。

使用携带型接地线时，应注意以下事项：

（1）使用前，应先对要接地的设备或线路进行验电，确认其已停电且无电压后进行。

（2）安装时，应先将接地端线夹连接在接地网或接地铁件上，然后用接地操作棒分别将导体端线夹连紧在设备或线路上。拆除时，顺序正好与上述相反。

（3）装设的携带型接地线，应与带电设备保持足够的安全距离，连接时要用专用线夹，不能做缠绕连接。

（4）接地端应用接地线卡或专用铜棒与固定接地点作接地连接。如无固定接地点，则可用临时接地点，接地极及埋入地下深度应不小于0.6m。

（5）携带型接地线应妥善保管。每次使用前，均应仔细检查其是否完好，软铜线应无裸露，螺母应不松脱，否则不得使用。

（6）携带型接地线检验周期为每5年一次，经试验合格后方可继续使用。使用中的携带型接地线在经受短路后，应根据经受短路电流的大小和外观损伤程度检查判断，一般应予以报废，不得继续使用。

13. 个人保安线的组成和作用

个人保安线一般由保安钳、软铜线、铜鼻子和接地夹等组成，可分为分相式和组合式两大类，接地夹有平口式和钩式两种结构。根据使用场合不同，可采用分相式或组合式两种配置形式。软铜线截面积不小于16mm²。使用个人保安线，是为了消除作业场所内邻近、平行、交叉跨越及同塔（杆）架设的带电线路在停电检修线路上产生的感应电压，防止作业人员接触或接近停电检修线路时遭受到感应电压的危害。个人保安线的使用方法与携带型接地线的使用方法相似。

14. 隔离板、临时遮栏的作用

装设隔离板和临时遮栏是为了防止工作人员走错位置，误入带电间隔或接近带电设备至危险距离。隔离板用干燥的木板制作而成，可做成栅栏状，高度不低于1.8m，须有“止步，高压危险”警示标志。临时遮栏一般用于户外停电作业，用线网或绳子拉成，对地高度不低于1m。

15. 安全腰带的作用

安全腰带是防止工作人员坠落的安全用具。一般用皮革、帆布或化纤材料制成，由大小两根带子（大的固定在构件上、小的系在腰上）组成，其每根带子所能承受的拉力不应

小于 2250N。

16. 安全用具的检验周期规定

（1）绝缘靴（鞋）：每 6 个月检验一次。

（2）绝缘手套：每 6 个月检验一次。

（3）绝缘绳：每 6 个月检验一次。

（4）高压验电器：每 12 个月检验一次。

（5）绝缘杆（夹钳）：每 12 个月检验一次。

（6）绝缘挡板、绝缘垫：每 12 个月检验一次。

（7）安全带：每 12 个月检验一次。

（8）绝缘台：每 24 个月检验一次。

（9）携带型接地线：每 48 个月检验一次。

（10）个人保安线：每 60 个月检验一次。

17. 安全用具的存放要求

安全用具应妥善保管，存放环境应干燥通风，并符合以下要求：

（1）绝缘手套应存于密闭橱柜内，并与其他工、器具分开存放。

（2）绝缘靴、绝缘夹钳应存于橱柜内，不能将绝缘靴当普通工鞋使用。

（3）绝缘垫和绝缘台应保持清洁和完好，无划痕和损伤。

（4）绝缘杆应悬挂或架在支架上，不应接触墙面。

（5）高压检电笔应存于干燥、防潮的匣子内。

（6）安全用具不得与其他工、器具混放、混用。

18. 正确使用梯子进行登高作业

登高作业通常需要借助梯子完成。常用梯子分为单梯和人字梯两种。使用梯子时应注意以下安全事项：

（1）单梯靠墙时，梯脚与墙壁的距离不得小于梯高的 1/4，并要在梯脚与地面之间加胶套或胶垫，防止梯子滑倒。

（2）人字梯的开角度不得大于梯高的 1/2，两侧应加装拉绳或拉链。

（3）梯脚处的地面应坚硬平整，梯脚与地面应接触踏实，不能悬空。

（4）梯子的担靠支持物应稳固牢靠，必要时应采用绳索绑扎。

（5）梯子的高度要合适，顶端不能低于作业人员腰部。禁止人员站在梯子的最高处或者在上面一、二级横档上作业。

（6）采用升降梯时，梯子升到合适高度后，要将止滑扣锁住，以防止自动下滑。

（7）梯子上面有人作业时，下面应有专人扶梯和监护。

19. 安全色及其含义和对比色规定

安全色是表达安全信息含义的颜色，使人们迅速、准确地分辨各种不同环境，预防事故发生。安全色规定用红、黄、蓝、绿四种颜色表示。红色表示禁止、停止；黄色表示警告、注意；蓝色表示指令、遵守；绿色表示提示、通行。国家规定的对比色有黑、白两种颜色。黑色用于安全标志的文字、图形符号等；白色用于安全标志的背景色，也可用于文字和图形符号。安全色对应的对比色为红—白、蓝—白、绿—白、黄—黑。

20. 安全标志的种类和含义

安全标志是提醒人员注意或按某种要求去执行，保障人身和设备安全的标志牌。安全标志可以分为禁止类、警告类、指令类和提示类四种，分别用红色、黄色、蓝色和绿色区分。禁止类标志的含义是表示不准或制止人员的某种行动；警告类标志的含义是提醒人员注意可能发生的危险；指令类标志的含义是要求人员必须遵守的行为；提示类标志的含义是向人员示意目标的方向。

21. 禁止类安全标志的构成及常用标志

禁止类安全标志的几何图形是带斜杠的圆环，圆环与斜杠相连用红色，背景用白色，图形符号用黑色绘画。我国规定的禁止类标志有 28 个，常用的有“禁止吸烟”“禁止拍照”“禁止游泳”“禁止攀登”“禁放易燃物”“禁止通行”“禁止乘车”等，如图 3-6 所示。

22. 警告类安全标志的构成及常用标志

警告类安全标志的几何图形是黑色的等边正三角形，背景用黄色，中间图形符号用黑色。我国规定的警告类标志有 30 个，常用的有“当心爆炸”“当心火灾”“当心中毒”“注意安全”“当心触电”“当心机械伤人”“当心落物”“当心坠落”等，如图 3-7 所示。

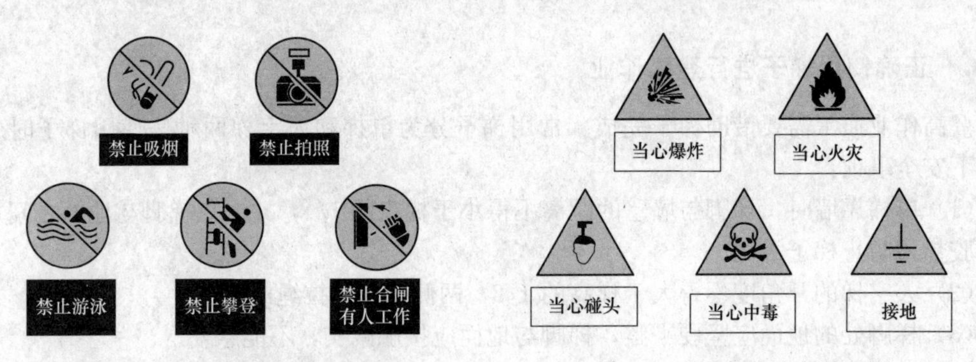

图 3-6 禁止类安全标志示例　　图 3-7 警告类安全标志示例

23. 指示类安全标志的构成及常用标志

指示类安全标志的几何图形是圆形，背景用蓝色，图形符号及文字用白色。我国规定的指示类标志有 15 个，常用的有“必须戴安全帽”“必须系安全带”“必须穿防护服”“必须戴防护手套”“必须穿防护鞋”“必须戴护耳器”“必须戴防毒面具”等，如图 3-8 所示。

24. 提示类安全标志的构成及常用标志

提示类安全标志的几何图形是方形，背景用红、绿色，图形符号及文字用白色。我国规定的提示类标志有13个。其中，用绿色背景的一般提示类标志有6个，如“安全通道”“安全出口”等；用红色背景的消防提示类标志有7个，如“火警电话”“消防警铃”“灭火器”等。部分标志如图3-9所示。

图3-8　指示类安全标志示例　　图3-9　提示类安全标志示例

25. 安全标志的基本要求

安全标志必须由安全色、几何图形符号构成，用以表达特定的安全信息。安全标志必须科学规范、简明扼要、醒目清晰、便于识别。安全标志一般设置在光线充足、醒目的地方，用金属板或硬质绝缘材料制成。

26. 常用电气作业安全标志的规格

常用电气作业安全标志的规格有80mm×65mm、80mm×80mm、200mm×160mm、250mm×250mm、300mm×240mm和500mm×500mm六种。安全标志牌的主要内容有“止步，高压危险”“禁止攀登，高压危险”“禁止合闸，有人工作”“禁止合闸，线路有人工作”“在此工作”“从此上下”和“从此进出”等。其名称、尺寸、背景色、字体颜色及悬挂位置等资料见表3-1。

表3-1　　常用电气作业安全标志牌的资料

名称	式样			悬挂位置
	颜色	字样	尺寸（mm×mm）	
禁止合闸，有人工作！	白底，红色圆形斜杠，黑色禁止标志符号	黑字	200×160 80×65	一经合闸即可送电到检修设备的断路器和隔离开关操作手柄上

续表

名称	式样			悬挂位置
	颜色	字样	尺寸（mm×mm）	
禁止合闸，线路有人工作！	白底，红色圆形斜杠，黑色禁止标志符号	黑字	200×160 80×65	一经合闸即可送电到检修设备的断路器和隔离开关操作手柄上
禁止分闸！	白底，红色圆形斜杠，黑色禁止标志符号	黑字	200×160 80×65	接地开关与检修设备之间的断路器操作把手上
止步，高压危险！	白底，黑色正三角形及标志符号，衬底为黄色	黑字	300×240 200×160	工作地点附近带电设备的遮栏上，室外工作地点的围栏上，禁止通行的过道上，高压试验地点，室外构件上，工作地点临近带电设备的横梁上
禁止攀登高压危险！	白底，红色圆形斜杠，黑色禁止标志符号	黑字	500×400 200×160	高压配电装置构架的爬梯上，变压器、电抗器等设备的爬梯上
在此工作！	绿底、中央有直径 200（65）mm 的白色圆圈	黑字，位于白色圆圈中	250×250 （80×80）	工作地点或检修设备上
从此上下！	绿底、中央有直径 200mm 的白色圆圈	黑字，位于白色圆圈中	250×250	工作人员上下的铁架、爬梯上
从此进出！	绿底、中央有直径 200mm 的白色圆圈	黑字，位于白色圆圈中	250×250	室外工作地点围栏的出入口处

27. 电力安全工器具管理

根据对一些事故的分析可知，造成事故的原因主要是管理制度不严、操作者缺乏安全使用知识。因此对选购、使用、存放、保养、维修等每个环节，都应建立严格的管理制度。

一、管理制度的内容

根据携带式电动工具的使用状况和国家有关标准规定，其管理制度的内容包括：

（1）选购和储运管理制度。选购工具时，必须选用国家有关部门根据相应的标准检验合格的产品，并有详细的说明书，以说明工具使用的安全技术要求，包括注意事项、可能出现的危险和相应的预防措施等。工具在正常运输时必须不因震动、受潮等而影响安全技术性能。工具必须存放在干燥、无有害气体和腐蚀性化学品的场所，并由具有专业技术知识的人员负责保管。

（2）不同类型工具的使用场合与措施。如在一般场合，尽量选用Ⅱ类工具；采用Ⅰ类工具时，必须同时采用其他安全保护措施；在狭窄场所，如锅炉、金属容器、管道内等，应采用Ⅲ类工具。

（3）保养、检查、维修制度。建立正常的发放和保养制度，如在工具发放或收回时，必须由保管人员进行日常检查。建立正常的检查和维修制度，如专（兼）职人员定期对工具进行全面检查。

二、建立安全技术管理档案

建立安全技术管理档案是工具管理制度的一项重要内容。安全技术管理档案的内容一

般包括工具的使用说明书和有关安全技术资料、合格证以及工具台账、检验记录、维修记录、使用与保养记录等。

（1）使用说明书、合格证。使用说明书是工具的基本证明材料，对工具的性能、安全要求有明确的规定，是档案中不可缺少的资料。合格证是工具的合格证明材料，只有具备合格证的工具才允许使用。

（2）工具台账。按照工具和种类分类建立台账，以便于根据工作情况选用工具，掌握现有工具的种类和数量，及时做出增添或报废工具的计划。

（3）检验记录。建立日常、定期和抽样检验记录账簿，以便记录工具的检验情况。检验内容一般包括工具的性能参数，发现的问题，分析、处理意见。据此可以做出保养、检修和购置计划，以保证日常生产。

（4）维修记录。若经检验发现工具存有隐患或故障，需要检修时，要做好记录。维修内容一般包括工具的故障原因、损坏和更换的零件、修理工艺、修后试验记录、维修人员和检验人员等。

（5）使用与保养记录。日常使用工具，应建立工具“借”“还”规定，并做好记录。使用与保养内容一般包括借用人、借用时间、工作内容、工具使用前后的安全技术状态等。

第 4 章　电击防护技术措施

1. 电击防护技术措施的主要构成要素

电击防护技术措施有很多种，但就其构成要素来说，电击防护技术措施主要由基本防护技术措施、故障防护技术措施和电气量限值防护技术措施三大类构成。基本防护技术措施也称直接接触防护技术措施，主要用来防止人体触及电气装置和设备带电部分的直接接触触电。故障防护技术措施也称间接接触防护技术措施，主要用来防止人体触及电气装置和设备外露可导电部分的间接接触触电。电气量限值防护技术措施是指采取特低压的技术防护措施，降低人体接触电压的危险性。

2. 基本防护技术措施及其主要方面

基本防护技术措施是指电气装置和设备在正常条件下所采取的防护技术措施，由在正常条件下能防止与危险带电部分接触的一个或多个措施组成。基本防护技术措施是电气装置和设备在无故障条件下的电击防护技术措施。这些防护技术措施主要包括绝缘（带电部分的绝缘）、遮栏或外壳（外护物）、阻挡物、置于伸臂范围之外、用剩余电流保护器的附加防护等五方面。所有电气装置和设备都应采用基本防护技术措施。

3. 关于绝缘的基本要求

绝缘是绝缘物把带电部分封闭起来，用来防止人体与带电部分的任何接触。绝缘必须符合该电气装置和设备的有关标准。对于高压装置和设备，应预防固体绝缘表面可能存在的电压。仅用空气作为基本绝缘是不够的，还需采用其他措施（如阻挡物、遮栏等）以保证人体与带电部分的安全距离。单独的油漆、清漆、喷漆及类似物，不能认为其绝缘是有效的。绝缘电阻是最基本的绝缘性能指标。

4. 常用绝缘材料的耐热等级及极限工作温度

绝缘材料的电阻率一般在 $10^9\Omega\cdot m$ 以上。常用绝缘材料有瓷、玻璃、云母、橡胶、木材、胶木、塑料、布、纸及矿物油等。常用绝缘材料的耐热等级（从低到高）分为 Y、A、E、B、F、H、C 七个等级，其对应的极限工作温度分别为 90、105、120、130、155、180、180℃以上。

5. 绝缘材料的击穿类型

当绝缘材料所承受的电压超过一定幅度时，绝缘材料的某些部位就会发生放电现象而

被击穿。固体绝缘材料一旦被击穿，其绝缘性能一般不能恢复。液体和气体绝缘材料被击穿后，其绝缘性能可以恢复。固体绝缘击穿分为热击穿和电击穿两种，热击穿是因泄漏电流的热效应引起绝缘材料的温度急剧升高了而造成的，电击穿是因强电场引起绝缘材料分子电离而造成的。

6. 电气设备和线路绝缘电阻的规定

绝缘电阻最基本的绝缘性能指标，对不同设备和线路的绝缘电阻有着不同的要求。电气设备和线路的绝缘电阻应符合以下规定：

（1）高压设备和线路的绝缘电阻不低于1000MΩ。

（2）架空线路绝缘子的绝缘电阻不低于300MΩ。

（3）移动式电气设备的绝缘电阻不低于2MΩ。

（4）配电柜二次线路的绝缘电阻不低于1MΩ（干燥环境）或0.5MΩ（潮湿环境）。

（5）新装或大修后的低压设备和线路的绝缘电阻不低于0.5MΩ。

（6）运行中的设备和线路的绝缘电阻不低于1MΩ/V（干燥环境）或0.5MΩ/V（潮湿环境）。

（7）运行中电缆线路的绝缘电阻不低于300～750MΩ（3kV）、400～1000MΩ（6kV）和600～1500MΩ（20～35kV）。

（8）电力变压器投运前的绝缘电阻不低于出厂时的70%。

7. 对于遮栏或外壳的基本要求

遮栏是用来防止人员进入危险区域，防止从任一通常接近方向直接接触电气装置和设备的危险带电部分而设置的防护物。外壳是用来防止人员从任何方向触及电气装置和设备危险带电部分并围住设备内部部件的电器外壳。对于电气装置和设备，遮栏或外壳的最低防护等级不能低于IP2X或IPXXB，即必须能够防止直径为12.5mm及以上的固体颗粒进入。遮栏或外壳必须具有足够的机械强度、稳定性、牢固性和耐久性。遮栏或外壳的打开、拆除必须具备一定的条件，该条件能够有效地防止人员进入危险环境或触及带电部分。遮栏的高度不应低于1.70m，下部边缘离地面不应超过0.10m，与带电设备之间必须保持足够的安全距离。

8. 对于阻挡物的基本要求

阻挡物只用于对熟练技术人员或受过培训的人员的保护。阻挡物的作用在于防止无意识地接触到电气装置和设备危险带电部分（低压）或无意识地进入危险区域（高压）。阻挡物不能防止人员有意地直接接触电气装置和设备危险带电部分（低压）或有意地进入危险区域（高压）。阻挡物不能被无意识地移动。可导电的阻挡物应看作一个外露的可导电部分，应采取故障防护技术措施。

9. 正确理解置于伸臂范围之外

伸臂范围是指人员从通常站立或活动的表面上的任一点，向外延伸到不借助任何手段，

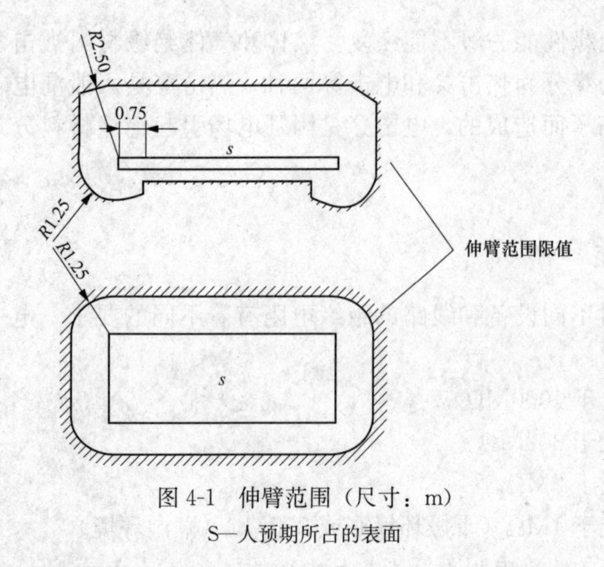

图 4-1　伸臂范围（尺寸：m）
S—人预期所占的表面

用于从任何方向所能达到的最大范围，也即人体活动区域。置于伸臂范围之外就是要确保人体活动区域与电气装置和设备危险带电部分或危险区域的距离必须不小于 1.25m（水平方向）或 2.5m（垂直方向）。如果在水平方向上设置有防护等级低于 IP2X 或 IPXXB 的阻挡物，则伸臂范围应从阻挡物算起。置于伸臂范围之外就是为了确保人体与电气装置和设备危险带电部分或危险区域之间有一定的安全距离。伸臂范围如图 4-1 所示。

10. 用剩余电流动作保护器的附加保护要求

剩余电流动作保护器也称为漏电保护器，英文缩写为 RCD。剩余电流动作保护器是用于加强直接接触防护的额外措施。它不能被单独使用，必须与基本保护技术措施同时使用，以防止其他保护技术措施失效。通常剩余电流动作保护器的额定剩余动作电流不宜超过 30mA。对于额定电流不超过 20A 的户外插座以及为户外移动式设备供电的电源插座，应使用额定剩余动作电流不超过 30mA 的剩余电流动作保护器，采取自动切断电源进行防护。

11. 剩余电流动作保护器的作用及其结构原理

剩余电流动作保护器是利用低压配电线路中发生短路或接地故障时所产生的剩余电流来迅速切断故障线路或设备电源，防止发生间接接触触电事故，以达到保护人身安全和设备安全的目的。常用的电流型剩余电流动作保护器结构原理方框图如图 4-2 所示。检测组件检测电路中的剩余电流信号，通过放大组件对其电流信号放大后，由比较组件将放大后的电流信号与整定的动作电流进行比较。当达到动作电流，引起执行组件动作，最终作用于开关跳闸信号，切断配电线路电源。试验组件主要用来检验保护器本身动作是否有效。

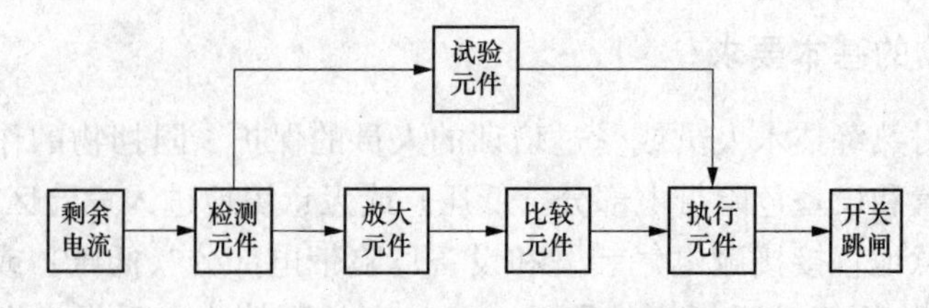

图 4-2　电流型剩余电流动作保护器结构原理方框图

12. 剩余电流动作保护器的分类方法

（1）按运行方式分，有无辅助电源剩余电流动作保护器和有辅助电源剩余电流动作保

护器（辅助电源中断自动断开型和辅助电源中断不能自动断开型）。

（2）按安装形式分，有固定安装剩余电流动作保护器和移动使用剩余电流动作保护器。

（3）按极数分，有单极二线剩余电流动作保护器、两极剩余电流动作保护器、两极三线剩余电流动作保护器、三极剩余电流动作保护器、三极四线剩余电流动作保护器和四极剩余电流动作保护器。

（4）按保护功能分，有无过载保护剩余电流动作保护器、有过载保护剩余电流动作保护器、有短路保护剩余电流动作保护器和有过载、短路双保护剩余电流动作保护器。

（5）按动作时间分，有快速剩余电流动作保护器和延时剩余电流动作保护器。

（6）按额定剩余动作电流分，有不可调剩余电流动作保护器和可调剩余电流动作保护器。

（7）按比较组件分，有电磁剩余电流动作保护器和电子剩余电流动作保护器。

（8）按动作原理分，有电压型剩余电流动作保护器和电流型剩余电流动作保护器。

13. 电流型剩余电流动作保护器的工作原理

电流型剩余电流动作保护器的工作原理如图4-3所示。在正常情况下，线路三相电流的相量和约等于零，零序电流互感器的二次侧绕组无信号输出，开关不会动作，电源向负载正常供电。当设备绝缘损坏而发生接地故障时，设备外露可导电部分存在着危险电压。人体一旦触及该设备的外露可导电部分，会有泄漏电流通过人体，引起三相电流的相量和发生变化，在零序电流互感器的二次侧绕组上产生感应电压。感应电压的高低与泄漏电流的大小成正比例。如果故障泄漏电流达到整定或限定的动作电流，二次侧的感应电压会使脱扣器线圈励磁，主开关跳闸，切断供电回路。

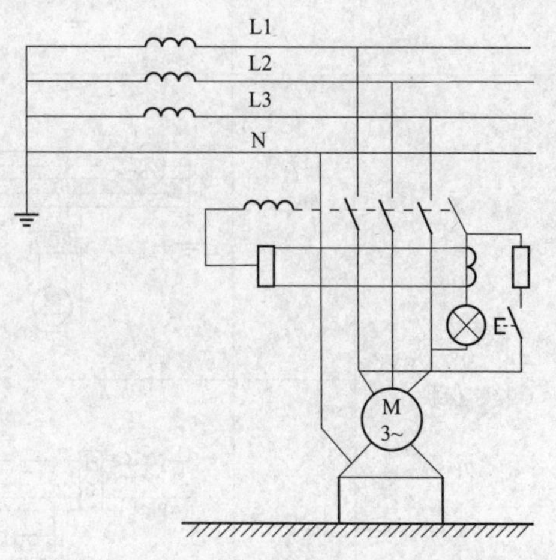

图4-3　电流型剩余电流动作保护器的工作原理图

14. 电流型剩余电流动作保护器的保护方式

电流型剩余电流动作保护器有以下四种保护方式：

（1）全网总保护：在低压电网电源处，装在中性点接地线上、装在总电源线上或装在各条引出线上（较多采用）。

（2）末级保护：移动式电气设备、临时用电设备。

（3）多级保护：较大低压电网，主干线总保护、分支线分保护和用电设备末级保护相结合。

（4）报警保护：预先报警与断电保护相结合。

15. 剩余电流动作保护器常见的接线方式

剩余电流动作保护器常见的接线方式（见表 4-1）。

表 4-1　　剩余电流动作保护器常见的几种接线方式

极数 / 接线方式 / 相数		两极	三极	四极
单相 220V		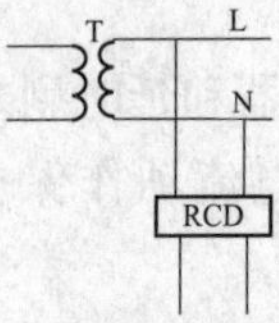 T L N RCD		
三相 380/220V 接地保护	TT 系统	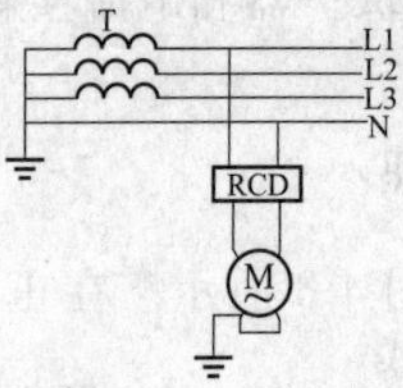 T L1 L2 L3 N RCD M ~	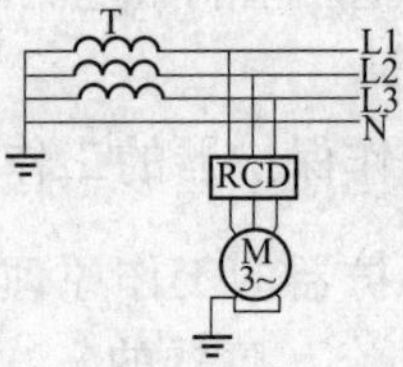 T L1 L2 L3 N RCD M 3~	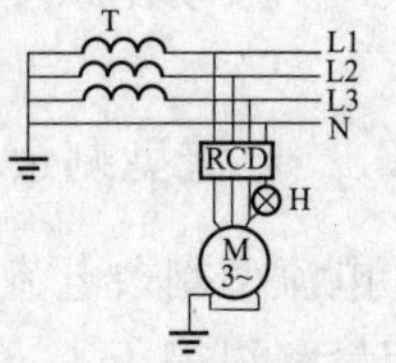 T L1 L2 L3 N RCD H M 3~
三相 380/220V 接零保护	TN-S 系统	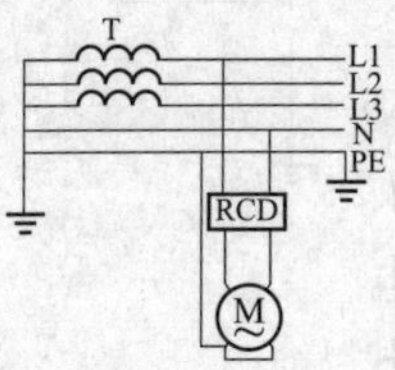 T L1 L2 L3 N PE RCD M ~	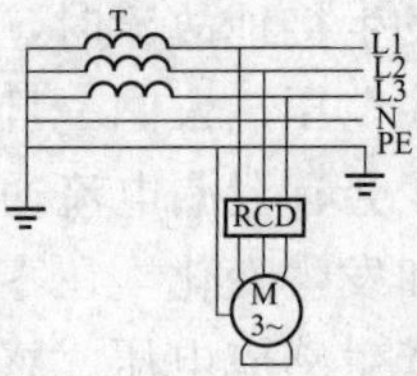 T L1 L2 L3 N PE RCD M 3~	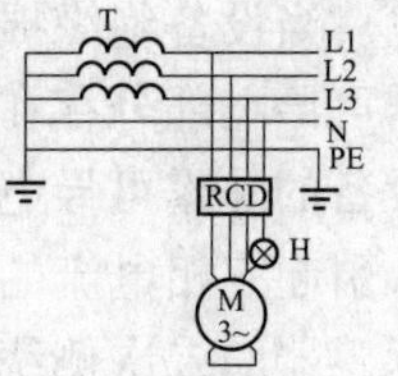 T L1 L2 L3 N PE RCD H M 3~
	TN-C-S 系统	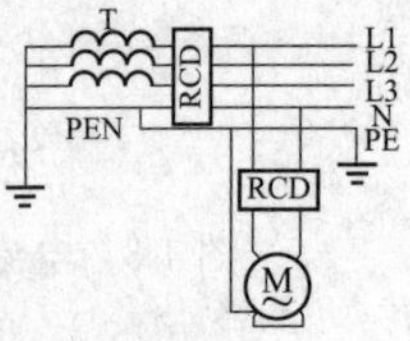 T RCD L1 L2 L3 N PE PEN RCD M ~	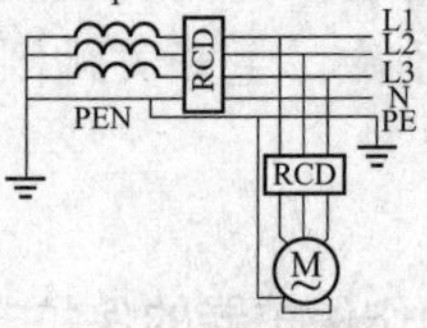 T RCD L1 L2 L3 N PE PEN RCD M ~	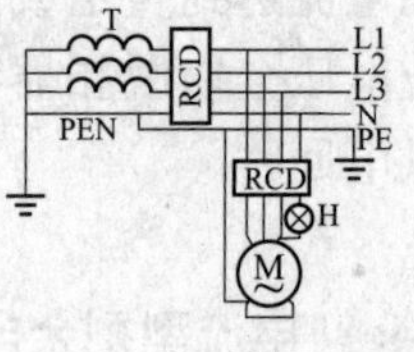 T RCD L1 L2 L3 N PE PEN RCD H M ~

16. 剩余电流动作保护器的适用场所

（1）手握式及移动式电气设备。

（2）建筑工地用电气设备。

（3）特殊环境（易燃易爆场所及浴室、食堂、锅炉房、地下室等）中的电气设备。

（4）住宅建筑的进线开关或专用插座回路。

（5）与人体直接接触的医用（急救及手术除外）电气设备。

（6）TT 系统内的电气设备。

17. 剩余电流动作保护器动作电流的选择

剩余电流动作保护器的动作电流值可以参考下列情况选择：

（1）防火场所电气设备，300mA。

（2）成套开关柜、配电盘，100mA以上。

（3）家用电器，30mA。

（4）建筑工地电气设备，15～30mA。

（5）手握式电气设备，15mA。

（6）恶劣环境电气设备，6～10mA。

（7）医疗用电气设备，6mA。

注意：剩余电流动作保护器动作电流 $I_{\Delta N}$必须在正常剩余电流的50%以上，如果正常剩余电流大于剩余电流动作保护器的额定动作电流50%以上，则供电回路无法正常运行。剩余电流动作保护器动作电流选择示例如图4-4所示。

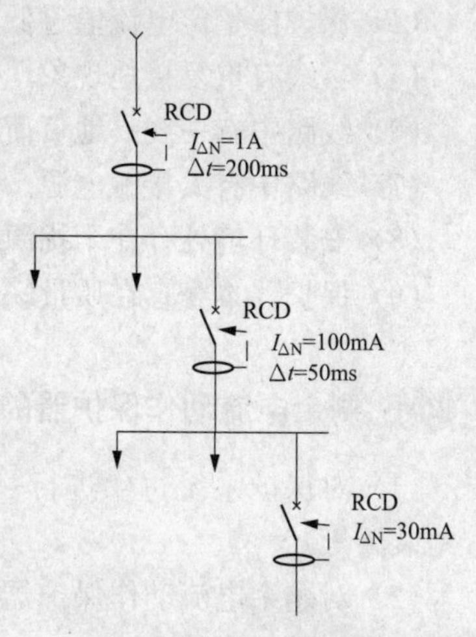

图4-4　剩余电流动作保护器动作电流选择示例

18. 剩余电流动作保护器安装使用应注意的事项

（1）安装前须检查剩余电流动作保护器的技术参数（额定电压、额定电流、短路通断能力、剩余动作电流及动作时间等）是否符合要求。

（2）安装接线时要根据配电系统接地型式进行接线，分清相线和零线。单极二线、两极三线、三极四线剩余电流动作保护器均有一根直接穿过检测组件且不能断开的中性线（N）。

（3）安装带短路保护功能的剩余电流动作保护器时，要注意其分断时电弧喷出的方向和飞弧距离。

（4）剩余电流动作保护器应远离其他铁磁体和大的载流导体，防止误动作。

（5）施工现场开关箱内的剩余电流动作保护器，需采用防溅型。

（6）剩余电流动作保护器后的工作零线不得重复接地。

（7）分级剩余电流动作保护系统，每一级剩余电流动作保护器必须有自己的工作零线，上下级剩余电流动作保护器的额定漏电动作电流和动作时间均应相互配合，额定漏电动作电流级差通常为1.2～2.5倍，动作时间级差0.1～0.2s。

（8）剩余电流动作保护器的工作零线不能就近接线，其两端不能跨接单相负荷。

（9）照明及其他单相用电负荷均匀分布到三相电源线上，力求使各相剩余动作电流大致相等。

（10）剩余电流动作保护器在安装后投运前应进行3次试验（按动试验按钮、带负荷分合开关或交流接触器或3kΩ试验电阻接地试跳）。

19. 剩余电流动作保护器误动作的原因

（1）三相电源未同方向全部穿过。

（2）有未被保护的线路接入。

（3）线路泄漏电流较大，超过动作电流整定值。

（4）保护器整定电流值过低。

（5）零线有重复接地现象。

（6）线路中有一线一地负荷。

（7）线路中有人接触电源。

（8）安装环境处存在干扰源，如振动、电磁感应等。

（9）保护器本身存在质量缺陷。

20. 剩余电流动作保护器的维护保养

（1）对保护系统每年进行一次测试和检查（动作电流值、绝缘电阻、剩余动作电流、接地装置等）。

（2）对剩余电流动作保护器至少每月进行一次试验，特殊情况（雷雨季节、跳闸动作等）应增加试验次数。

（3）剩余电流动作保护器动作后在检查未发现故障点时允许试送电一次。若再动作，必须查明故障原因，不得继续送电。

（4）严禁私自拆除剩余电流动作保护器或强行送电。

（5）剩余电流动作保护器出现故障要由专业人员检查、修理或更换。

（6）发生人身触电伤亡事故时，要检查剩余电流动作保护器的动作情况，分析其保护作用缺失的原因。在未弄清楚原因和调查结束前，不得改动剩余电流动作保护器的接线。

21. 故障防护技术措施及其主要方面

故障防护技术措施是指在电气装置和设备发生单一故障时所采取的防护技术措施，由附加于基本防护技术措施中独立的一项或多项防护技术措施组成。故障防护技术措施主要包括自动切断电源、Ⅱ类设备或等效的绝缘、非导电场所、不接地的局部等电位联结保护、电气分隔等五个方面。

22. 可以不采取故障防护技术措施的情况

可以不采取故障防护技术措施的情况包括：处于伸臂范围以外墙上的架空绝缘子的支持物和与其联结的金属部件（架空线金属）、触及不到钢筋的钢筋混凝土电杆、尺寸小于50mm×50mm或其所处位置不会被人体接触或抓住并且与保护导体联结困难的外露可导电部分、用于保护Ⅱ类设备的金属管或其他金属外护物等。

23. 中性点、中性线和零点、零线

当三相电源或三相负载为星形联结时，将其三相绕组首端或尾端的共同联结点称为中性点。由中性点引出的导线称作中性线。如果中性点与接地装置直接相连，则该中性点可称为零点。从零点引出的导线称为零线。电源端的零线按用途可分为工作零线（PN）、保

护零线（PE）和工作兼保护零线（PEN）三种类型。

24. 保护性接地

保护性接地是防止间接接触电击最基本的一种措施，是将供配电系统、电气装置或设备的外露可导电部分与保护导体相联结，其目的在于自动切断电源或者降低外露可导电部分上的危险电压。保护性接地的具体做法与低压供配电系统的类型（IT 系统、TT 系统和 TN 系统）有关。

25. 低压供配电系统的中性点工作制度（接地方式）

中性点工作制度是指中性点是否接地。中性点制度可以分为中性点接地系统和中性点绝缘系统两大类。中性点接地系统是指将中性点采用接地装置直接接地，而中性点绝缘系统是指中性点不接地或通过高阻抗接地。根据 IEC 标准规定，按照中性点工作制度（接地方式）划分，低压供配电系统可分为 IT 系统、TT 系统和 TN 系统三种。其中 TN 系统又分为 TN-C 系统、TN-C-S 系统、TN-S 系统三种类型。

26. IT 系统及其保护

IT 系统是电源系统的带电部分不接地或中性点通过高阻抗接地，电气装置或设备的外露可导电部分通过保护导体联结到接地装置上（见图 4-5 和图 4-6）。当 IT 系统发生对电气装置或设备的外露可导电部分或者对地的单一故障时，其故障电流较小。但当同时存在两个故障时或者在线路较长、绝缘水平较低的情况下，电击的危险性很大。采用 IT 系统时，电气装置和设备的任何带电导体不应直接接地，并满足对地电压不高于 50V 交流或 120V 直流的规定要求。同时应当装设绝缘监视器、过电流保护器和剩余电流动作保护器等保护装置。

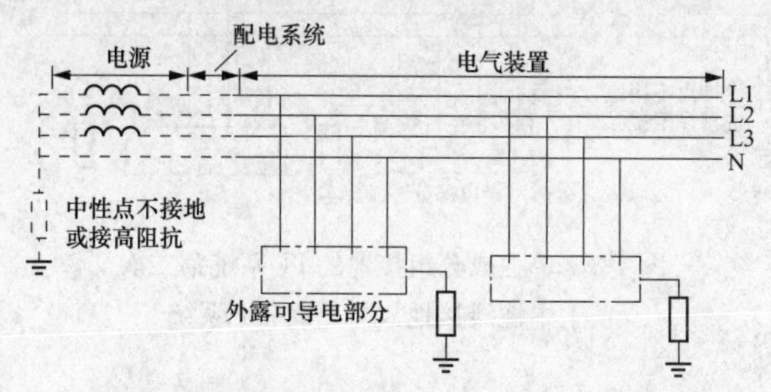

图 4-5　IT 系统（单独接地）保护原理图

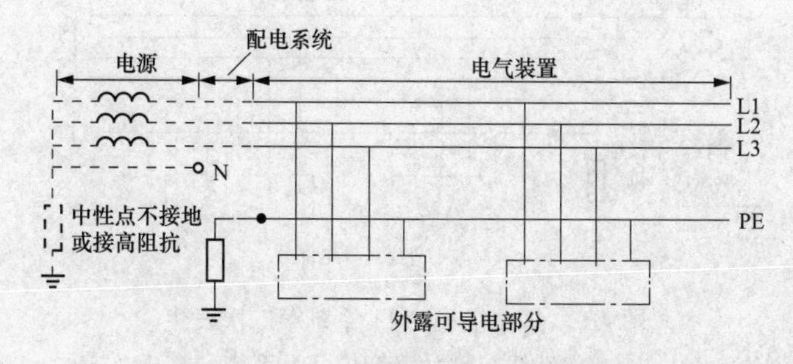

图 4-6　IT 系统（集中接地）保护原理图

27. IT 系统应当装设绝缘监视器等保护装置

IT 系统中所有带电部分对地绝缘或者中性点通过足够大的阻抗接地，电气装置的外露可导电部分单独地、成组地或集中地接地。当发生单一接地故障时，故障电流较小，不要求切断电源动作，但必须发出声光报警信号。IT 系统如果第二次发生异相接地故障，会引起两相短路故障，短路电流应当作用于保护装置并切断电源，如图 4-7 所示。对于外露可导电部分单独或分组接地的 IT 系统，当第二次发生中性线接地故障时，IT 系统就变成了 TT 系统，如图 4-8 所示。对于外露可导电部分集中接地的 IT 系统，当第二次发生中性线接地故障时，IT 系统就变成了 TN 系统，如图 4-9 所示。因此，当人体同时接触到同时发生接地故障的电气装置和设备外露可导电部分时，就会遭到电击危害，此时要求保护装置立即自动切断电源。

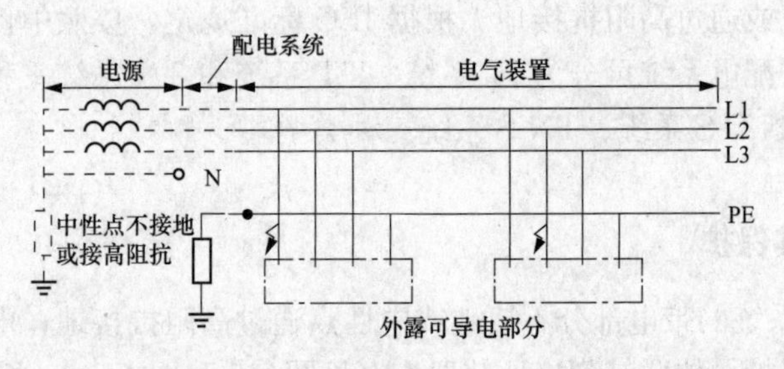

图 4-7　IT 系统第二次发生异相接地故障会起两相短路故障

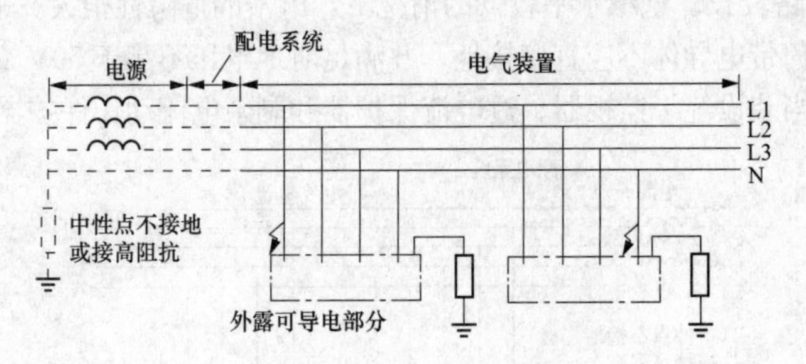

图 4-8　单独或分组接地的 IT 系统第二次
发生中性线接地故障变成 TT 系统

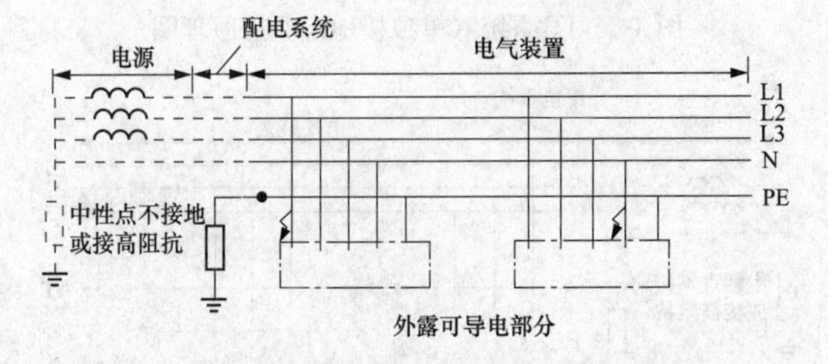

图 4-9　集中接地的 IT 系统第二次发生
中性线接地故障变成 TN 系统

28. TT 系统及其保护

TT 系统是电源系统有一点（一般为中性点）直接接地，电气设备和设备中的所有外露可导电部分通过保护导体一起联结至这些部分共同的接地装置上（见图 4-10）。当某一电气装置和设备内相导体与保护导体或外露可导电部分之间发生零阻抗故障时，其外露可导电部分存在着低于相电压的危险电压。采用 TT 系统，应当装设剩余电流动作保护器或过电流保护器等限制故障持续时间，允许切断时间不大于 1s。为实现保护的选择性目的，保护电器宜选择 S 型剩余电流动作保护器和普通型剩余电流动作保护器串联使用。保护电器的自动动作电流与保护导体总的电阻（包括接地装置和外露可导电部分的电阻）的乘积不得超过 50V。

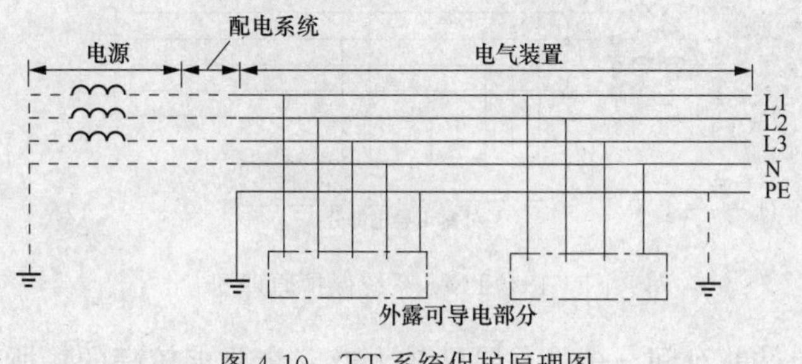

图 4-10　TT 系统保护原理图

29. TN 系统及其保护

TN 系统是电源系统有一点（一般为中性点）直接接地，电气设备和设备中的所有外露可导电部分通过保护导体与电源系统的接地点联结。该保护导体不应被隔离或通断，应在各相关变压器或发电机的安装处或其附件接地。当某一电气装置和设备内相导体与保护导体或外露可导电部分之间发生零阻抗故障时，保护电器（过电流保护器或剩余电流保护器）迅速动作，在规定时间（配电回路、时间不大于 5s；终端回路电流不大于 32A 时、时间不大于 0.4s；终端回路电流≤32A 时、时间≤5s）内自动切断电源，以消除电击危险。

30. TN-C、TN-C-S、TN-S 三种系统及其适用场所

TN 系统有三种类型，即 TN-C 系统、TN-C-S 系统和 TN-S 系统。对于 TN-C 系统，由中性导体（N）兼作保护导体（PE），形成三相四线制（见图 4-11）；对于 TN-C-S 系统，中性导体与保护导体前部分共享，后部分分开，形成部分三相四线制、部分三相五线制（见图 4-12）；对于 TN-S 系统，中性导体与保护导体严格分开，形成三相五线制（见图 4-13）。

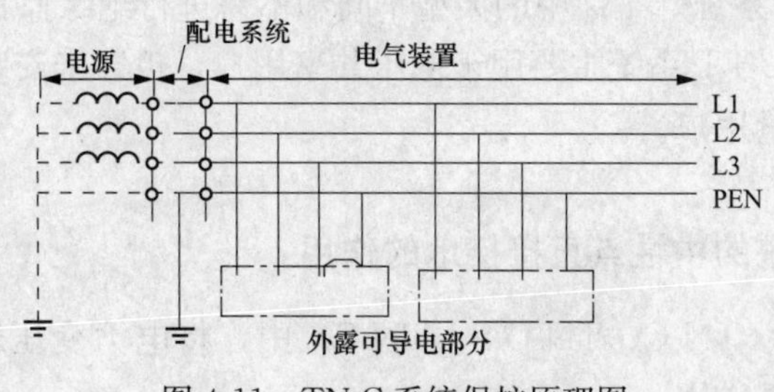

图 4-11　TN-C 系统保护原理图

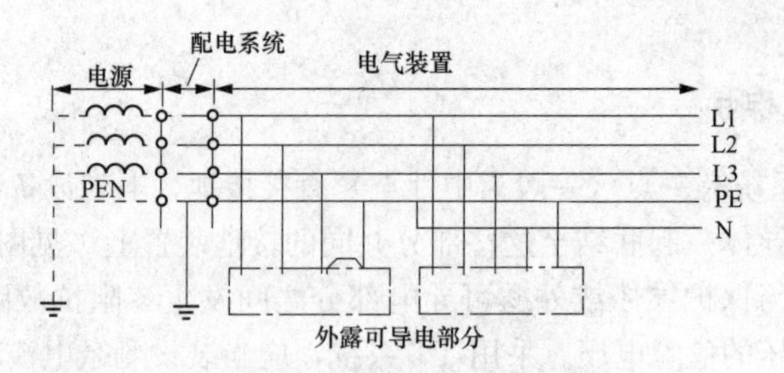

图 4-12　TN-C-S 系统保护原理图

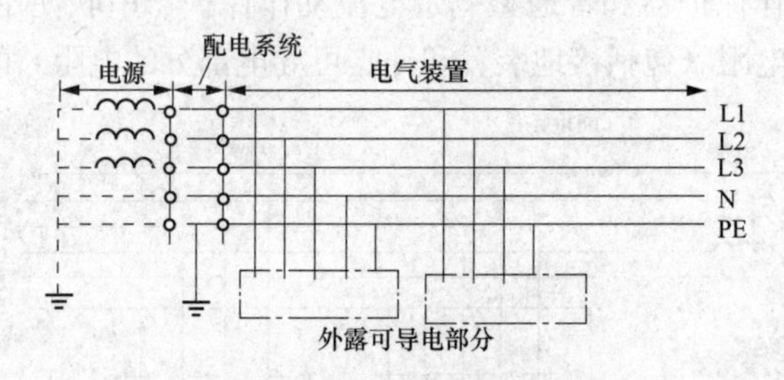

图 4-13　TN-S 系统保护原理图

对于有独立变电站的车间、爆炸危险性较大或安全要求较高的场所，应采用 TN-S 系统配电。对于低压进线的车间和民用住宅楼房，可以采用 TN-C-S 系统配电。TN-C 系统适用于无爆炸危险和安全条件较好的场所，并且不能使用剩余电流保护器。

31. IT、TT、TN 三种低压供配电系统的安全性比较

在同等条件下，如果低压供配电系统处于正常的运行状态（非故障状态），并且线路的对地电容又很小，则采用 IT 系统比采用 TT、TN 系统较为安全。在故障状态下，IT 系统的危险性高于 TT、TN 系统。TT 系统在故障状态下的危险性也高于 TN 系统。由于常见的电力线路都比较冗长，并且分支线路也很多，无法保证较高的绝缘水平，因此，IT 系统实际很少采用。

32. 低压供配电系统的中性点工作制度的选择

低压供配电系统的中性点工作制度的选择，应从经济性和安全性两方面考虑。从经济方面考虑，TN 系统可以将 380V 和 220V 两种电压同时分别用于动力设备和照明设备，节约工程投资。从安全方面考虑，如果线路具有较高的绝缘性能，供电范围不大，对地电容电流很小，可以采用 IT 系统。工厂中的大型车间和不易进行绝缘监视的生产厂房，供配电系统均应采用 TN 系统。TT 系统主要用于低压共享用户，也即未安装电力变压器直接从外面引进低压电源的小容量用户。

33. 低压供配电系统的中性点直接接地的作用

在低压供配电系统（TN-C、TN-C-S、TN-S）中，将电力变压器的中性点直接接地。中性点直接接地具有以下作用：

（1）保持线电压和相电压基本稳定，380V 电压供动力设备，220V 电压供照明设备。

（2）与 IT 系统相比，所受限制少，安全性更高，应用范围广。

（3）可以有效防止高压端向低压端窜电的危险。

34. 低压供配电系统发生零线带电现象的原因

在低压供配电系统中，零线带电的现象较为普遍。发生零线带电现象的可能原因如下：

（1）系统三相电源中有一相接地，而总电源保护装置未动作。

（2）线路中有设备因绝缘损坏漏电，而设备保护装置未动作。

（3）系统接地不良，接地电阻增大，三相负荷严重不平衡。

（4）零线某处断裂，在断裂处后面有设备漏电或者在断裂处后面接有单相负荷。

（5）TN-C 系统中存在采用单独保护接地的个别三相设备漏电、碰壳，或者个别单相设备采用一相一地制。

（6）受周围环境影响，引起系统零线感应带电。

35. 三相四线低压供配电系统运行中应注意的事项

采用三相四线低压供配电系统（TN-C）时，应当注意以下事项：

（1）三相负荷尽量分布平衡，不平衡度不宜超过 20%。

（2）电源侧中性点的接地（工作接地）必须良好，接地电阻不得大于 4Ω。

（3）严格区分相线与 PEN 线，两者不能错接。

（4）按规定将 PEN 线重复接地，接地电阻不得大于 10Ω。

（5）PEN 线上不得安装任何开关或熔断器。

（6）PEN 线的横截面积不得小于 $10mm^2$（铜材）或 $16mm^2$（铝材）。

（7）所有电气设备必须共享 PEN 干线，不得另行单独接地。

（8）所有电气设备的 PEN 线，以并联方式接到 PEN 干线上。

36. TN 系统接线常见的错误

TN 系统接线常见的错误如图 4-14 所示。

37. 采用多电源 TN 系统时应注意的问题

（1）变压器或发电机的中性点处不允许直接接地，N 母线应通过 PE 母线或 PEN 母线间接接地。

（2）变压器或发电机的中性点至主配电盘内的 N 母线或 PEN 母线应全部绝缘。

（3）从 N 母线或 PEN 母线至 PE 母线只允许在主配电盘内一点接地。

（4）PE 母线除了在总接地端子或进线处接地以外，可在多处重复接地。

（5）多电源之间的连接线不允许直接接出用电设备。

（6）馈电回路全部采用 TN-S 制配线，电源通断应使用单相两极、两相三极、三相四极断路器或隔离开关。

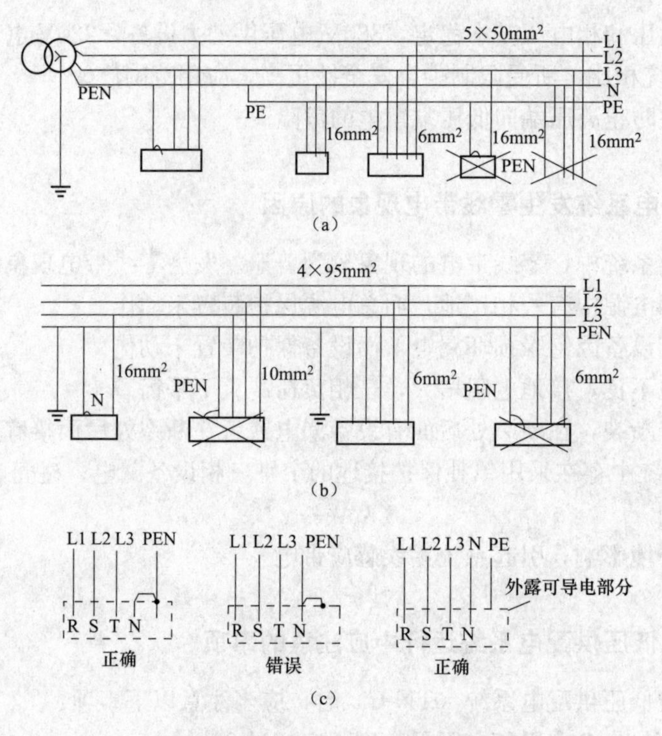

图 4-14　TN 系统接线常见的错误

(a) 没有将 TN-C-S 系统中的 PE 线与 N 线严格分开使用；(b) TN-C 系统中设备的 PE 线与 N 线应分别与保护干线相连接；(c) TN-C 系统 PEN 线应先与设备外壳连接，TN-S 系统 PE 线与 N 线须分开使用

38. 对于自动切断电源的要求

当电气装置和设备发生故障，使人体可触及的可导电部分上的预期接触电压超过交流 50V 或直流 120V 时，应采取自动切断电源的防护技术措施。采用自动切断电源的防护技术措施时，应设置保护等电位联结系统，并且当电气装置和设备的基本绝缘被破坏时，其保护装置应能断开电气装置和设备的供电导体（一根或多根）。自动切断电源必须依靠保护性接地来实现，允许回路切断时间一般不能超过 5s。

39. 正确理解Ⅱ类设备和等效的绝缘

Ⅱ类设备和等效的绝缘是用来防止电气设备的可触及部分因基本绝缘故障而出现危险电压的防护技术措施。Ⅱ类设备是指具有双重绝缘或加强绝缘的电气设备，即采用基本绝缘作为基本防护措施，附加绝缘作为故障防护技术措施，或提供基本防护功能和故障防护功能的加强绝缘的电气设备，用符号“回”标识。工厂制造的具有全绝缘的成套电气设备可以等同于Ⅱ类设备。在电气安装时，只有基本绝缘的设备必须增设附加绝缘，没有绝缘的带电部分必须增设加强绝缘。

电气设备的分类见表 4-2。

表 4-2 电气设备的分类

设备类别	防护措施	设备与装置的联结条件
0类	采用基本绝缘作为基本防护，没有故障防护措施	非导电环境 每项设备单独提供电气分隔
Ⅰ类	采用基本绝缘作为基本防护措施，采用保护联结作为故障防护措施	设备端子连至装置的保护等电位联结处
Ⅱ类	采用基本绝缘作为基本防护措施，附加绝缘作为故障防护措施，或提供基本防护和故障防护功能的加强绝缘	不依赖装置的防护措施，符号为双正方形
Ⅲ类	采用特低电压作为基本防护措施，无故障防护措施	仅接到 SELV 或 PELV 系统，符号为菱形内标出数字Ⅲ

40. 基本绝缘、附加绝缘、双重绝缘和加强绝缘

基本绝缘是指用于带电部分，提高电击基本防护的绝缘。附加绝缘是指在防止基本绝缘失效后而另加的单独绝缘。双重绝缘是指由基本绝缘和附加绝缘组合而成的绝缘。加强绝缘是指用于带电部分的防护等级相当于双重绝缘一种单一绝缘系统。

41. 对于双重绝缘设备的结构要求

电气设备采用双重绝缘结构时，应满足以下要求：

（1）设备的带电部分与可触及的导电部分之间，应采用基本绝缘。

（2）设备的带电部分与可触及的导电部分之间，应采用附加绝缘。

（3）设备的带电部分与可触及的导电部分之间，应采用加强绝缘或双重绝缘。

（4）设备的上述各导电部分之间，应设置必要的电气间隙距离。

42. 对于绝缘外护物的要求

只采用基本绝缘与带电部分隔开的所有可导电部分的电气设备，在投运时都需有防护等级不低于 IP2X 或 IPXXB 的绝缘外护物。绝缘外护物应能经受住力、电、热等外界环境因素的影响，必要时进行电气绝缘强度试验。绝缘外护物内的可导电部分不能与保护导体相联结。当绝缘外护物不能有效防护时，需要加设防护等级不低于 IP2X 或 IPXXB 的绝缘遮栏（借助工具方可移开）。绝缘外护物的设置不能影响到设备的正常运行，也不能引入带电体或可导电部分的电位。

43. 正确理解非导电场所

非导电场所是用来防止带电部分基本绝缘失效后，人体同时触及可能处在不同电位部分的防护技术措施。非导电场所内不应有保护导体，场所内所有地面、墙面和屋面都应是绝缘的，并具有足够的机械强度，能够经受 2000V 的试验电压，正常泄漏电流不应超过 1mA。任何两个外露可导电部分之间或者一个外露可导电部分与任何外界可导电部分之间的相对距离不得小于 2m，至少不能在伸臂范围以内。也可在外露可导电部分和外界可导电部分之间设置有效的阻挡物，阻挡物与可导电部分的距离也须在伸臂范围以外。阻挡物应采用绝缘材料制作，并且不能与外界有任何联结。

44. 对于不接地的局部等电位联结保护的要求

不接地的局部等电位联结保护是用来防止出现危险接触电压的防护措施。等电位联结导体应将所有可同时触及的外露可导电部分和外界可导电部分联结起来。局部（辅助）等电位联结系统不能通过任何的外露的可导电部分或外界可导电部分与大地相连，并且要防止进入等电位场所可能会遭受到危险的电位差。局部（辅助）等电位联结导体的最小截面不得小于相应保护导体的1/2，两个外露可导电部分的辅助联结导体的最小截面不得小于较小的保护导体。

45. 电气分隔及其必须满足的安全条件

电气分隔也称电气隔离，就是将电源与用电回路在电气上进行隔离，用来防止人体触及因回路的基本绝缘故障而带电的外露可导电部分时出现电击电流的防护措施。电气分隔的安全实质就是将接地网转换成一个范围很小的不接地电网。采用电气分隔保护时，回路应由分隔电源（一台隔离变压器或者安全程度与隔离变压器相当的电源）供电。

电气分隔保护原理如图 4-15 所示。

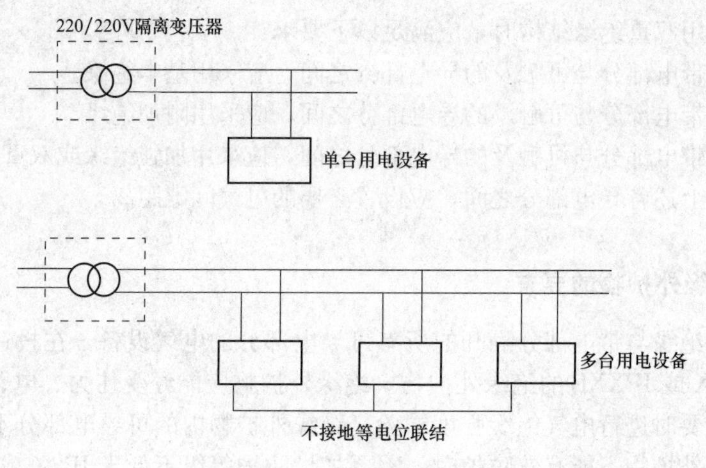

图 4-15 电气分隔保护原理

采用电气分隔必须满足以下安全条件：

(1) 分隔电源须具有加强绝缘的结构，其温升和绝缘电阻符合安全隔离变压器的相关要求。采用隔离变压器时，隔离变压器具有耐热、防潮、防水及抗震结构，不得使用易燃材料，外壳应有足够的机械强度。单相隔离变压器容量不得超过 25kVA，三相隔离变压器容量不得超过 40kVA。隔离变压器空载交流输出电压不应超过 1V，脉动直流电压不应超过 $\sqrt{2}$V，负载电压压降不得超过额定电压的 5%～15%。

(2) 分隔电源的二次侧保持独立，既不能与一次侧相连，也不得与大地或任何导体相联结。

(3) 分隔电源的二次侧电压不能太高，线路不能太长。电压过高或者线路太长，都会

影响到对地绝缘水平。按照规定，二次侧的电压不能超过 500V，线路长度不应超过 200m，并且电压与长度的乘积不应大于 100kV·m。

（4）分隔电源的电源开关应采用全极开关。输出插座须与其他插座严格区分，防止其他电压等级的插座插入。

（5）分隔电源二次侧的多个电气设备应采用等电位连接线连接。所用插座也应具有等电位联结功能。

46. 采取电气分隔保护应注意的安全事项

（1）供电电源的选择和安装应满足Ⅱ类设备和等效的绝缘要求。固定供电电源也可以采取输出侧与输入侧分隔、输出侧与外护物分隔的措施，但是受电设备的外露可导电部分不应与电源的金属外护物相联结。

（2）电气分隔回路的电压不应超过 500V，其带电部分不能与其他回路或者大地相联结，布线时最好单独分开，消除与其他回路之间的相互影响。

（3）单一电气分隔回路的外露可导电部分不能与保护导体或者其他回路的外露可导电部分相联结。多个电气分隔回路的外露可导电部分应用绝缘的不接地的等电位联结导体互相联结，并且等电位联结导体不能与其他回路的保护导体、外露可导电部分或者外界可导电部分相联结。

（4）电气分隔回路的所有插座均需设有与等电位联结系统相联结的专用保护触头，所有软电缆都应含有可用作等电位联结导体的保护导体。

（5）对于由同一分隔电源不同极性分别供电的两个外露可导电部分发生故障的情况，保护器应在规定时间内（220V、0.4s，380V、0.2s）切断电源。

47. 安全电压限值和额定值

安全电压也称为安全特低电压，它可以将通过人体的电压限制在允许范围内。安全电压限值是指在任何运行情况下，在两导体之间不允许出现的最高电压值。国家标准规定安全电压限值为工频有效值 50V，直流 120V。该安全电压限值是根据人体允许电流为 30mA 和人体电阻为 1700Ω 的条件确定的。我国规定工频安全电压额定值有 42、36、24、12、6V 五个等级。注意，安全电压并非绝对安全，同样大小的安全电压使用在不同的场合，其危险程度是不相同的。

48. 根据不同的作业场所选择相应的安全电压

（1）在特别危险环境中使用手持电动工具时，应采用 42V 安全电压。

（2）在有电击危险环境中使用手持照明灯和局部照明灯时，应采用 36V 或 24V 安全电压。

（3）在金属容器内或特别潮湿环境中使用手持照明灯时，应采用 12V 安全电压。

（4）在水下环境中作业时，应采用 6V 安全电压。

（5）当采用 24V 以上的安全电压时，必须采取防止直接接触电击的防护技术措施。

49. 安全电压电源和回路的配置规定

（1）安全电压电源。通常由安全隔离变压器提供。安全隔离变压器的绝缘电阻、最高温升和容量不得超过表 4-3 和表 4-4 规定的数值。除安全隔离变压器外，具有同等隔离能力的发电机、蓄电池、电子装置，均可做成安全电压电源。

表 4-3　　安全隔离变压器的绝缘电阻与允许温升

最小绝缘电阻（MΩ）		最高温升（环境温度 35℃，℃）	
带电部分与壳体之间工作绝缘	2	金属握持部分	20
带电部分与壳体之间加强绝缘	7	非金属握持部分	40
输入回路与输出回路之间	5	金属非握持部分的外壳	25
输入回路与输入回路之间	2	非金属非握持部分的外壳	50
输出回路与输出回路之间	2	接线端子	35
Ⅱ类变压器带电部分与金属物体之间	2	橡皮绝缘	30
Ⅱ类变压器金属物体与壳体之间	5	聚氯乙烯绝缘	40
绝缘壳体上内、外金属物体之间	2		

表 4-4　　安全隔离变压器的允许额定容量与额定电压

类型	额定容量（kVA）	额定电压（V）
单相安全隔离变压器	10	50（交流），$50\sqrt{2}$（脉动直流）
三相安全隔离变压器	16	50（交流），$50\sqrt{2}$（脉动直流）
电铃用安全隔离变压器	0.1	24（交流），$24\sqrt{2}$（脉动直流）
玩具用安全隔离变压器	0.2	33（交流），$33\sqrt{2}$（脉动直流）

（2）回路配置。按电压高低分开配线，不同电压等级线路之间无相关电气联结，并不能与大地相连。变压器一、二次之间屏蔽隔离层按规定要求接地或接零。

（3）插座。安全电压插座与普通插座严格区分，防止其他电压等级的插头插入，并且插座不得带有接地或接零插孔。

（4）短路保护。安全电压电源的一、二次均应装设熔断器，过电流保护装置容量要足够大，并且不能采用自动复位装置。

50. 电气量限值防护技术措施的主要方面

电气量限值防护技术措施包括安全特低电压（SEVL）、保护特低电压（PEVL）和功能特低电压（FEVL）三方面的防护技术措施。特低电压（EVL）是指系统标称电压值不超过交流 50V 或不超过直流 120V。安全特低电压是指在正常情况下、单一故障情况下或者其他回路发生接地故障的情况下，系统电压均不会超过交流 50V。保护特低电压是指在正常情况下或单一故障情况下，系统电压不会超过交流 50V。功能特低电压是指不能满足安全特低电压和保护特低电压两方面要求的情况下，系统电压不会超过交流 50V。

51. 采用 SEVL 系统和 PEVL 系统应注意的安全事项

（1）SEVL 系统和 PEVL 系统的电源必须是符合要求的安全隔离变压器或者与之安全

程度等同的电源。

（2）在正常情况和故障情况下的交流电压均不能超过50V，SEVL系统二次侧不能接地，PEVL系统二次侧必须接地。

（3）SEVL和PEVL回路的带电部分之间以及与其他回路之间应进行电气分隔，并且不能低于安全隔离变压器输入回路与输出回路之间的分隔水平。

（4）SEVL和PEVL回路的导体应与其他回路的导体分开布置，必要时加装非金属封闭护套。

（5）SEVL和PEVL回路的插头和插座应当专用，不能与其他电压系统的插座和插头互用，其插座内应设有保护导体触头。

（6）SEVL回路的带电部分不应与大地、其他回路的带电部分或保护导体相联结；外露可导电部分不应接地，也不应与外界可导电部分、其他回路的外露可导电部分或者保护导体相联结。

（7）PEVL回路的外露可导电部分可以通过保护导体接地或者联结到总等电位联结的总接地端子上。

（8）标称电压超过交流25V或直流超过60V的SEVL回路以及PEVL回路，应采用直接接触防护技术措施。

52. 采用FEVL系统应注意的安全事项

FEVL系统应用于不需要采用SEVL系统和PEVL系统的场合或者即使采用SEVL和PEVL仍不能满足使用要求的场合（如含有变压器、继电器、控制电器等的回路）。FEVL回路的直接接触防护应采用绝缘、遮栏或外护物等技术措施，间接接触防护应采用自动切断电源（设备外露可导电部分与一次侧回路保护导体相联结）、电气分隔（设备外露可导电部分与一次侧回路不接地等电位联结导体相联结）等技术措施。FEVL回路的插座和插头应当专用，不能与其他回路的插头和插座互用，其插座内应设有保护导体触头。

53. 防止双电源及自发电用户倒送电措施

双电源用户是指由电力部门供给两个电源的用户。自发电用户是指除由电力部门供给主电源外，又具备自备发电设备的用户。低压自发电用户正常情况下从电网受电，当电网供电中断时，即开启发电机给全部或部分负载供电。开机前如果未断开电网进线开关，就会造成倒送电。低压自发电用户面广量大，给管理工作带来了较大的困难。由于防止倒送电的技术装置不完善，在倒电操作中往往发生误操作，造成向电网倒送电，直接威胁电网检修人员的安全，后果十分严重。

要防止双电源及自发电用户向电网倒送电，必须落实组织措施和技术措施。组织措施是从制度上来防止倒送电事故的发生。技术措施是从设备上采取一定的技术改进措施，使设备本身就具有防止发生倒送电的功能。

（1）防止双电源及自发电用户倒送电的组织措施。

1）装设双电源条件。凡属于下列条件之一的，属于一级负荷，应由两个电源供电：

a. 中断供电将造成人身伤亡时。

b. 中断供电将在政治、经济上造成重大损失时。

c. 中断供电将影响有重大政治、经济意义的用电单位的正常工作。

2）装设应急电源条件。在一级负荷中，当中断供电将发生中毒、爆炸和火灾等情况的负荷，以及特别重要场所的不允许中断供电的负荷，应视为特别重要负荷。

一级负荷中特别重要负荷，除由两个电源供电外，还应增设应急电源。这里的应急电源是指：

a. 独立于正常电源的发电机组。

b. 供电网络中独立于正常电源的占用的馈电线路。

c. 蓄电池。

d. 干电池。

3）双电源及自发电用户核准。凡是具备双电源及自发电条件的用户，如果要求装设双电源或自发电时，必须履行严格的核准手续。其审批程序为：

a. 申请。要求双电源或自发电用户，须向当地供电企业提交书面申请，说明理由，必要时应提供生产工艺流程及上级主管部门下达的有关文件、资料等。

供电企业接到申请后，应进行登记，并将双电源、自发电用户申请表交给用户。用户按照申请表的填写内容逐一填好后再交回供电企业。

b. 调查。供电企业收到用户填好的申请表后，应及时派人去现场调查、了解，并提出调查意见。

c. 核准。根据国家有关规定和调查结果，供电企业应及时研究有关事宜。核准后由客户服务部门答复用户。

4）双电源及自发电用户管理。做好双电源及自发电用户的管理，是防止双电源及自发电用户倒送电的组织措施。其主要管理工作有：

a. 供用电双方签订安全用电协议。双电源及自发电用户在供电前，应与供电企业签订安全用电协议。协议内容包括明确双方的安全职责；要求用户必须遵守的操作制度和必须安装的防止倒送电的技术装置；严禁私拉乱接，严禁在本单位内随意扩大双电源、自发电的供电范围，更不得向外单位转供电等。安全用电协议应在用户配电室保存一份。

b. 制定操作制度。制定操作制度的目的是为了防止在倒电操作中发生错误。因此必须具体明确，并严格执行。凡是违反操作制度者，按约定追究违约责任。

c. 坚持定期检查。双电源及自发电用户接电前，电力部门应派人去现场验收。检验合格后方可接电。严禁未经检验合格就私自接电。

为了随时掌握双电源及自发电用户的具体情况，电力部门还应定期进行检查，做到经常化、制度化。对不合格的双电源及自发电用户应严肃处理。

d. 做好技术管理。所有双电源及自发电用户，都要进行登记，建立台账，并绘制双电源及自发电用户的电气主接线图。图上应标明电源接线方式及防止倒送电技术装置的电气接线。当电气接线改变时，应及时修改电气主接线图，并报送电力部门。

（2）防止双电源及自发电用户倒送电的技术措施。

1）防止低压双电源用户倒送电的技术措施。

为了防止低压双电源用户向电网倒送电，最简单、最经济、最可靠的方法是在电源进

线回路上安装双投隔离开关。

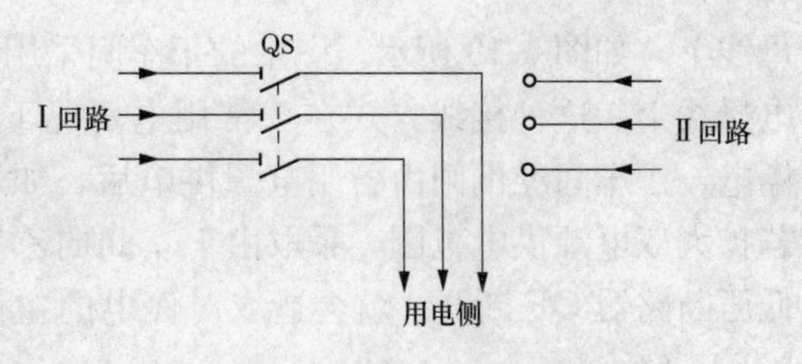

图 4-16　双投隔离开关接线图

a. 对于用电负荷很小的用户，往往采用隔离开关作为控制设备。在这种情况下，可以在电源进线回路上直接安装双投隔离开关，如图 4-16 所示。当用户由Ⅰ回路受电时，将双投隔离开关 QS 投向Ⅰ回路侧；由Ⅱ回路受电时，将双投隔离开关投向Ⅱ回路侧。在安装双投隔离开关时，一定要将用电侧接在双投隔离开关的中间接线柱上。

b. 当以低压断路器作为控制设备时，仍可在总的电源进线回路上安装双投隔离开关。但此时双投隔离开关仅作空载情况下倒换电源用，而停、送电操作则由低压断路器来进行。大致可采用以下两种接线方式：

a. 双投隔离开关安装在低压断路器前侧，如图 4-17 所示。

该接线方式的优点是只需要安装一个电源低压断路器，较经济；缺点是当低压断路器检修时，将使全厂用电中断。其倒闸操作顺序：先断开低压断路器 QF，然后将双投隔离开关 QS 由主供电电源回路（Ⅰ回路）倒向备用电源回路（Ⅱ回路），随后再合上 QF。

b. 双投隔离开关安装在低压断路器后侧，如图 4-18 所示。

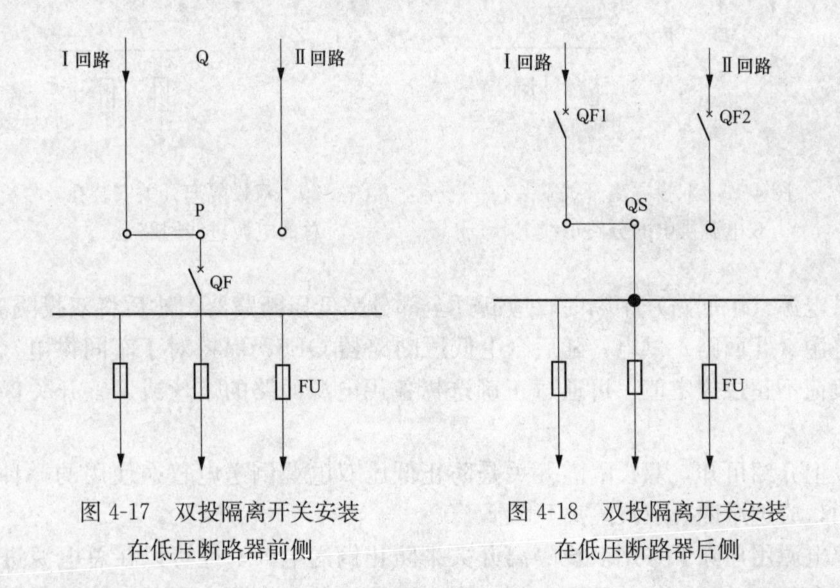

图 4-17　双投隔离开关安装在低压断路器前侧

图 4-18　双投隔离开关安装在低压断路器后侧

该接线方式的特点是需要安装两个电源低压断路器；当任一电源低压断路器检修时，不会影响正常供电。其倒闸操作顺序：若原来由Ⅰ回路供电，Ⅱ回路备用，当需要由Ⅰ回路倒由Ⅱ回路供电时，先拉开Ⅰ回路断路器 QF1，然后将双投隔离开关 QS 倒向Ⅱ回路侧，随后再合上Ⅱ回路的低压断路器 QF2。

上述两种情况虽然能可靠地防止倒送电，但双电源用户的情况是十分复杂的，并不都像前面所介绍的那样。例如有许多双电源用户仅是对部分负载采用双电源供电。对于这种用电方式，如处理不当，往往容易发生倒送电，因此必须特别引起注意。

对于部分负载采用双电源供电的单位，不得将双投隔离开关安装在双电源供电的分路母线上，如图 4-19 所示。图中的丁车间采用双电源供电，双投隔离开关安装在该车间的馈电母线上。这种接线方式在正常用电情况下不会发生倒送电，但当主供电电源（Ⅰ回路）停电，丁车间经倒闸由备用电源供电后，如乙车间有特殊任务需要用电（用电负荷较小），若扩大双电源供电范围，采取由丁车间向乙车间临时转供电，如果由于疏忽而未将相应的低压断路器 QF 断开，就会造成对停电的主供电线路（Ⅰ回路）倒送电。这类倒送电事故屡见不鲜。

为了防止上述倒送电事故的发生，应遵循这样一条原则：即使备用电源仅给部分负载供电，在接线上也应按总的备用电源进行考虑。双投隔离开关应安装在总的电源进线回路上，如图 4-20 所示。

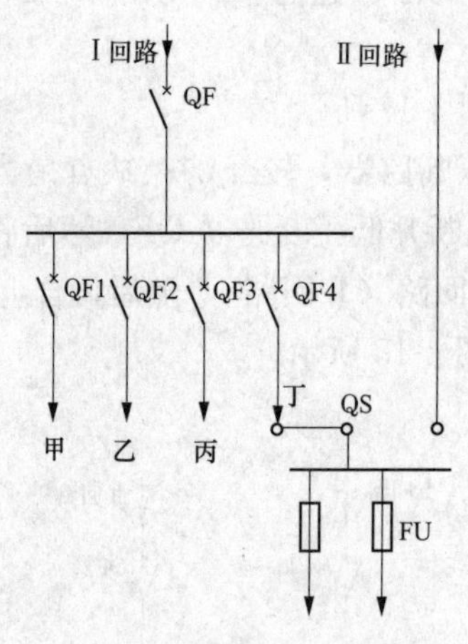

图 4-19　双投隔离开关安装在双电源供电的分路母线上

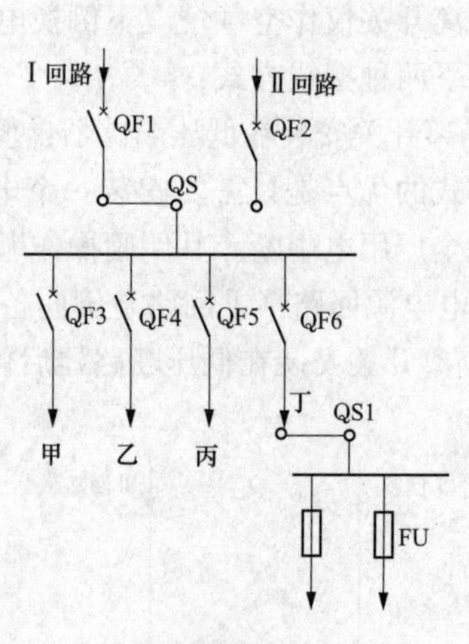

图 4-20　双投隔离开关安装在总的电源进线回路上

当主供电源（Ⅰ回路）中断时，应断开全部分路低压断路器，然后将双投隔离开关 QS 倒由备用电源（Ⅱ回路）供电，随后合上低压断路器 QF6，保持对丁车间供电。为控制备用电源的负荷不超过规定值，可通过正确选择备用电源回路的熔丝或调整开关保护定值来实现。

通过以上介绍可知，双投隔离开关是防止低压双电源倒送电普遍使用的一种电器。在实际使用中，应选用四极双投隔离开关。

低压双电源用户除了采用双投隔离开关来防止倒送电外，还可以在总电源进线回路上安装具有失电压自动脱扣的低压断路器，同时还要安装一个隔离开关，使其与电源有一个明显的断开点。这样，当主供电源供电中断后，开关即由于失电压而自动跳开，切断可能向外倒送电的电路。为了防止低压断路器由于机构失灵在电源中断后并未断开，所以当主供电源中断后，必须检查电源进线低压断路器已断开并拉开隔离开关后，才能倒闸由备用电源供电。

2）防止自发电用户倒送电的技术措施。

a. 低压供电的自发电用户。当自发电用户从低压电网受电时，即为低压供电的自发电用户。如果把自备发电机看作一个电源，即自发电用户就相当于低压双电源用户。上面所介绍的防止低压双电源用户倒送电的措施，完全适用于低压供电的自发电用户，不再重复

介绍。但必须强调指出，无论自发电源是供给全部负载还是部分负载，甚至于极少部分负载，均应把自发电源作为一个总的备用电源回路来处理。低压用电单位的供电范围一般都比较小，要做到这一点并不困难。

b. 高压供电的自发电用户。当自发电用户从高压配电网络受电时，即为高压供电的自发电用户。该类用电单位的特点是：其本身是高压供电用户，但又具备低压自发电源（自发电一般是低压的），因此它是一种高、低压混合的双电源用户。绝大多数的自发电用户都属于这一类型。

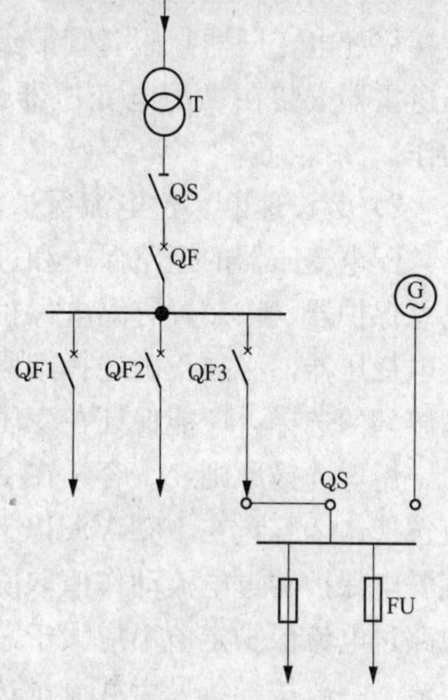

图 4-21　双投隔离开关安装在分路母线上

高压供电的自发电用户，由于它的自发电是低压电源，因此防止倒送电的措施一般从低压入手。这样，就可以把高压供电的自发电用户作为低压双电源用户来处理。所以防止低压双电源用户倒送电的措施也同样适用于高压供电的自发电用户。所不同的是，当总的用电量较大时，由于自发电只能供给其中很小一部分负载用电，这样，把自发电源视作总的备用电源来处理就会有困难，则可以按局部双电源供电的情况来进行处理，但还是有发生倒送电的危险，因此必须在配电变压器低压侧装设一个具有失电压自动脱扣的总低压断路器，如图 4-21 所示。

当电网供电突然中断时，低压断路器 QF 即由于失电压而自动跳开，把可能向电网倒送电的总电路断开，从而可以防止意外地发生倒送电。为了防止因开关机构失灵，在电网供电中断时低压断路器并未自动跳开而造成倒送电，所以在开启发电机之前，必须检查低压断路器是否确已断开。只有在断开低压断路器 QF 并拉开与电网电源隔离的隔离开关 QS 后才能开机，千万不能粗心大意。

54. 配电变压器运行中安全保护措施

配电变压器是配电系统中根据电磁感应定律交换交流电压和电流而传输交流电能的一种静止电器。配电变压器通常安装在电线杆上、台架或配电站中，一般将 6～10kV 电压降至 400V 左右输入用户。配电变压器运行是否正常，直接影响用户生产和生活用电，并关系到用电设备的安全。为了保证用户用上优质、安全的电，必须保证配电变压器运行正常。

（1）保护配置技术方面。

1）装设避雷器保护、防止雷击过电压。

配电变压器的防雷保护，采用装设无间隙金属氧化物避雷器作为过电压保护，以防止由高低压线路侵入的高压雷电波所引起的变压器内部绝缘击穿，造成短路，杜绝发生雷击破坏事故。采用避雷器保护配电变压器时，①要通过正常渠道采购合格产品，安装投运前要经过严格的试验，达到运行要求后再投运。②对运行中的设备定期进行预防性试验，对于泄漏电流值超过标准值的不合格产品及时加以更换。③定期进行变压器接地电阻检测，对 100kVA 以下的配电变压器要求接地电阻必须在 10Ω 以内。如果测试值不在规定范围内，应采取延伸接地线，增加接地体及物理、化学等措施使其达到规定值，每年的 4 月和 7 月进行两次接地电阻复测，防止焊接点脱焊、环境及其他因素导致接地电阻超标。如果变压器接地电阻超标，雷击时雷电流不能流入大地，反而通过接地线将雷电压加在配电变压器低压侧再反向升压为高电压，将配电变压器烧毁。④安装位置选择应适当，高压避雷器安装在靠配电变压器高压套管最近的引线处，尽量减小雷击直接侵入配电变压器的机会；低压避雷器安装在靠配电变压器最近的低压套管处，以保证雷电波侵入配电变压器前正确动作。

2）装设速断、过电流保护，保证有选择性地切除故障线路。

配电变压器的短路保护和过载保护由装设于配电变压器高压侧的熔断器和低压侧的漏电总保护器（该装置有漏电保护和配电变压器低压过电流保护）来实现。为了有效地保护配电变压器，必须正确选择熔断器的熔体（熔丝、熔片等）及低压过电流保护定值。高压侧熔丝的选择，应能保证在变压器内部或外部套管处发生短路时被熔断。

熔丝选择原则：①容量在 100kVA 及以下的配电变压器，高压熔丝按 2～2.5 倍额定电流选择；②容量在 100kVA 以上的配电变压器，高压熔丝按 1.5～2 倍额定电流选择。低压侧漏电保护器过电流动作值取配电变压器低压侧额定值的 1.3 倍，配电变压器低压各分支线路过电流保护定值不应大于总保护的过电流动作值，其值应小于配电变压器低压侧额定电流。一般按导线最大载流量选择过电流值，以保证在各出线回路发生短路或输出负载过大，引起配电变压器过负荷时能及时动作，切除负载和故障线路，实现保护配电变压器的目的。同时满足各级保护的选择性要求。低压分支回路短路故障时，分支回路动作，漏电总保护器过电流保护不动作；低压侧总回路故障或短路时，低压侧漏电总保护过电流保护动作；低压侧总回路故障或短路时，低压侧漏电总保护器过电流保护动作，高压侧熔体不应熔断；变压器内部短路故障时，高压侧熔体熔断，上一级变电站高压线路保护装置不应动作跳闸，保证配电网保护装置正确分级动作。配电变压器高压侧熔体保护材料一定要按标准配备，坚决杜绝用铜、铝等金属导体替代熔断器熔体。

（2）日常运行管理方面。

1）加强日常巡视、维护和定期测试。

a. 进行日常维护保养，及时清扫和擦除配电变压器上的油污和高低压套管上的尘埃，以防气候潮湿或阴雨对污闪放电，造成套管相间短路，高压熔断器熔断，配电变压器不能正常运行。

b. 及时观察配电变压器的油位和油色，定期检测油温，特别是负荷变化大、温差大、气候恶劣的天气应增加巡视次数，对油浸式配电变压器运行中的顶层油温不得高于 95℃，温升不得超过 55℃，为防止绕组和油的劣化过速，顶层油的温升不宜经常超过 45℃。

c. 摇测配电变压器的绝缘电阻，检查各引线是否牢固，特别要注意的是低压出线连接处接触是否良好、温度是否异常。

d. 在用电高峰期，加强对每台配电变压器的负荷测量，必要时增加测量次数，对三相电流不平衡的配电变压器及时进行调整，防止中性线电流过大烧断引线，造成用户设备损坏，配电变压器受损。联结组别为 Yyn0 的配电变压器，三相负荷应尽量平衡，不得仅用一相或两相供电，中性线电流不应超过低压侧额定电流的 25%，力求使配电变压器不超载、不偏载运行。

2）防止外力破坏。

a. 合理选择配电变压器的安装地点，配电变压器安装既要满足用户电压的要求，又要尽量避免将其安装在荒山野岭，也不能安装在远离居民区的地方，以防不法分子偷盗。安装位置太偏僻不利于运行人员的定期维护，也不便于工作人员的管理。

b. 避免在配电变压器上安装低压计量箱，因长时间运行，计量箱玻璃损坏或配电变压器低压桩头损坏，若不能及时进行更换，致使雨水等原因烧坏电能表引起配电变压器受损。

c. 不允许私自调节分接开关，以防分接开关调节不到位发生相间短路而烧坏配电变压器。

d. 在配电变压器高低压端加装绝缘罩，防止自然灾害和外物破坏，在道路狭窄的小区和动物出入频繁的森林区加装高低压绝缘罩，防止配电变压器接线桩上掉东西使低压短路而烧毁配电变压器。

e. 定期巡视线路，砍伐线路通道，防止树枝碰在导线上引起低压短路烧坏配电变压器。

综上所述，要使配电变压器保持长期安全可靠运行，除加强提高保护配置技术水平之外，在日常的运行管理方面同样也十分重要。作为配电变压器运行管理人员，一定要做到勤检查、勤维护、勤测量，及时发现问题及时处理，采取各种措施来加强配电变压器的保护，防止出现故障或事故，以保证配电网安全、稳定、可靠运行。

55. 配电线路安全运行的防范措施

配电线路是县级电力企业的重要命脉，对用电客户的生产、生活至关重要，怎样做到配电线路既要安全供电、安全无事故，又要布局合理、经济运行。理论和实践证明，应做到如下的维护改进和防范措施。

（1）运行、维护方面的改进。

1）推广使用节能型配电变压器。充分了解和掌握本地供电辖区设备状况，了解现有的旧变压器情况，在农网升级改造中，更换成 S10 或 S11 型节能变压器。

2）完善配电网络。首先加强配电线路结构的调整，使布局更趋合理。由于线路输送负荷的增加，加上原线路导线截面积较小，已满足不了需求，可以更换截面积较大的导线，或加装复导线来增大线路的输送容量，同时也可起到降低线损的作用。

3）加强配网电压质量管理。在无功功率充足的地方，加装能升高电力网运行电压水平的设备。一般允许不超过额定电压的 10%。因此，电力网运行时，应尽量提高运行电压允许值，以降低功率损耗。但必须注意，在系统中无功功率供应紧张时，用调整变压器分接开关的办法来提高配电网电压，将会使负荷的无功功率损耗增加。

4）提高供电可靠性。在检修期间，应尽量减少停电的配电线路条数，可采用线路分片检修法、带电检修法等。这样，既提高了供电的可靠性，又提高了配电网运行的经济性。

5）尽量避免电能在配电网中的损耗。配电网在实际运行中，由于带电设备绝缘不良而有漏电损耗。这种损耗可以通过加强配电网的维护来降低。

（2）安全运行的防范措施。

1）对天气因素可能引发的电网故障及事故隐患要提前防范。由于四季天气变化较大，特别是秋、冬季大风较多，断树枝、塑料袋等掉落在导线上，或向导线上抛掷金属物，都可能会引起导线的相间短路故障。另外，吊车在配电线路下面作业时，也可能会引起线路短路或断线事故。因此按照规程规定，应在交叉、跨越处增大导线间隔距离。

2）巡视线路时，若发现同一档距内的导线垂度不相同，要及时整改。如果导线垂度不同，大风对各导线的摆动也会不同，导致导线相互碰撞造成相间短路，所以除在施工中严格把关，使三相导线的垂度达到规定标准外，还要按规程规定的周期巡视线路，发现问题要及时处理。

3）防止雾气、积雪、结冰及有害气体引发线路故障。由于受其影响致使导线容易锈蚀。在巡视中发现导线严重腐蚀，应予以及时处理。

4）防止绝缘子闪络故障。线路上如装不合格、老化的绝缘子，受外力破坏，在工频耐压作用下就会发生闪络击穿。对此在巡视中，发现有闪络痕迹或裂纹、破损的瓷绝缘子时应立即更换，而且更换的绝缘子必须经耐压试验合格。

5）提前采取措施，防止倒杆事故。由于配电线路多在城乡的主干道上，水泥电杆遭受外力碰撞的事故时常发生。为切实避免此类事故的发生，要在交叉道口或重点路段和易发生倒杆事故处，给水泥电杆加装保护基座。

（3）预防架空输电线路事故措施。

为预防架空输电线路事故的发生，确保电网安全、可靠运行，结合近年来全国各地电网预防输电线路事故措施的实际情况，普遍采用如下措施：

1）预防架空输电线路倒杆塔事故措施。

a. 预防不稳定地质条件引起的倒塔事故措施。

a）新建线路路径应避开矿场采空区。对不能避开矿区的线路，在设计阶段，应考虑开采范围及采空区的地质条件，选用合理的杆塔型式，采取综合预防措施防止倒塔事故发生。

b）对于不均匀沉降可能导致杆塔倾斜、沉陷的地段，设计时应采用大板基础或其他有效措施。

c）对已发生倾斜的杆塔应加强监测，一旦倾斜超标，应及时采取纠偏、换塔改线等措施。

d）对处于水土流失、洪水冲刷、山体滑坡、泥石流等地段的杆塔，应采取加固基础、修筑挡土墙（桩）、截（排）水沟、改造上下边坡等措施，必要时改迁路径。

e）对于处于河网、沼泽、鱼塘等区域的杆塔，应慎重选择基础型式，其基础顶面应高于最高水位。

b. 预防拉线塔倒塔事故措施。

a）新建220kV及以上电压等级的线路不宜采用拉线塔。在人口密集区、重要交叉跨越、靠近道路处不应采用拉线塔。对于运行中线路靠近道边的杆塔，应在拉线周围采取防护措施。

b）220kV及以上电压等级线路拉V塔、内拉门塔连续基数不宜超过3基，其他拉门塔连续基数不宜超过5基。

c）加强对拉线塔的保护和维修，除拉线塔本体需采取防盗措施外，拉线下部也应采取可靠的防盗、防割措施。

c. 做好输电线路杆塔防洪、防汛设计，输电线路应按50年一遇防洪标准进行设计，对可能遭受洪水、暴雨冲刷的杆塔应采取可靠的防汛措施；铁塔的基础护墙要有足够强度，基础外边坡应留有足够的安全距离，并有良好的排水措施。要加强对铁路基础的检查和维

护，对由于取土、挖沙等可能危及杆塔基础危险的现象，要及时制止并采取相应的防范措施。

d. 严格按设计、施工验收规范、运行规程以及现行的有关规定进行线路施工和验收。塔材、金具、绝缘子、导线等材料在运输、存放和施工过程中，应妥善加以保管，严防导地线挤压产生宏观压痕。隐蔽工程应经监理人员或运行人员验收合格后方可施工，否则不得转序进行杆塔组立和放线。

e. 加强对线路杆塔的检查巡视，发现问题后应根据缺陷类别在规定的时间内消除。线路遭受恶劣天气时应组织人员进行特巡，当导地线发生覆冰、舞动时应做好观测记录（如录像、拍照等），并对杆塔和金具等进行螺栓松动、金具磨损等专项检查。

f. 铁塔防盗设计要实用、有效，防盗高度不低于 8m，防止由于塔材被盗而造成倒塔事故。

g. 加强铁塔构件、金具等设备腐蚀的观测。对于运行年限较长、锈蚀严重的铁塔及水泥杆钢箍、拉线、金具等应按照规格要求及时进行防腐处理或更换。

h. 制定倒杆塔事故抢修预案，并在材料储备和人员组织各方面加以落实。运行维护单位应按分级储备、集中使用的原则，储备一定数量的事故抢修杆塔。

2）预防架空输电线路断线和掉线事故措施。

a. 线路设计应充分考虑预防导地线断线和掉线的措施，导地线、金具以及绝缘子选用时在结构型式、安全系数等方面均应提出明确要求。在风振严重地区，导地线线夹应选用耐磨加强型线夹。

b. 架空地线的选择，应满足设计规程的一般规定，通过短路热稳定校验，确保架空地线具有足够的通流能力，且温升不超过允许值。

c. 导、地线接续金具及绝缘子金具组合中各种部件的选用，应符合相关标准和设计的要求，与横担连接的第一个金具宜提高一个强度等级。对在运线路，应加强连接金具、接续金具及耐张线夹的检查和维护工作，发现问题及时更换，接续金具不允许采用爆压方式连接。

d. 对于重要的直线型交叉跨越塔，包括跨越 110kV 及以上线路、铁路、高等级公路和高速公路、通航河道等，应采用自立塔和独立挂点的双悬垂绝缘子串结构，档内导地线不允许有接头。运行中的线路，凡不符合上述要求的应进行技术改造。

e. 积极应用红外测温技术，监测接续金具、引流连接金具、耐张线夹等的发热情况，发现问题及时处理。加强运行巡视，高温、大负荷期间应增加夜巡，发现导、地线断股应及时处理或更换。

f. 加强对大跨越线路的运行管理，按期进行导、地线测振工作，发现动、弯变值超标应及时进行分析，查找原因并妥善处理。

g. 加强对导、地线悬垂线夹承重轴磨损情况的检查，磨损断面超过 1/4 以上的应予以更换。

h. 新建线路不应使用 W 销。在年度综合检修工作中，应认真检查锁紧销的运行状况，对锈蚀严重及失去弹性的应及时更换。

i. 加强零值、低值或破损瓷绝缘子的检查，防止在线路故障情况下因钢帽炸裂导致掉线事故。

j. 加强对导、地线腐蚀情况的检查，在腐蚀严重地区，应采用耐腐蚀导、地线。必要时对腐蚀严重的导、地线进行鉴定性试验。

3）预防架空输电线路雷击跳闸事故措施。

a. 设计阶段应因地制宜开展防雷设计，适当提高输电线路防雷水平。新建 220～500kV 线路沿全线架设双根架空地线，架空地线的保护角应符合规程要求，对 500kV 线路及重要电源线，防雷保护角应不大于 10°，山区段线路尽量采用小保护角，坡度较大地区宜采用负保护角。

b. 加强对绝缘架空地线放电间隙的检查与维护，确保动作可靠。

c. 严格控制架空地线复合光缆（OPGW）的选用及施工环节，确保外层线股的材质、强度等参数，OPGW 应选取外层单丝直径 3.0mm 以上多层绞制的铝包钢绞线；加强对 OPGW 的检查与维护，特别关注外层线股断股问题，发现问题及时处理。

d. 根据不同地区雷电活动的剧烈程度，在满足风偏和导线对地距离要求的前提下，可适当增加绝缘子片数或加长复合绝缘子结构长度，对复合绝缘子可在其顶部（接地端）增加大盘径空气动力型绝缘子，以提高线路的耐雷水平。

e. 充分利用目前已有的雷电定位系统，掌握输电线路附近雷电活动规律，确定雷害多发区。对雷击跳闸较频繁的线路，找出易击点和易击段，采取综合防雷措施（包括降低杆塔接地电阻、改善接地网的敷设方式、适当加强绝缘、增设耦合地线、安装可控避雷针、使用线路型带串联间隙的金属氧化物避雷器等手段）降低线路的雷击跳闸率和事故率。

f. 采取降阻措施须经过技术经济比较，在土壤电阻率较高的地段，可采用增加垂直接地体、加长接地带、改变接地形式等措施，原则上不使用化学降阻剂。

4）预防复合绝缘子闪络和脆断事故措施。

a. 做好复合绝缘子招标、监造、运输、施工及验收等环节的技术监督工作，确保复合绝缘子的质量。

b. 在选购复合绝缘子时，可抽检厂家产品进行端部密封渗透试验以及芯棒应力腐蚀试验。

c. 复合绝缘子相对易于破损，在安装和检修作业时应避免损坏复合绝缘子的伞裙、护套及端部密封。

d. 在安装、验收装有复合绝缘子的线路工程时，要特别注意是否有均压环反装情况，对发现的问题要立即纠正。

e. 使用复合绝缘子进行防污调爬时，应综合考虑线路的防雷、防风偏、防鸟害等性能。

f. 加强运行中复合绝缘子的检查。

a）年度综合检修时应近距离观察复合绝缘子表面状态，观察伞套表面是否出现粉化、裂纹、电蚀等老化现象，伞裙是否破损、变形，端部金具连接部位是否出现明显的滑移和附件腐蚀等情况，对护套和端部密封有问题的应及时更换。

b）对于已闪络的复合绝缘子，应进行更换并及时测定表面憎水性，以免测试时间滞后使憎水性测试不准确而失去判断复合绝缘子跳闸原因的重要参数。

c）投产或更换 5 年后每 2 年应换下一定比例的复合绝缘子做全面性能试验，特别是憎水性、机械强度和端部密封情况的检查。抽检试验应以 DL/T 864—2004《标称电压高于 1000V 交流架空线路用复合绝缘子使用导则》为主要依据，抽检试验中应增加水扩散试验。

对于已明显老化、不能确保安全运行的产品批次应及时更换。

5）预防外力破坏事故措施。

a. 发现有危害线路安全运行的单位和个人，及时递交“整改通知书”并督促其整改。积极配合当地公安机关及司法部门严厉打击破坏、盗窃、收购线路器材的犯罪活动。

b. 积极取得当地政府部门的支持，加强对线路保护区的整治工作，严禁在保护区内植树、采矿、建造构筑物等，保证线路通道满足安全运行要求。加强输电线路走廊的巡视和维护，电力线路与树木间的距离应符合《电力设施保护条例》的有关规定。距离不足者，应督促有关部门按规定及时砍伐，严防由于树木与电力线路距离不够引起放电事故。

c. 依靠群众搞好护线工作，建立并完善群众护线制度，落实群众护线员的保线、护线责任。

d. 在线路保护区或附近的公路、铁路、水利、市政施工现场等可能引起误碰线路的区段，应设立限高警示牌或采取其他有效警示手段，并做好保线、护线的宣传工作，要加强线路巡视工作，防止吊车等施工机具刮碰导线引起跳闸或断线事故。

e. 严禁在线路附近烧荒、烧秸秆、放风筝等，一旦发现应立即制止。

f. 严禁在距线路周围500m范围内（指水平距离）进行爆破作业。因工作需要必须进行爆破作业时，应按国家有关法律法规，采取可靠的安全防范措施，确保线路安全，并征得线路产权单位或管理部门的书面同意，根据政府有关管理部门批准。另外，在规定范围外进行的爆破作业也必须确保线路的安全。

g. 燃（油）气输送管道距地网末端不小于20m，管道穿越线路时，导、地线不应有接头。新建建筑或设施（如输气管道、铁路、输电线路等）与高压输电线路发生交叉、跨越或间距过小而影响电网安全运行或带来安全隐患时，应及时制止并采取必要的整改措施。

6）预防导（地）线履冰、舞动事故措施。

a. 设计单位应加强沿线气象环境资料的调研收集工作，全面掌握特殊地形、特殊气候区域的资料，充分考虑特殊地形、气象条件的影响，应尽量避开重冰区及易发生导线舞动的地区。

b. 对易覆冰、风口、高差大的地段，应合理选取杆塔型式及强度。对重冰区线路可适当增加耐张塔的使用比例，减小杆塔挡距或适当增加导（地）线、金具等的承载能力。在覆冰严重地区，应适当设置观冰站。

c. 覆冰季节前应对线路做全面检查，消除设备缺陷，落实除冰、融冰和防止导地线脱冰跳跃、舞动的措施。对设计冰厚取值偏低、抗冰能力弱而又未采取防履冰措施的位于重冰区的线路，应逐步进行改造，尤其是跨越峡谷、风道等的高海拔地区线路，使其具备相应的抗冰能力。

d. 对覆冰厚度超过设计冰厚的线路，应采取以下措施消除导线上覆冰和防止绝缘子覆冰闪络：

a）可根据线路运行情况分别采取大电流融冰法、机械除冰法、被动除冰法消除导线上的覆冰。

b）可结合线路改造分别采取增大绝缘子的伞间距离、改变绝缘子串的安装形式、在绝缘子串之间插入大伞径绝缘子等方式，防止绝缘子覆冰闪络，同时应加强对绝缘子串的清扫，保持绝缘子清洁，减少绝缘子表面的积污量，以降低绝缘子串发生冰闪的概率。

e. 舞动多发地区的线路，可采取以下预防措施：

a）已加装防舞装置的线路，应加强对防舞装置的观测和维护，对超过设计冰、风阈值发生的舞动应及时采取应对措施。

b）对已发生过舞动的线路，应及时进行检查和维修，并积极开展防舞研究，采取防舞措施（如加装防舞装置），以降低舞动发生的概率，减小舞动造成的损失。

c）未加装防舞装置的线路，舞动易发季节到来时，运行部门应加强观测，并制定应急预案。

d）加装防舞装置的同时应考虑防微风振动的要求，并进行必要的防振试验或现场测试，确保线路的安全运行。

7）预防鸟害闪络事故措施。

a. 输电线路要结合当地运行经验及时安装防鸟装置，加强线路的日常巡视检查，对线路杆塔上鸟窝要及时拆除。

b. 在鸟害多发地段，线路杆塔悬垂串第一片绝缘子，宜采用大盘径空气动力型绝缘子。

c. 对发生鸟害的线路，要及时根据鸟害情况采取安装防鸟刺等综合防鸟措施，防止鸟害事故。横担以上的鸟窝必须及时拆除。

d. 对已安装防鸟装置，要加强检查和维护。及时更换锈蚀、损坏或失效的防鸟装置。

8）预防风偏闪络事故措施。

a. 45°及以上转角塔的外角侧跳线串宜使用双串瓷或玻璃绝缘子，以避免风偏放电。15°以内的转角内外侧都应加装跳线绝缘子串。

b. 线路风偏故障后，要检查导线、金具、铁塔等受损情况，进行故障分析。对事故线路杆塔应请设计单位进行风偏校核，提出整改措施，以防止再次发生风偏事故。

c. 新建线路设计应结合已有的运行经验，对微气象区、特殊地形进行深入调查研究，对可能超过设计风速的地区，选用塔头空气间隙较大的杆塔。更换不同型式的悬垂绝缘子串后，要对风偏角重新校核。

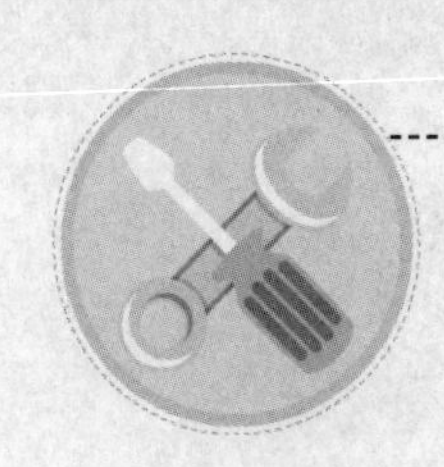

第 5 章　接地与等电位联结

1. 带电部分、危险电压和危险带电部分

带电部分是指呈现有电压（危险电压或非危险电压）的物体。带电部分既可以是导体，也可以是绝缘体。带电部分可以是物体的全部，也可以是物体的一部分。危险电压是指对人体能造成电击伤害的电压，一般指超过 50V 的交流电压或 120V 的直流电压。带有危险电压的物体称为危险带电部分。

2. 外露可导电部分和外界可导电部分

外露可导电部分是指组成电气装置和设备的外部金属材料部分，它是电气装置和设备不可分割的组成部分。外露可导电部分在正常情况下不带电，但是在基本绝缘损坏后会带电。外露可导电部分应根据供配电系统接地形式的具体条件与保护导体相联结。外界可导电部分是指电气装置和设备以外、与其无关联的金属物体，通常呈现局部的电位。外界可导电部分并非电气装置的组成部分，但易于引入电位。

3. 地及电气上“地”的概念

地是指地球及其所有自然物质，有参考地和局部地之分。参考地视为导电的大地部分，不受接地极影响，将其电位约定为零。局部地视为与接地极有电接触的部分，受接地极影响，其电位不一定为零。电气上的“地”是指电位等于零的参考地，通常在距离接地极 20m 以外的地点和区域。

4. 接地及其类型

接地是指将系统、装置或设备的外露可导电部分或者将外界可导电部分通过接地导体、接地极分为保护性接地和功能性接地两种类型。保护性接地是为了满足电气安全目的，将系统、装置或设备的一点或多点接地。功能性接地是为了满足除电气安全目的外的其他目的，将系统、装置或设备的一点或多点接地。

5. 中性导体、保护导体和保护中性导体

中性导体是指从电源端的中性点引出的、有正常工作电流通过的导体，它的单位可以是任意的，是为达到功能性目的而设置的用 N 表示。保护导体是指通过接地极与大地相联结的、无正常工作电流通过的导体，它的电位是相对安全的，是为达到安全目的而设置的，用 PE 表示。保护中性导体是指从电源端的接地中性点引出的、有正常工作电流通过的导

体，它具有保护导体和中性导体的双重功能，用 PEN 表示。

6. 工作接地及其作用

工作接地是指在 TN 系统中将变压器中性点进行接地，如图 5-1 所示。

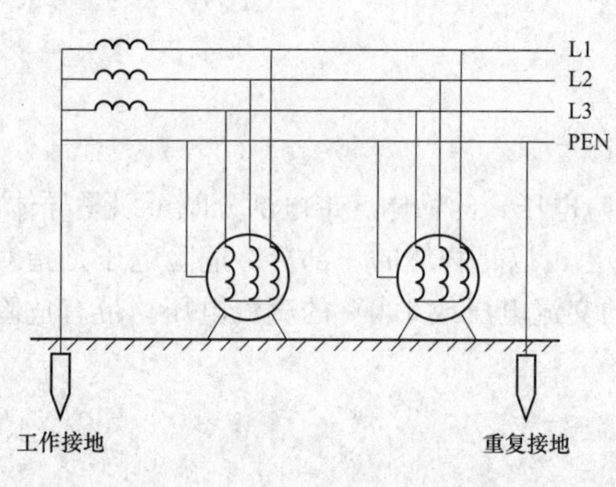

图 5-1 工作接地与重复接地

工作接地具有防止高压窜入低压、保持系统中性点电位稳定性（对地电压不大于 50V）、抑制电压升高（对地电压不大于 250V）等作用。如果没有工作接地，当 10kV 的高压窜入低压时，低压系统的对地电压可上升为 5800V 左右；如果没有工作接地，当发生一相接地故障时，中性点对地电压可上升到接近相电压的程度，另两相对地电压可上升到接近线电压的程度。一般情况下，要求 10kV/0.4kV 配电网工作接地的接地电阻应不大于 4Ω。

7. 重复接地及其作用

重复接地是指在 TN 系统中，将保护中性导体上一处或多处通过接地装置与大地再次联结的接地，如图 5-1 所示。重复接地一般与工作接地配合使用。当工作接地的接地电阻不大于 4Ω 时，重复接地的接地电阻应不大于 10Ω。

重复接地具有以下作用：

（1）减轻 PEN 线或 PEN 线意外断线或接触不良时设备外壳电压的危险性。

（2）减轻 PEN 线断线时负载中性点电位时漂移。

（3）降低故障持续时间内意外带电设备的对地电压。

（4）缩短故障持续时间，促使保护装置自动切断电源。

（5）改善架空线路的防雷性能。

8. 应当设置重复接地的场所

（1）在 TN 系统电源线路引入生产厂房和大型建筑物内的进户处（第一面配电装置）。

（2）在架空线路干线和分支线的终端处、在沿线路每 1km 处、在分支线长度超过 200m 处。

（3）在配线金属管与保护导体的联结处。

（4）在保护导体的分支处。

（5）当工作接地电阻超过 4Ω 或重复接地少于 3 次的场所。

9. 接地装置、接地体和接地线

接地装置是接地体（极）和接地线的总称。接地体（极）是指直接埋入土壤内并与大

地直接接触的金属导体（钢管、扁钢、圆钢等）以及各种自然接地体（金属管道、金属构件、钢筋混凝土基础等）。接地线是指联结在接地体和系统、装置或设备的外露可导电部分或者外界可导电部分之间的金属导线。接地体（极）和接地线都可以分为自然的和人工的两大类。

10. 可以用作自然接地体和自然接地线的金属物体

（1）以下金属物体可以用作自然接地体：

1）埋设在地下的金属管道（有可燃性或爆炸性介质的管道除外）。

2）金属井管。

3）与大地有可靠联结的建筑物及构筑物的金属结构。

4）水工构筑物及类似构筑物的金属桩、分流管等。

（2）以下金属物可以用作自然接地线：

1）建筑物的金属结构（梁、桩等）及设计规定的混凝土结构内部的钢筋。

2）生产用金属结构（起重机轨道或构架、电梯竖井、运输皮带钢梁、除尘器构件、配电装置外壳等）。

3）电缆的金属构架及铅、铝包皮（通信电缆除外）。

4）配线钢管。

11. 自来水管不宜用作自然接地体

自来水管有金属的，也有非金属的。埋入地下的非金属水管，显然不能用作自然接地体。埋入地下的金属水管，存在着许多接头，并且在接头部位填充着非导电性材料，接触电阻较大，影响电气通路的导电性。另外，在地下金属水管的接头部位很难装设跨接线。因此自来水管不宜用作自然接地体。

12. 利用自然接地体和接地线应注意的事项

用作自然接地体的金属物体，必须有着良好的导电通路。利用自然接地体和接地线时，应注意以下事项：

（1）自然接地体与接地线以及接地网（或接地干线）之间均须焊接，电气设备的接地线应至少有两根引出线在不同接地点与接地网（或接地干线）相联结。

（2）建筑物、构筑物的金属构件中，凡是用螺栓或铆钉联结处，必须用跨接线联结。用作接地干线的金属构件，跨接线应采用 100mm^2 的扁钢联结；用作接地支线的金属构件，跨接线应采用 48mm^2 的扁钢联结。建筑物、构筑物的伸缩缝处，应采用直径不小于 12mm 的钢绞线联结。

（3）地下金属管道的管接头和接线盒处，应采用直径 6mm 的圆钢（管径不大于 40mm）或截面积 100mm^2 的扁钢（管径不小于 50mm）进行跨接。

（4）电力电缆的铅包皮与接地体或电气设备外壳可采用卡箍联结，但联结前必须除掉铅包皮表面的锈层，在卡箍和铅包皮之间垫上 2mm 厚的铅带，然后再紧固。卡箍、螺栓、垫圈等应采用镀锌件。

（5）配线钢管的管壁厚度不得小于 1.5mm。

（6）自然接地体、接地线不能满足要求时，应再补装人工接地体、人工接地线。

13. 人工接地装置材料的要求规定

人工接地装置可以采用钢管、圆钢、角钢或扁钢等材料制成。按照机械强度要求，接地体和接地线的最小尺寸见表 5-1 和表 5-2。

表 5-1　钢质接地体和接地线的最小尺寸

材料类别		地上		地下	
		室内	室外	交流	直流
钢管壁厚（mm）		2.5	2.5	3.5	4.5
圆钢直径（mm）		6	8	10	12
角钢厚度（mm）		2	2.5	4	6
扁钢	截面积（mm^2）	60	100	100	100
	厚度（mm）	3	4	4	6

表 5-2　用于地面的铜、铝接地线的最小尺寸

材料类别	明设裸导线	绝缘导线	电缆接地线芯
铜线截面积（mm^2）	4	1.5	1
铝线截面积（mm^2）	6	2.5	1.5

14. 接地装置的埋设地点要求

（1）埋设地点应距离建筑物或人行道 3m 以外，否则应在埋设地点铺垫厚度不小于 50mm 的沥青地面。

（2）埋设地点应方便于接地装置的维护检修，并且不会妨碍到其他设备的拆装和检修。

（3）接地装置应远离辐射热源，并且土壤中不含有任何腐蚀性介质。

15. 正确埋设接地装置

埋设接地装置时，应参照以下方面进行：

（1）接地装置的焊接必须牢靠，无虚焊、脱焊等现象。

（2）将接地体的头部加工成锥形或尖状。

（3）在埋设处开挖 500～600mm 宽、1m 深的地沟。

（4）在地沟底部将接地体打入地下，留出 100～200mm 的端头，将接地线焊接在端头上。

（5）向接地体周围回填黏土，并夯实。

16. 接地体的安装要求

通常采用垂直接地体方式安装接地体，多岩石地区可采用水平接地体方式。接地体由两根以上的垂直组件（钢管、圆钢、角钢）组成。钢管的壁厚不应小于 2.5mm，圆钢直径不应小于 8mm，角钢厚度不应小于 4mm。接地体的埋设深度应大于 0.6m（农田 1m 以上）、并在冰冻层以下。垂直组件的长度取 2～2.5m，相邻间距为 4～5m。接地体的引出导线应超出

地面 0.3m 以上。接地体距独立式避雷针接地体 3m 以上，距建筑物地下墙基 1.5m 以上。

接地体的常见布置如图 5-2 所示。圆钢接地体的安装如图 5-3 所示。角钢接地体的安装如图 5-4 所示。

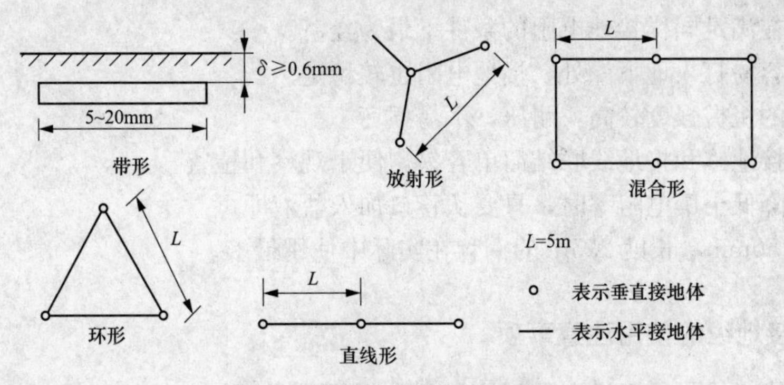

图 5-2　接地体常见布置示意图

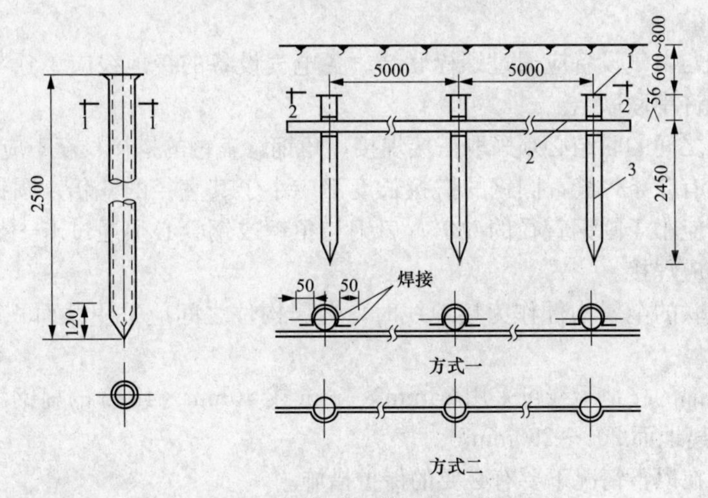

图 5-3　圆钢接地体安装示意图

1—镀锌钢板 100mm×100mm×6mm；2—镀锌扁钢 40mm×4mm；3—镀锌钢管 ϕ50mm

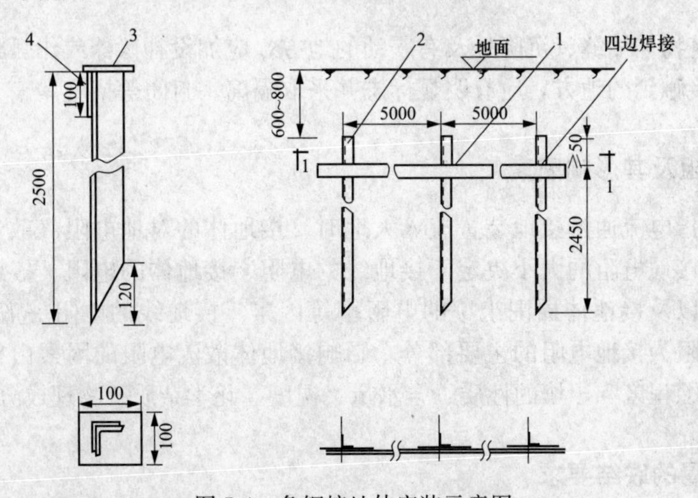

图 5-4　角钢接地体安装示意图

1—镀锌扁钢 40mm×4mm；2、4—镀锌角钢 50mm×50mm×5mm；3—镀锌钢板 100mm×100mm×8mm

17. 垂直接地体宜采用钢管

垂直接地体较多地采用钢管，原因如下：

（1）钢管在满足同样接地电阻的条件下最为经济。

（2）钢管容易打入地下深处，接地电阻也较稳定。

（3）钢管的机械强度较高，耐压，不易损坏。

（4）管形接地体和接地线联结简单容易，便于观察和检查。

（5）需要降低土壤电阻率时，只要从管口加入盐液即可。

（6）直径 50mm，长度 2.5m 的钢管在实际中使用最多。

18. 敷设接地线的使用注意事项

（1）接地线应尽量使用没有中间接头的整根导线或导体，接地干线与接地体之间至少有两处直接相连。

（2）接地线与电气设备应通过螺栓联结。各电气设备的接地线应单独与接地干线或接地体相连，不允许串联联结。

（3）接地线之间的联结必须采取搭接焊接。角钢、扁钢的搭接长度不应小于其宽度的 2 倍，并且至少要有 3 条焊缝；圆钢的搭接长度不应小于其直径的 6 倍；圆钢与角钢、扁钢的搭接长度也不应小于圆钢直径的 6 倍；扁钢与角钢或钢管必须通过卡子焊接，并且与卡子的接触部位均应焊接。

（4）利用串联的金属构件作为接地线时，金属构件之间应采用截面积不小于 $100mm^2$ 的钢材进行焊接。

（5）车间内部的接地干线可采用 25mm×4mm 或 40mm×4mm 的扁钢沿墙敷设，离墙面 10～15mm，离地面 200～250mm。

（6）接地线在以下情况下要有必要的保护措施。

1）穿过道路、墙壁、楼板等处应加金属保护套管，保护管的长度不能太短，管口需至少露出 30mm。

2）跨越建筑物伸缩缝、沉降处及有震动的地方，应加设补偿器或作弧状联结。

3）在容易接触到的地方，应有明显标志并采取隔离、封闭等措施。

19. 接地电阻及其影响因素

接地电阻是指电流通过接地装置流入大地时，接地体的对地电阻（散流电阻）和接地线电阻的总和。接地电阻的大小决定于接地线的电阻、接地体的电阻、接地体表面与土壤之间的接触电阻以及接地体周围土壤的电阻率等因素。接地线的电阻一般可以忽略不计，接地体的散流电阻为接地电阻的主要部分。影响接地体散流电阻的因素由接地体的结构组成、接地体的腐蚀程度和土壤的性质、含水量、温度、化学杂质、物理成分、物理状态等。

20. 接地装置的联结要求

接地装置的地下部分必须采取焊接联结，地上部分可采用螺纹联结。焊接联结必须可

靠（搭焊、多边焊），无漏焊、虚焊现象；螺纹联结应有防松、防锈措施。利用自然接地体或接地线时，其伸缩缝或接头处应予以跨接。各分支接地线必须采取并联联结方式，不得利用设备本身的金属部件作为接地线的一部分。

接地线有九种联结方式，如图 5-5 所示。

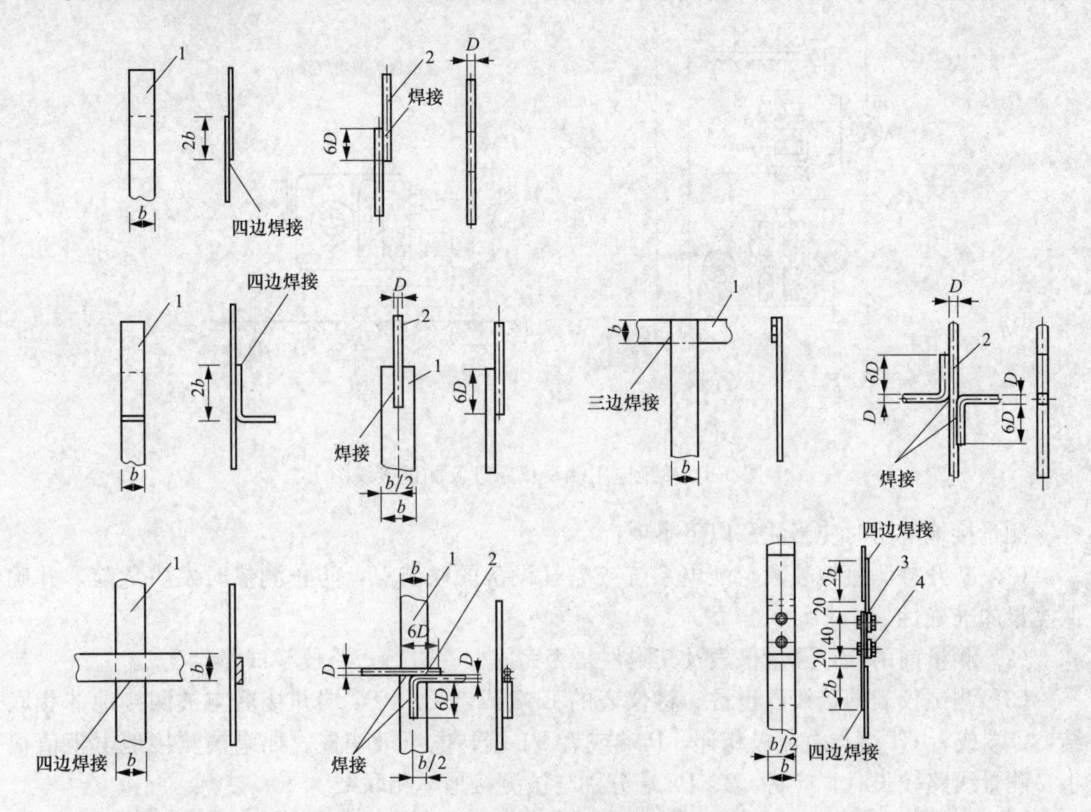

图 5-5　接地线的九种联结方式

1、2—接地线；3—镀锌螺栓 M10×30mm；4—镀锌螺母 M10

21. 降低土壤电阻率的方法

如果接地装置的电阻是因为埋设地点土壤的电阻率较大（如岩石、砂土或者长期冰冻的土壤等）而受到影响，可以通过以下措施降低土壤电阻率的方法，使接地电阻满足要求。

（1）更换土壤。用电阻率较低的黑土、黏土等替换电阻率较高的土壤，要求至少要更换掉接地体上部 1/3 长度及周围 500mm 以内的土壤。

（2）增加水分。在接地体周围的土壤中浇水，增加湿度，保持土壤长期湿润。

（3）对冻土进行处理。在冬天可以对接地体周围的土壤加入泥炭，增强土壤的抗冻性。

（4）进行化学处理。在接地体周围的土壤中混入炉渣、木炭粉、食盐等化学物质，或者采用专用的化学降阻剂。

22. 测量接地电阻时的使用注意事项

接地装置的接地电阻一般用接地电阻测量仪测量。接地电阻测量仪是测量接地电阻的专用仪表，由自备100～115Hz的交流电源和电位差计式测量机构组成。自备电源通常采用手摇发电机，有的采用电子交流电源。接地电阻测量仪的主要附件有3条测量电线和2支测量电极。

接地电阻测量仪的原理及测试接线图如图5-6所示。

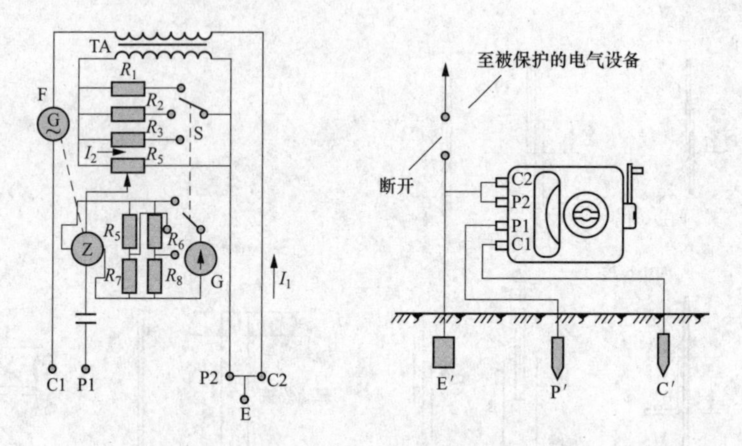

图5-6 接地电阻测量仪原理及测试接线图

测量接地电阻时应当注意以下事项：

（1）断开被测接地装置与配电系统或电气设备的联结点，防止测量时发生危险，并确保测量的准确性。

（2）测量前的检查测量仪表及其附件是否完好，并进行短路校零试验。

（3）测试仪表的接线要正常。将仪表的E端或者C2、P2端并接后与被测接地体相联结，C端或者C1端与电流极相连，P端或者P1端与电压极相连。如果被测接地电阻值很小、测量线路较长时，应将C2、P2端分别与被测接地体相联结。

（4）测量距离应适当。一般测量时，3支测量电极成直线排列。对于单一垂直接地体或分布区域很小的复合接地体，以电流极距接地体40m、电压极距接地体20m为宜。对于分布区域较大的网络接地体，电流极与被测接地体之间的距离应取接地网对角线的2～3倍，电压极与被测接地体之间的距离应取电流极与被测接地体之间距离的50%～60%。

（5）测量连线不宜与邻近架空线平行敷设，测量电极也不宜与地下管道平行，以防止干扰和误差。

（6）测量时，测量仪表应水平放置，选择适当倍率，以约120r/min的速度转动手柄，同时调整电位器旋钮至仪表指针稳定在中心时读取数据，再乘以相应倍率即为测得的接地电阻值。

（7）不得在雷雨天测量接地装置的接地电阻。

23. 电气设备和线路的接地电阻要求

（1）低压电气设备和线路的工作接地和保护接地装置，其接地电阻不应大于4Ω。零线上的重复接地装置，其接地电阻不应大于10Ω（100kVA以上变压器）或30Ω（100kVA及以下变压器），重复接地不应少于3处。

（2）6～10kV电气设备和线路的接地装置，其接地电阻不应大于4Ω（100kVA以上容量）或10Ω（100kVA及以下容量）。

(3) 高压大接地短路电流系统的接地装置，其接地电阻不应大于0.5Ω；高压小接地短路电流系统的接地装置，其接地电阻不应大于10Ω。

(4) 高压线路保护网或保护线，电压互感器和电流互感器的二次绕组以及工业电子设备等的接地装置，其接地电阻应不大于10Ω。

24. 接地装置的保护

接地体应埋在距建筑物或人行道3m以外的地方，埋设处土壤须无污染、无腐蚀、无热源。接地体应采用镀锌钢件。焊接处要涂沥青油防腐。明设接地线应涂油漆防腐。避免机械损伤。接地线应避免遭受机械损伤，穿越铁路或公路时应加装保护管，与建筑物伸缩缝交叉时应弯成弧状或加装补偿联结件。

25. 接地装置的检查和维修

对接地装置应当定期每年检查一次，主要检查项目如下：

(1) 检查各联结处是否牢固，应无松动、脱焊、严重锈蚀现象。

(2) 检查接地线有无机械损伤或化学腐蚀、油漆脱落现象。

(3) 检查接地体周围有无强烈腐蚀性物质堆放。

(4) 检查地面以下50cm以内接地线有无锈蚀现象。

(5) 测量接地电阻是否合格。

焊接联结开焊处，紧固松动螺栓，更换有严重机械损伤、锈蚀和腐蚀的接地线，埋设露出地面的接地体（极），降低接地电阻使其满足规定值。

26. 对保护导体的要求

与接地装置相联结的导体统称为保护导线（包含PE导体和PEN导体），保护导体应当满足以下要求：

(1) PE保护干线用25mm×4mm扁钢、沿车间四周、离地200mm、距墙15mm安装，PE保护支线可利用电缆（线）的芯线或裸线。

(2) 保护线固定联结牢靠、接触良好、保持畅通（禁止装设开关或熔断器等）。

(3) 保护干线的截面积不小于$10mm^2$（铜线）或$16mm^2$（铝线），采用电缆时用作保护芯线的截面积不小于$4mm^2$。

(4) 保护支线的截面积，绝缘铜线不小于$2.5mm^2$（有机械保护）或$4mm^2$（无机械保护）。

(5) PEN导体只能用于固定安装的电气设备，外界可导电部分不能用作PEN导体。

(6) 变压器中性点引出的PE导体应直接与保护干线相连，由PEN导体分接出的PE导体不能再次与PEN导体直接或间接相连。

(7) 所有电气设备的保护支线必须单独与保护干线相连。

(8) 保护线应有必要的防止机械损伤和化学腐蚀的措施。

(9) 不能仅用电缆的金属包皮作为保护线。

(10) 保护线的联结应便于检查和测试。

27. 可以用作保护导体的导体

保护导体可以由下列一种或多种导体组成：

（1）多芯电缆中的导体。

（2）与带电导体共享外护物的绝缘导体或裸导体。

（3）固定安装的绝缘导体或裸导体。

（4）符合标准的电缆金属护套、屏蔽层、铠装带、同心导体及金属导管等。

28. 不允许用作保护导体的导体

（1）金属水管。必须采用时，水表、阀门等管件应按规定设置跨接线。

（2）可燃性气体或液体金属管道。

（3）正常使用中承受机械应力的结构部分。

（4）柔性或可弯曲的金属导管。

（5）柔性金属部件。

（6）支撑线索。

29. 对保护导体截面积的要求

保护导体截面积的选择要合适，要兼顾安全和经济的原则。在保证安全的前提下，尽量选择截面积较小的保护导体。保护导体的截面积要按下列公式进行热稳定性校验

$$S \geqslant I\frac{\sqrt{t}}{R}$$

式中 S——保护导体的截面积，mm^2；

I——自动切断电源保护电器动作的短路电流，A；

t——自动切断电源保护电器的动作时间（≤5s）；

R——保护导体材质的热稳定系数，见表 5-3。

表 5-3　　保护导体的热稳定系数

类别	油浸纸	聚氯乙烯	普通橡胶	乙丙橡胶
铜芯	107	114	131	142
铝芯	70	75	86	93
钢质保护导体	50～70			
铅质保护体	100～120			

包含在电缆本身的或不与线导体共处于同一外护物的保护导体所允许的最小截面积见表 5-4。

表 5-4　　保护导体的最小截面积

线导体截面积 S（mm^2）	相应保护导体的最小截面积（mm^2）
$S \leqslant 16$	S
$16 < S \leqslant 35$	16
$S > 35$	$S/2$

不包含在电缆本身的或不与线导体共处于同一外护物内的每根保护导体：有机械损伤防护时，其截面不应小于 $2.5mm^2$（铜）或 $16mm^2$（铝）；无机械损伤防护时，其截面积不应小于 $4mm^2$（铜）或 $16mm^2$（铝）。用作 PEN 干线的保护导体的最小截面积为 $10mm^2$（铜）或 $16mm^2$（铝），当采用电缆时，其最小截面积为 $6mm^2$（铜）或 $10mm^2$（铝）。

30. 允许通过保护导体交流电流的限值

对于 PE 导体，正常情况下不允许有交流电流通过。在故障情况下，其允许通过的电流也有限制要求。

（1）接自额定电流值不超过 32A 的单相或多相插座系统的用电设备：当设备额定电流不超过 4A 时，保护导体的最大电流限值为 2mA；当设备额定电流超过 4A、不超过 10A 时，保护导体的单位最大电流限值为 0.5mA/A。

（2）没有为 PE 导体设置专门保护措施的固定式用电设备或接自额定电流值超过 32A 的单相或多相插座系统的用电设备：当设备额定电流不超过 7A 时，保护导体的最大电流限值为 3.2mA；当设备额定电流超过 7A、不超过 20A 时，保护导体的单位最大电流限值为 0.5mA/A。

（3）固定式接线用电设备的 PE 导体电流超过 10mA 时，应按照规定设置加强型保护导体。PE 导体全长的截面积至少为 $10mm^2$（铜）或 $16mm^2$（铝），必要时用电设备增设专用于第 2 根 PE 导体的接线端子。

31. 等电位联结及其种类

等电位联结是指保护导体与用于其他目的的不带电导体之间的联结。等电位联结可分为总（主）等电位联结（总接地端子 MET 与外界可导电部分之间的联结）和局部（辅助）等电位联结（电气设备外露可导电部分之间及其外界可导电部分之间的联结）两种。

总（主）等电位联结示意如图 5-7 所示。局部（辅助）等电位联结示意如图 5-8 所示。

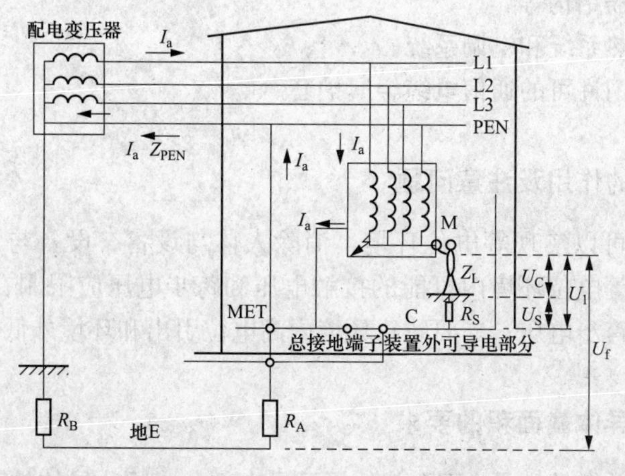

图 5-7　总（主）等电位联结示意图

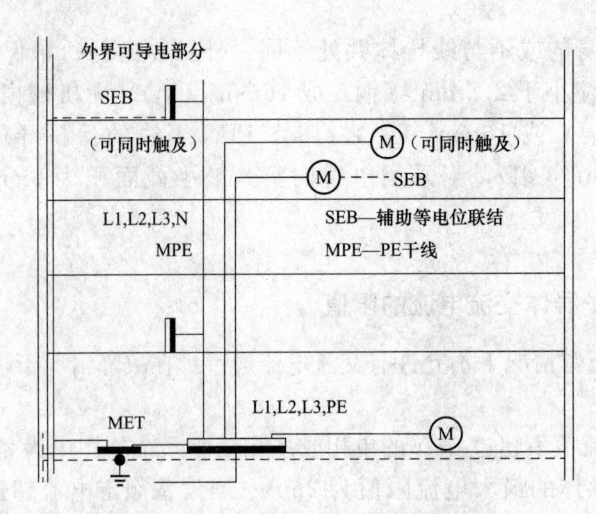

图 5-8 局部（辅助）等电位联结示意图

32. 总接地端子及其作用

由接地装置直接引出的接线端子称为总接线端子，用 MET 表示。总接地端子通常采用铜板制作而成，每个接线接头可采用工具单独拆装，用于不同保护导体的集中联结。

总接地端子具有以下作用：

（1）可用作高低压电气装置的功能接地和保护接地。

（2）可用作信息技术设备的功能接地和保护接地。

（3）可用作防雷装置的接地等。

33. 应当接成等电位联结保护的可导电部分

采取等电位联结保护，建筑物的每个接地导体、总接地端子和下列可导电部分应当接成等电位联结保护：

（1）建筑物的供水、燃气等金属管道。

（2）正常使用时可触及的可导电的构筑物。

（3）可利用的钢筋结构等。

（4）金属中央供热系统和空调系统。

（5）征得主管部门许可的通信电缆金属护套。

34. 等电位联结的作用及注意问题

通过等电位联结可以实现等电位环境，消除人体与设备、设备与设备之间的电位差，降低电击的可能性。等电位环境内可能的接触电压和跨步电压应限制在安全范围内，一要注意防止边缘处危险跨步电压；二要防止环境内高电位引出和环境外低电位引入的危险。

35. 等电位联结导体截面积的要求

总等电位联结（总接地端子 MET 与外界可导电部分之间）导体的截面积不得小于最大

保护导体的1/2。并且不得小于6mm²（铜）、16mm²（铝）或50mm²（钢）。局部等电位联结（电气设备外露可导电部分之间及其与外界可导电部分之间）导体的截面积也不得小于相应保护导体的1/2。两台设备外露可导电部分之间的等电位联结导体的截面积不得小于两台设备保护导体中较小者的截面积。

36. 等电位接地及其作用

等电位接地也指等电位联结接地，就是将用于等电位联结的各种保护导体相互联结在一起，并将它们进行共同接地。采用等电位接地，不仅可以消除装置或设备外露可导电部分之间、外界可导电部分之间以及装置或设备外露可导电部分之间与外界可导电部分之间存在的电位差，同时还可以将这些导电部分的电压降至接近零电位的程度，从根本上消除了产生危险电压的可能性。等电位接地通常采用总接地端子形式，与系统接地、工作接地、保护接地等共用接地装置。

37. 利用系统接地进行等电位联结

利用系统接地进行等电位联结示意图如图5-9所示。

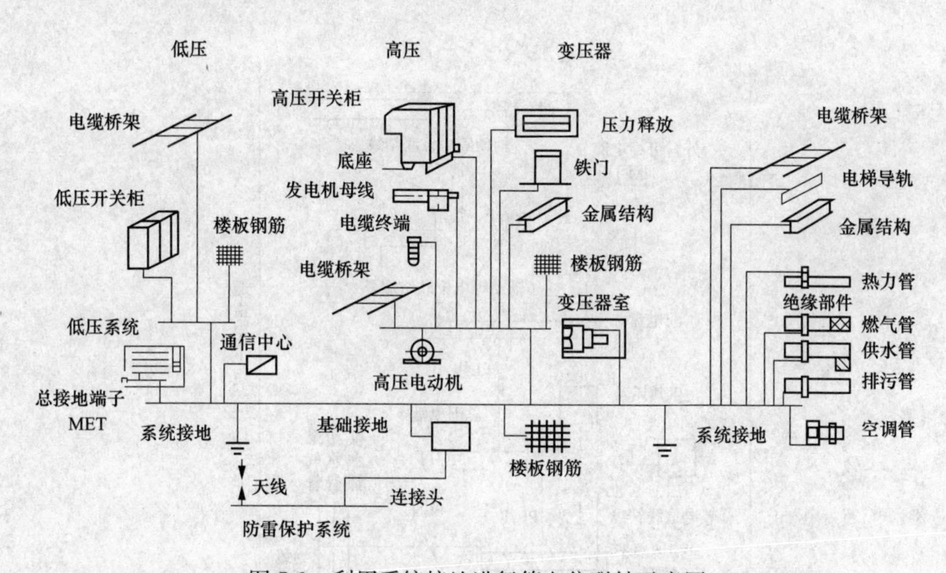

图5-9 利用系统接地进行等电位联结示意图

38. 利用多种接地进行等电位联结

利用多种接地进行等电位联结示意图如图5-10所示。

39. 单层建筑利用基础接地进行等电位联结

单层建筑利用基础接地进行等电位联结示意图如图5-11所示。

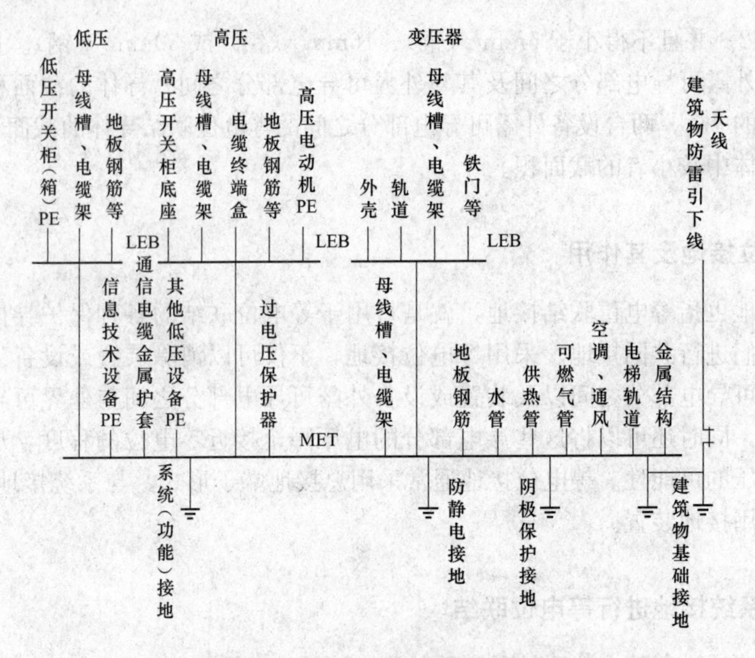

图 5-10　利用多种接地进行等电位联结示意图

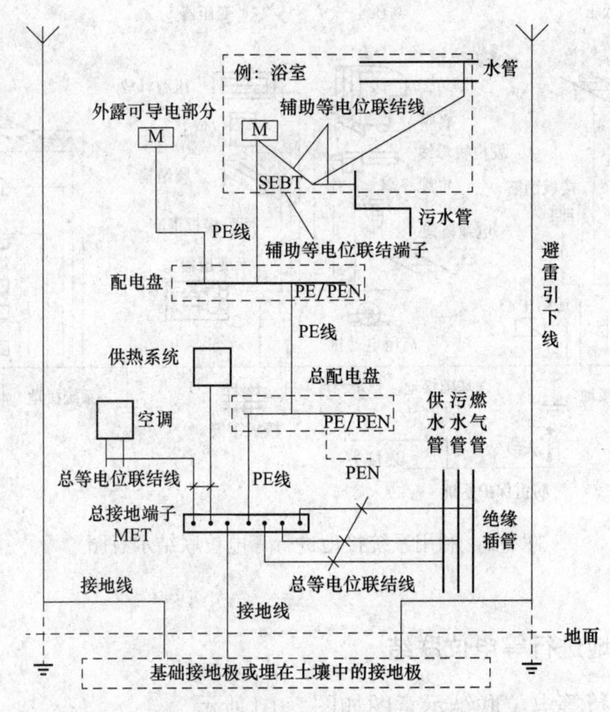

图 5-11　单层建筑利用基础接地进行等电位联结示意图

40. 多层建筑利用基础进行等电位联结

多层建筑利用基础接地进行等电位联结的示意图如图 5-12 所示。

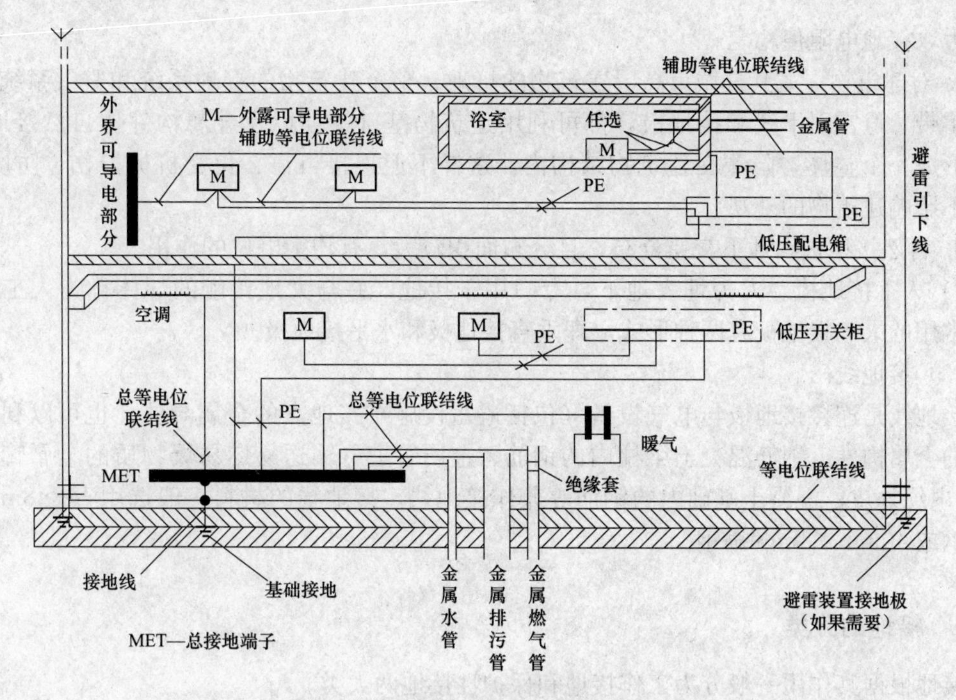

图 5-12　多层建筑利用基础接地进行等电位联结示意图

41. 接地系统的组成

无论工作接地还是保护接地，接地任务都要依靠接地系统来完成，接地系统将电气设备的外露可导电部分通过电导体与大地相连接。如图 5-13 所示为接地系统示意图。

(1) 接地系统。

接地极与接地线总称为接地系统。

(2) 接地极。

针对不同的电气系统，为了满足不同系统对接地电阻的要求，人为埋入或利用已经埋入地下的、与大地紧密接触并与大地形成电气连接的金属导体称为接地极。接地极可分为自然接地极和人工接地极两种。

1) 自然接地极。利用与大地接触的建筑物金属构件、金属管道（输送易燃易爆物质的金属管道除外）、电缆外皮、混凝土基础内的钢筋等兼作接地极，如变配电站可利用它的建筑物钢筋混凝土基础作为接地极，这种接地极称为自然接地极。若条件允许，应首先考虑利用自然接地极，因为利用自然接地极有以下好处：

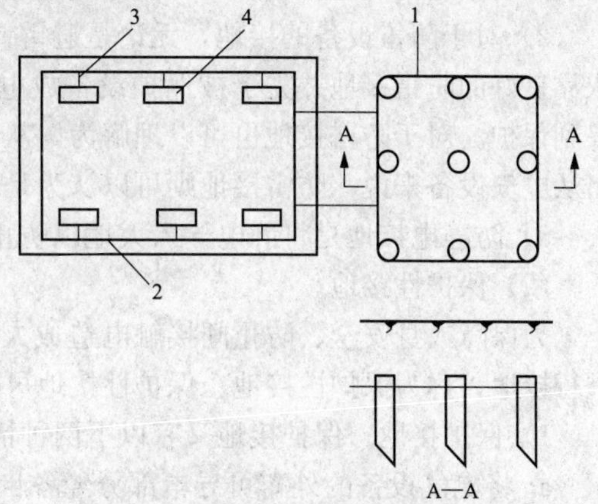

图 5-13　接地系统示意图

1—接地体；2—接地干线；3—接地支线；4—电气设备

a. 节约钢材，节约投资，施工相对简单，比较容易操作。

b. 利用建筑物基础钢筋作自然接地极，接地极理地深度容易达到要求，且与大地接触面积大，接地电阻值稳定。

c. 对建筑物，尤其是城市高层建筑物的接地，整个建筑物的接地系统和避雷系统，包括避雷带、避雷引下线和接地极，都可利用建筑物基础钢筋以及金属构件作自然接地极，从而形成一个整体，隐藏在建筑物结构内，这样不但连接可靠、免受机械损伤、防腐蚀，而且不影响建筑物的外观。

d. 自然接地极在地下交错分布，且分布面积较大，有均衡电位的作用。

2）人工接地极。人为埋入地下，专门用于接地，并与大地接触的导体称为人工接地极。常用的人工接地极有两种形式，即垂直接地极和水平接地极。

（3）接地线。

接地线是连接接地极与电气设备（包括避雷设施）接地点的金属导体。也可以利用建筑物的金属构件、钢筋混凝土梁柱内的钢筋、金属管道（输送易燃易爆物质的金属管道除外）、电缆外皮、混凝土基础内的钢筋等兼作接地线。接地线的材料一般选用直径 8mm 以上圆钢或 40mm×4mm 扁钢。

42. 接地的分类

接地根据其作用一般分为工作接地和保护性接地两大类。

（1）工作接地。

为保证电力系统及电气设备正常运行的需要而进行的接地称为工作接地。各种工作接地有其不同的功能，例如：

1）电源中性点的直接接地，能在运行中维持系统中相对地电位不变；电源中性点经消弧线圈的接地，能在单相接地时消除接地点的断续电弧，防止系统出现过电压。

2）对于防雷设备的接地，无论是避雷针还是避雷线，在承受雷电过电压情况下，必须依靠良好的防雷接地并先于被保护设备放电，以限制强大的雷电过电压，从而使电气设备得到保护。对于防雷接地也可以理解为，从防雷系统本身来说，防雷接地是一种工作接地；而从电气设备来说，防雷接地则可以认为是一种保护接地。

3）防静电接地是将静电导入大地以防止其产生危害的接地。

（2）保护性接地。

为保障人身安全、防止间接触电造成人员伤亡或设备损坏而将设备的外露可导电部分进行接地，称为保护性接地。保护性接地可分为保护接地和重复接地两种。

1）保护接地。保护接地又有以下两种情况：

a. 将电气设备的外露可导电部分经各自的保护线（PE 线）分别进行接地，使其处于低电位，一旦电气设备带电部分的绝缘损坏，可以减轻或消除电击危害。通常外露可导电部分就是电气设备的金属外壳，所以这种接地也称为外壳接地。例如 TT 系统的接地（见图 5-14）和 IT 系统的接地（见图 5-15）。

b. 将电气设备的外露可导电部分经各自的保护线（PE 线）或保护中性线（PEN 线）接地。我国过去称这种保护接地方式为保护接零，目前有些资料中仍保留这一名称。

2）重复接地。在电源中性点直接接地的 TN 系统中，为确保公共 PE 线或 PEN 线安全可靠，除在电源中性点进行工作接地外，还必须在 PE 线或 PEN 线的下列地方进行必要的重复接地，例如：

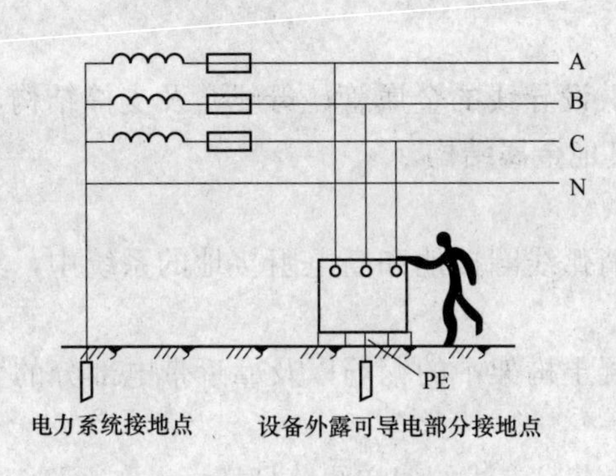

图 5-14　TT 系统的接地

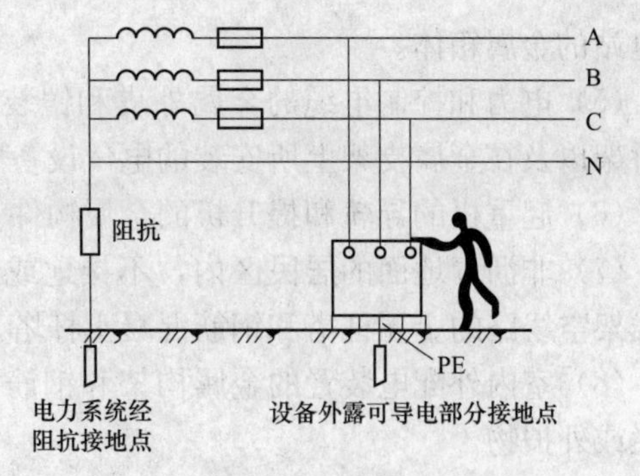

图 5-15　IT 系统的接地

a. 在架空线路的干线和分支线的终端及沿线每间隔 1km 处。

b. 电缆和架空线在引入车间或大型建筑物处。

否则，在 PE 线或 PEN 线发生断线并有设备发生一相接地故障时，接在断线后面的所有设备的外露可导电部分都将呈现接近于相电压的危险电压，如图 5-16（a）所示。

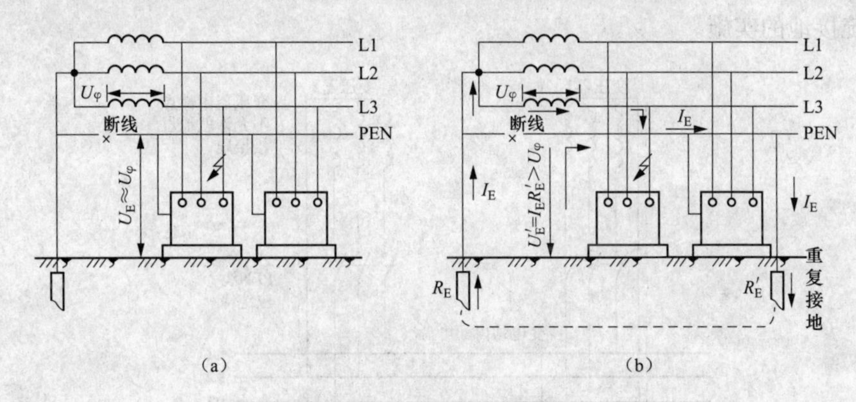

图 5-16　重复接地的作用

（a）未作重复接地时；（b）作重复接地后

这是很危险的。如果进行了重复接地，如图 5-16（b）所示，则在发生同样故障时，断线后面的 PE 线或 PEN 线的对地电压为 U'_E。假如电源中性点接地电阻 R'_E 与重复接地电阻 R'_E 相等，则断线后面一段 PE 线或 PEN 线的对地电压为 $U'_E=U\varphi/2$，危险程度有所降低。当然，实际上因为 $R'_E>R_E$，所以 $U'_E>U\varphi/2$，对人体还是有危险的，因此应尽量避免发生 PE 线或 PEN 线的断线故障。施工时，一定要保证 PE 线或 PEN 线的安装质量。运行中也要特别注意对 PE 线或 PEN 线状况的检查。根据同样的理由，PE 线或 PEN 线上一般不允许装设开关或熔断器。

43. 保护接地的范围

下列设备的外露可导电部分，除有特殊规定的以外，一般都需要通过 PE 线进行接地：

（1）携带式及移动式用电器具（如便携式照明灯具和手电钻等）的金属外壳。

（2）电动机、变压器等的金属底座和外壳。

（3）互感器二次绕组的一端。

（4）配电柜、控制柜、开关柜、配电箱的金属构件以及可拆卸的或可开启的部分，是变电站的金属箱体。

(5) 电力和控制电缆的金属外皮和铠装，敷设导线的金属管、母线盒及支撑结构，电缆桥架以及在金属支架上所安装的电气设备的其他金属结构。

(6) 起重机的导轨和提升机的金属构件。

(7) 非沥青地面的居民区内，不接地或经消弧线圈接地和高电阻接地的系统中，无避雷线架空线路的金属杆塔和钢筋混凝土杆塔。

(8) 室内外配电装置的金属构架和钢筋混凝土构架中的钢筋以及靠近带电部分的金属遮栏或外护物。

(9) 装在配电线路电杆上的开关设备以及装有避雷线的架空线路杆塔。

(10) 电力电容器的金属外壳等。

44. 系统接地的实施

IEC（国际电工委员会）标准对系统接地的实施有其严格的规定。图 5-17 所示为低压系统中系统接地的实施。

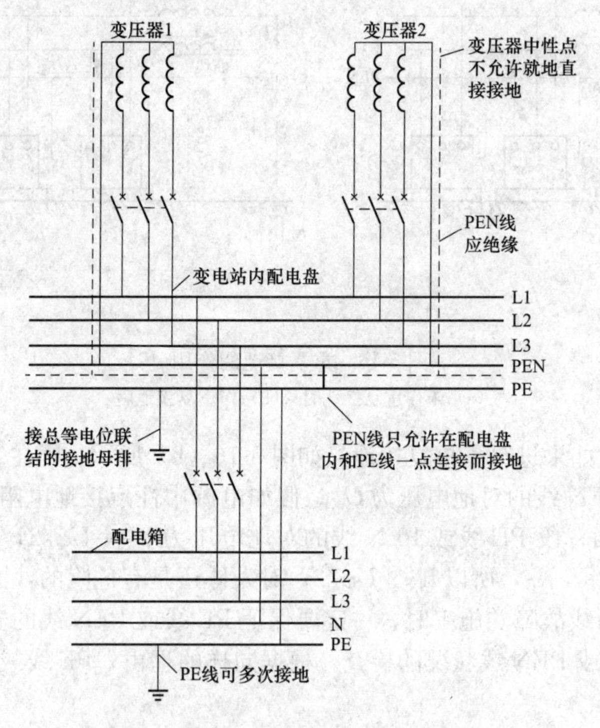

图 5-17　低压系统中系统接地的实施

不允许在变压器室或发电机室内将中性点就地接地。自变压器（或发电机）中性点引出的 PEN 线（或 N 线）必须绝缘，并且只能在低压配电盘内某一点与接地的 PE 母排连接，从而实现系统接地。此外，在同一建筑物内不允许再在其他处接地，以免中性线电流通过其他并联通路返回电源，这部分中性线电流称为杂散电流，它可能引发下述电气灾害：

(1) 杂散电流可能因其非正规通路导电不良而产生火花，从而引发火灾。

(2) 当杂散电流以大地为通路返回电源时，可能因电化学作用而导致地下基础钢筋或

金属管道腐蚀。

（3）中性线电流的正规回路通路与杂散电流的非正规通路之间，可形成一个封闭的大包绕环，此环内的磁场可能干扰环内敏感的信息技术设备（如计算机、传感器等）的正常工作。

特别指出，从PEN线引出的PE线不承载工作电流，所以PE线可以多次接地而不会产生杂散电流。

45. 总等电位联结、辅助等电位联结和局部等电位联结

在电气工程中，常见的等电位联结措施有三种，即总等电位联结（MEB）、辅助等电位联结（SEB）和局部等电位联结（LEB），其中局部等电位联结是辅助等电位联结的一种扩展。这三种等电位联结在原理上都是相同的，不同之处仅在于作用范围和工程做法。

（1）总等电位联结（MEB）。

1）做法。总等电位联结是在建筑物电源进线外采取的一种等电位联结措施，它所需要联结的可导电部分有：

a. 进线配电箱的PE（或PEN）母排。

b. 公共设施的金属管道，如上水、下水、热力、煤气等金属管道。

c. 应尽可能地包括建筑物的金属结构。

d. 如果有人工接地，也包括其接地极引线。

下面以办公楼建筑为例，介绍总等电位联结系统的具体做法和作用，如图5-18所示。

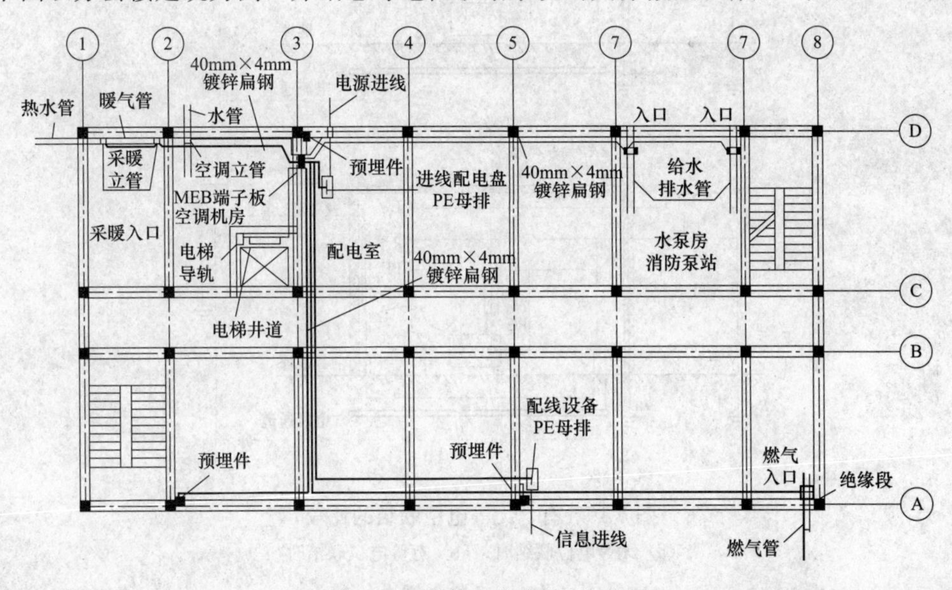

图5-18　总等电位联结平面图

注：1. 当防雷设施利用建筑物金属体和基础钢筋作引下线和接地极时，引下线应与等电位联结系统连通以实现等电位。

2. 图中MEB线均采用40mm×4mm镀锌扁钢或25mm²铜导线在墙内或地面内暗敷。

在此建筑物内有办公楼总电源配电柜、总供水管网、煤气管网、采暖管网以及空调机房和电梯竖井等设施。为了构成一个等电位空间，图中将办公楼总电源配电柜、总供水管网、煤气管网、采暖管网以及空调立管和电梯导轨、预埋件等设施联结在一起，接到一个专供等电位联结用的总等电位联结板（简称MEB板）上，就构成了此办公楼系统的总等电

位联结。具体安装时应注意，在与煤气管道作等电位联结时，应采取措施将处于建筑物内、外两部分的管道隔离，以防止将煤气管道作为电流的散通道（即接地极），并且为防止雷电流在煤气管道内产生火花，在此隔离两端应跨接火花放电间隙。

若建筑物有多处电源进线，则每一电源进线处都应作总等电位联结，且各个总等电位联结端子板应互相联通。

2）作用。总等电位联结的作用在于降低建筑物内间接电击的接触电压和不同金属部件间的电位差，并消除自建筑物外经各种金属管道或各种电气线路引入的危险电压的危害，它同时也具有重复接地的作用。

3）有、无等电位联结的比较。图 5-19（a）中的进户金属管道未作等电位联结，当室外架空裸导线断线并接触到金属管道时，高电位由金属管道引至室内，若人触及金属管道，则可能发生电击事故。图 5-19（b）所示为有等电位联结时的情况，这时 PE 线、地板钢筋、进户金属管道等均作总等电位联结，此时即使人员触及带电的金属管道，在人体上也不会产生电位差，因而是安全的。

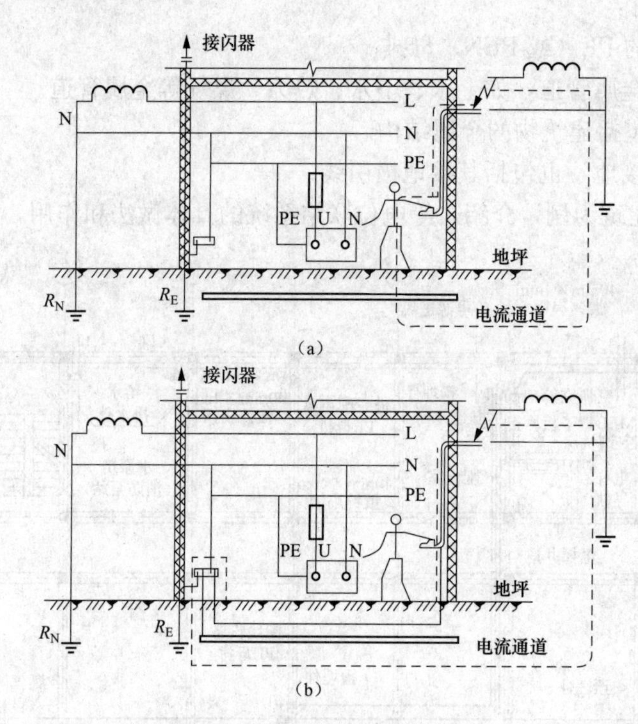

图 5-19　有、无等电位联结的比较

（a）无等电位联结时；（b）有等电位联结时

（2）辅助等电位联结（SEB）。

1）功能及做法。将两个可能带不同电位的设备外露可导电部分和装置外可导电部分用导线直接连接，从而使故障接触电压大幅降低。

2）有、无辅助等电位联结的比较。如图 5-20（a）所示，某一两层车间，分配电箱 AP 既向固定式电气设备 M 供电，又向手握式电气设备 H 供电。当 M 发生碰壳故障时，其过电流保护应在 5s 内动作，而这时 M 外壳上的危险电压会经 PEE 线 *ab* 段传导至 H，而 H 的保护装置根本不会动作。这时手握设备 H 的人员若同时触及其他装置外可导电部分 E

(图 5-20 中为水龙头)，则人体将承受故障电流 I_d 在 PE 线 mn 段上产生的电压降，这时对要求 0.4s 内切除故障电压的手握式电气设备 H 来说是不安全的。但是，若将设备 M 通过 PE 线 de 与水龙头 E 作辅助等电位联结，如图 5-20（b）所示，则此时故障电流 I_d 被分成 I_{d1} 和 I_{d2} 两部分回流至总等电位联结板。由于此时 $I_{d1}<I_{d2}$，PE 线 mn 段上压降降低，从而使 b 点电位降低；同时 I_{d2} 在水龙头 eq 段和 PE 线 qn 段上产生压降，使 e 点电位升高，这样，人体接触电压 $U_{tou}=U_b-U_e=U_{be}$ 会大幅降低，从而使人员安全得到保障。注意，在以上讨论中，电位均以总等电位联结端子板为电位参考点。

由此可见，辅助等电位联结既可直接降低接触电压，又可作为总等电位联结的一个补充，从而进一步降低接触电压。

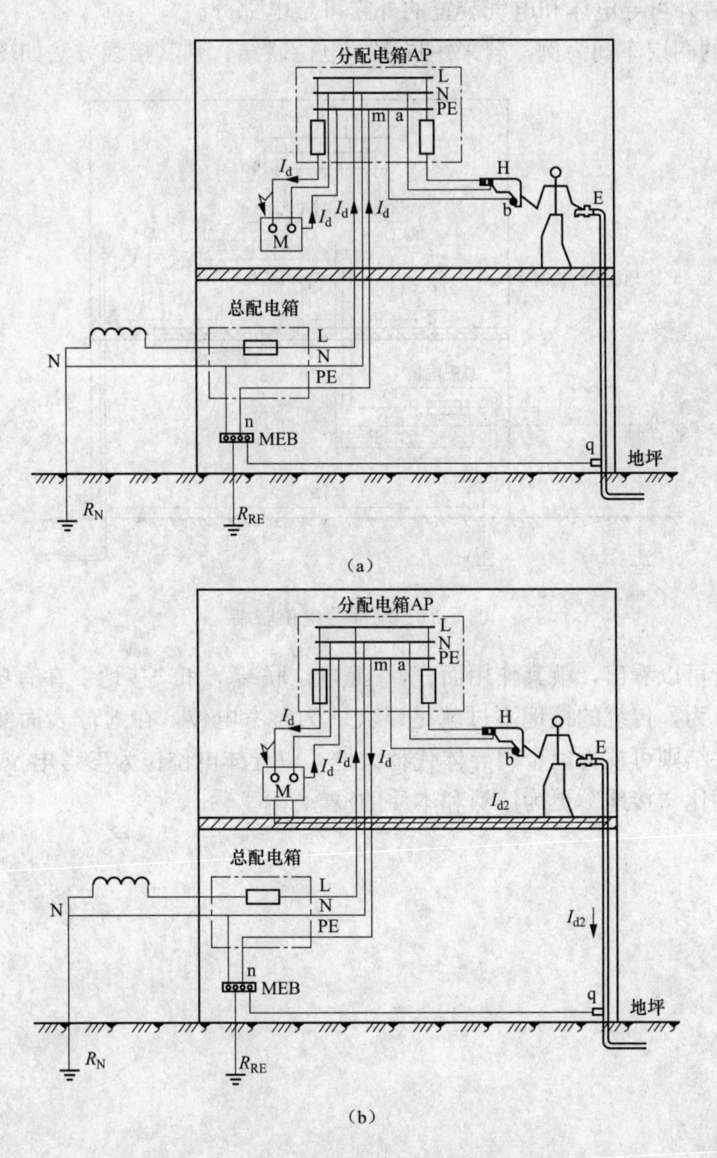

图 5-20　有、无辅助等电位联结的比较

（a）无辅助等电位联结时；（b）有辅助等电位联结时

(3) 局部等电位联结 (LEB)。

1) 功能。当需要在一局部场所范围内作多个辅助等电位联结时，可将多个辅助等电位联结通过一个等电位联结端子板来实现，这种方式称为辅助等电位联结。相对于辅助等电位联结而言，局部等电位联结可使范围更广泛的一个局部场所大幅度降低故障接触电压。用来作局部等电位联结的端子板称为局部等电位联结端子板。

2) 做法。局部等电位联结通过局部等电位联结端子板将以下部分联结起来：

a. PE 母线或 PE 干线。

b. 公用设施的金属管道。

c. 应尽可能地包括建筑物的金属构件，如结构钢筋和金属门窗等。

d. 其他装置外可导电体和电气装置的外露可导电部分。

以图 5-20 的两层车间为例，若采用局部等电位联结，则其接线方法如图 5-21 所示。

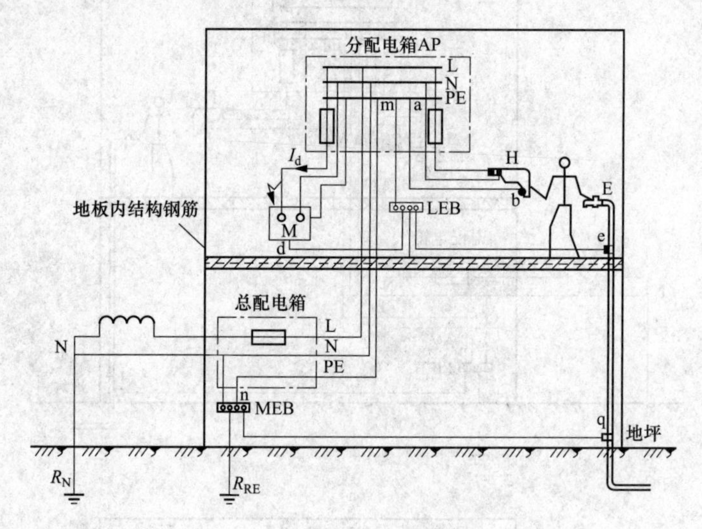

图 5-21 局部等电位联结

由以上分析可以看出，就其作用而言，“等电位联结”和“接地”在有些情况下是难以区分的。可以认为，传统的接地不过就是以大地为参考电位，在地球表面实施的等电位联结；而等电位联结则可视为以金属导体代替大地，以导体电位作为参考电位的接地。“等电位联结”是一种比“接地”更为广泛和本质的概念。

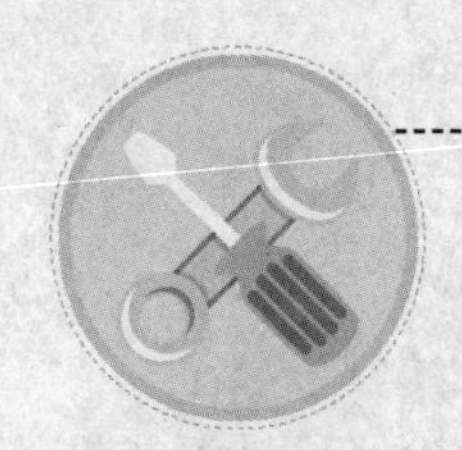

第 6 章 电气防火与防爆

1. 电气火灾与爆炸的主要原因

电气火灾与爆炸的原因很多。除了电气设备、线路制造和安装方面的原因外，主要原因有设备和线路过热、产生电火花或电弧等。

设备和线路过热，主要是由以下非正常运行情况引起：

（1）发生短路现象。当设备和线路的绝缘老化，或受高温、潮湿和腐蚀等因素影响，其绝缘性能变差，会发生短路现象。

（2）发生过载现象。一方面是因设备和线路本身选择不当，另一方面是因负载持续增大。这两方面情况都会造成通过设备和线路的实际电流超过了所允许的额定电流，而引起过热现象。

（3）电气联结点接触不良。主要存在于带有动静触头的电气设备（如开关、接触器、熔断器）和存在有接头（尤其铜铝接头）的电气线路中。

（4）铁芯发热。变压器、电动机等设备的铁芯绝缘损坏，或长期过电压，引起涡流损耗和磁滞损耗增大。

（5）散热不良。因冷却、通风装置的停用或损坏，现场环境温度较高，使得设备和线路本身的温度不能及时散失。

电火花是电极间的击穿放电，有工作电火花和事故电火花两种。电弧是由大量的电火花汇集而成的。

2. 燃烧及其必须具备的基本条件

燃烧是一种放热发光的剧烈化学反应。燃烧必须同时具备下列三个基本条件：

（1）存在易燃或可燃物，如氢气、一氧化碳、甲烷、汽油、无水乙醇、煤油、活性炭、张纸、木材等。

（2）存在助燃物，如空气、氧气、强氧化剂（氯气、高锰酸钾）等。

（3）有着火源，如明火、电火花、高温、灼热物体等。

3. 爆炸及其类型

爆炸是指物质由一种状态迅速地转变为另一种状态，并在瞬时间释放出巨大能量，同时伴有巨大响声的现象。爆炸一般分为核爆炸、化学性爆炸和物理性爆炸三种。核爆炸是指核反应设备和核原料的爆炸。物理性爆炸是指物质形态发生变化的爆炸。化学性爆炸是指物质结构发生变化的爆炸。常见的大多数爆炸都是物理性爆炸和化学性爆炸同时发生而引起的。

4. 化学性爆炸必须具备的基本条件

发生化学性爆炸，必须同时具备以下三个条件：

（1）存在易燃气体、易燃液体的蒸气或薄雾、爆炸性粉尘或可燃性粉尘（呈悬浮或堆积状）。

（2）上述物质与空气互相混合后，达到爆炸浓度范围。

（3）有引燃爆炸性混合物的火源、电火花、电弧或高温。

5. 燃烧和爆炸之间的关系

燃烧与爆炸有着密切的关系，既有区别，又有联系，并且在一定条件下可以互相转化。爆炸与燃烧的反应速度有差异，爆炸多在瞬间完成，燃烧则需要过程，具有可控性。燃烧可以引起爆炸，爆炸也会引起燃烧。物理性爆炸可以间接引起火灾，而化学性爆炸可以直接导致火灾。

6. 危险物质及其性能参数

危险物质是指在大气条件下，能与空气混合形成爆炸性混合物（一经点燃就能迅速传播燃烧的混合物）的气体、蒸气、薄雾、粉尘或纤维。危险物质的主要性能参数包括闪点、燃点、引燃温度、爆炸极限、最小点燃电流比、最大试验安全间隙和蒸气密度等。

（1）闪点：是指在规定条件下，易燃液体能释放出足够的蒸气并在液面上方与空气形成爆炸性混合物，点火时能发生闪燃的最低温度。闪点越低，危险性越高。

（2）燃点：是指物质在空气中经点火燃烧，移去火源后仍能继续燃烧的最低温度。燃点越低，危险性越高。

（3）引燃温度：又称自燃温度或自燃点，是指在规定条件下可燃物质不需外来火源就能燃烧的最低温度。引燃温度越低，危险性越高。

（4）爆炸极限：也称爆炸浓度极限，是指在一定温度和压力下，气体、蒸气、薄雾或粉尘、纤维与空气形成的能够被引燃并传播火焰的浓度（体积百分比）范围。最低浓度称为爆炸下限，最高浓度称为爆炸上限。爆炸极限范围越宽，危险性越高。

（5）最小点燃电流比：是指在规定条件下，气体、蒸气爆炸性混合物的最小点燃电流与甲烷爆炸性混合物的最小点燃电流之比。最小点燃电流比越小，危险性越高。

（6）最大试验安全间隙：是指在规定条件下，两个径长 25mm 的间隙连通的容器，一个容器内燃爆时不会引起另一个容器内燃爆的最大连通间隙。最大试验安全间隙越小，危险性越高。

7. 危险物质的分类

危险物质可分为三类：Ⅰ类指矿井甲烷；Ⅱ类指爆炸性气体、蒸气、薄雾；Ⅲ类指爆炸性粉尘、纤维。

（1）部分爆炸性气体的分类、分级和分组情况见表 6-1。

（2）部分爆炸性粉尘的分类、分级和分组情况见表 6-2。

表 6-1　　部分爆炸性气体的分类、分级和分组

类和级	最大试验安全间隙 MESG（mm）	最小点燃电流比 MICR	引燃温度（℃）及组别					
			T_1	T_2	T_3	T_4	T_5	T_6
			$T>450$	$300<t\geqslant450$	$200<t\leqslant300$	$135<t\leqslant200$	$100<t\leqslant135$	$85<t\leqslant100$
Ⅰ	1.14	1.0	甲烷	—	—	—	—	—
ⅡA	0.9～1.14	0.8～1.0	乙烷、丙烷丙酮、氯苯、苯乙烯、氯乙烯、甲苯、苯胺、甲醇、一氧化碳、乙酸乙酯、乙酸	丁烷、乙醇、丙烯、丁醇、乙酸丁酯、乙酸戊酯、乙酸酐	戊烷、己烷、庚烷、癸烷、辛烷、汽油、硫化氢、环己烷	乙醚、乙醛	—	亚硝酸乙酯
ⅡB	0.5～0.9	0.45～0.8	二甲醚、民用煤气、环丙烷	环氧乙烷、环氧丙烷、丁二烯、乙烯	异戊二烯	—	—	—
ⅡC	≤0.5	≤0.45	水煤气、氢、焦炉煤气	乙炔	—	—	二硫化碳	硝酸乙酯

表 6-2　　部分爆炸性粉尘的分类、分级和分组

组别		T1-1	T1-2	T1-3
引燃温度 t（℃）		$t>270$	$270\geqslant t>200$	$200\geqslant t>140$
类和级	粉尘物质	木棉纤维、烟草纤维、纸纤维、亚硫酸盐纤维素、人造毛短纤维、亚麻	木质纤维	—
ⅢA	非导电性可燃纤维	小麦、玉米、砂糖、橡胶、染料、聚乙烯、苯酚树脂	可可、米糖	—
ⅢB	导电性爆炸性粉尘	镁、铝、铝青铜、锌、钛、焦炭、炭黑	铝（含油）铁、煤	—
	火炸药粉尘	—	黑火药 TTN	硝化棉、吸收药、黑索金、特屈儿、泰安

8. 危险区域的分类及区域等级划分

含有危险物质的区域称为危险区域。通常将危险区域划分为三类：第一类为气体、蒸气爆炸危险环境；第二类为粉尘、纤维爆炸危险环境；第三类为火灾危险环境。同时又将三类区域划分为不同的区域等级。具体划分情况如下：

（1）气体、蒸气爆炸危险环境划分为 0 区、1 区和 2 区。

1）0 区：是指正常运行时连续出现或长时间出现或短时间频繁出现爆炸性气体、蒸气或薄雾的区域。实际中很少存在 0 区，多存在于矿井行业。

2）1 区：是指正常运行时预计周期性出现或偶尔出现爆炸性气体、蒸气或薄雾的区域。

3）2 区：是指正常运行时不出现，即使出现也只是短时间偶尔出现爆炸性气体、蒸气或薄雾的区域。

（2）粉尘、纤维爆炸危险环境划分为 10 区和 11 区。

1）10 区：是指正常运行时连续出现或长时间出现或短时间频繁出现爆炸性粉尘、纤维的区域。

2）11 区：是指正常运行时不出现，仅在不正常运行时短时间偶尔出现爆炸性粉尘、纤维的区域。

（3）火灾危险环境划分为 21 区、22 区和 23 区。

1）21 区：是指有可燃液体存在的火灾危险环境。

2）22 区：是指有可燃粉体或纤维存在的火灾危险环境。

3）23 区：是指有可燃固体存在的火灾危险环境。

9. 电气设备防护等级的规定

电气设备的防护等级以“IP××”字样表示，如 IP65、IP54 等。其中第一个“×”表示防尘等级，第二个“×”表示防水等级。两位数字越大，说明防护等级越高。

（1）防尘等级见表 6-3。

表 6-3　电气设备的防尘等级

数字	意义	说明
0	无防护	
1	防护 50mm 直径和更大的固体外来体	探测器，球体直径为 50mm，不应完全进入
2	防护 12.5mm 直径和更大的固体外来体	探测器，球体直径为 12.5mm，不应完全进入
3	防护 2.5mm 直径和更大的固体外来体	探测器，球体直径为 12.5mm，不应完全进入
4	防护 1.0mm 直径和更大的固体外来体	探测器，球体直径为 1.0mm，不应完全进入
5	防护灰尘	不可能完全阻止灰尘进入，但灰尘进入的数量不会对设备造成危害
6	灰尘封闭	柜体内在 20×10^5 MPa 的低压时不应进入灰尘

（2）防水等级见表 6-4。

表 6-4　电气设备的防水等级

数字	意义	说明
0	无防护	垂直落下的水滴不应引起损害
1	水滴防护	柜体向任何一侧倾斜 15°角时，垂直落下的水滴不应引起损害
2	柜体倾斜 15°时，防护水滴	以 60°角从垂直线两侧溅出的水不应引起损害
3	防护溅出的水	以 60°角从垂直线两侧溅出的水不应引起损害
4	防护喷水	从每个方向对准柜体的喷水都不应引起损害
5	防护射水	从每个方向对准柜体的喷水都不应引起损害
6	防护强射水	从每个方向对准柜体的强射水都不应引起损害
7	防护短时浸水	柜体在标准压力下短时浸入水中时，不应有能引起损害的水量浸入
8	防护长期浸水	可以在特定的条件下浸入水中，不应有能引起损害的水量浸入

10. 电气设备的防爆类型

电气设备的防爆种类很多，按照其结构特征可分为以下九种：

（1）隔爆型（标志为 d）：是具有能承受内部的爆炸性混合物而不致受到损坏，而且内部爆炸物不致通过外壳上任何结合面或结构孔洞引起外部混合物爆炸的电气设备。

（2）增安型（标志为 e）：是在正常时不产生火花、电弧或高温的设备上采取措施以提高安全程度的电气设备。

（3）本安型（标志为 ia、ib）：是正常状态下和故障状态下产生的火花或热效应均不能点燃爆炸性混合物的电气设备。

（4）正压型（标志为 p）：是向外壳内充入带正压的清洁空气、惰性气体或连续通入清洁空气以阻止爆炸性混合物进入外壳内的电气设备。

（5）充油型（标志为 o）：是将可能产生的电火花、电弧或危险温度的带电零部件浸在绝缘油里，使之不能点燃油面上方爆炸性混合物的电气设备。

（6）充砂型（标志为 q）：是将细粒状物料充入设备外壳内，使壳内出现的电弧、火焰传播、壳壁温度或粒料表面温度不能点燃外壳外爆炸性混合物的电气设备。

（7）无火花型（标志为 n）：是在防止危险温度、外壳防护、防冲击、防机械火花、防电缆故障等方面采取措施，以提高安全程度的电气设备。

（8）浇注型（标志为 m）：是指整台设备或部分浇封在浇封剂中，在正常运行或认可故障下不能点燃周围爆炸性混合物的电气设备。

（9）特殊型（标志为 s）：是指上述各种类型以外的或由上述两种以上类型组成的电气设备。

11. 爆炸危险环境电气设备的选择原则

应当根据安装地点的危险等级、危险物质的组别和级别、电气设备的种类和使用条件选用爆炸危险环境的电气设备，所选用的电气设备的组别和级别不应低于该环境中危险物质的组别和级别。当存在两种以上危险物质时，应按照危险程度较高的危险物质选用，在爆炸危险环境应尽量少用或不用携带式电气设备，应尽量少安装插销座。

12. 气体、蒸气爆炸危险环境电气设备的选择

对于 0 区危险场所，所有电气设备必须是本安型的，在实际应用中很少出现。

对于 1 区危险场所，必须选择隔爆或正压型笼型交流电动机、隔爆型刀开关和断路器、隔爆或本安或充油型控制开关和按钮、隔爆型固定式照明灯具、隔爆型指示灯等电气设备。

对于 2 区危险场所，可以选择各种隔爆型电气设备，也可选择正压型交/直流电动机、增安型交流电动机、正压或充油或增安型变压器和电抗线圈、充油或增安型仪用互感器、充油型控制开关和按钮、增安型固定式照明灯具、增安型指示灯等电气设备。

13. 粉尘、纤维爆炸危险环境电气设备的选择

对于 10 区，应当选择尘密型或正压型笼型交流电动机、尘密型或正压型或充油型变压

器、尘密型或正压型配电装置、尘密型或正压型或充油型固定式电器和仪表、尘密型或正压型移动式电器和仪表、尘密型携带式电器和仪表、尘密型照明灯具等电气设备。

对于 11 区，应当选择正压型绕线式交流电动机或 IP54 级笼型交流电动机、尘密型变压器和照明灯具、IP65 级电器和仪表等电气设备。

14. 火灾危险环境电气设备的选择

对于 21 区，应当选择 IP54 级电动机、电器和仪表，IP5X 级照明灯具和配电装置、接线盒等电气设备。

对于 22 区，应当选择 IP44 级固定式电动机、IP54 级移动式和携带式电动机、充油型或 IP54 级固定式电器和仪表、IP54 级移动式和携带式电器和仪表、IP2X 级固定式照明灯具、IP5X 级移动式和携带式照明灯具、IP5X 级配电装置、接线盒等电气设备。

对于 23 区，应当选择 IP21 级固定式电动机、IP54 级移动式和携带式电动机、IP22 级固定式电器和仪表、IP44 级移动式和携带式电器和仪表、IP2X 级照明灯具和配电装置、接线盒等电气设备。

15. 危险区域电气线路的选择原则

在爆炸危险环境和火灾危险环境，电气线路的安装位置、敷设方式、导线材料、联结方法等均应与危险区域等级相适应。火灾危险环境电气线路的额定电压不应低于 500V，可以采用非铠装电缆。明设钢管配线、非燃性护套绝缘导线和明设硬塑料管配线等配线方式。当远离可燃物时，也可采用瓷绝缘子明设绝缘导线，不允许采用起重机滑触线。爆炸危险环境的电气线路选择必须按有关规定执行。

16. 爆炸危险环境电气线路安装位置的要求

爆炸危险环境电气线路应当敷设在爆炸危险性较小或距离释放源较远的位置，避开易受机械损伤、振动、腐蚀、粉尘和纤维积聚以及有危险高温的场所。架空线路不得跨越爆炸危险环境，架空线路与相邻爆炸危险环境边界的距离应为塔杆高度的 1.5 倍以上。爆炸性危险环境的电缆线路应采用直接埋地敷设方式或电缆沟敷设方式，并采取隔离密封措施。

17. 爆炸危险环境电气线路敷设方式的要求

爆炸危险环境内主要采用防爆钢管配线。采用非铠装电缆应考虑机械防护。非固定敷设的电缆应采用非燃性橡胶护套电缆。除下列情况外，固定敷设的电力电缆应采用铠装电缆：

（1）在 2 区内采用电缆槽板、托盘或槽盒敷设的塑料护套电缆。

（2）在 2 区内电缆沟内敷设的电缆。

（3）在 11 区内明设时的电缆。

（4）在 10 区和 11 区封闭电缆沟内敷设的电缆。

18. 爆炸危险环境电气线路导线材料的要求

对爆炸危险环境不同区域内导线的材质和最小截面积有不同的要求，见表 6-5。

表 6-5　爆炸危险环境电气线路导线材料的最小截面积

区域	导线材质	导线最小截面积（mm^2）
1 区	铜芯导线	2.5
2 区	动力线路：铜芯导线/铝芯导线	1.5/4
	照明线路：铜芯导线/铝芯导线	1.5/2.5
10 区	铜芯导线	2.5
11 区	铜芯导线/铝芯导线	1.5/2.5

爆炸危险环境宜采用交联聚乙烯、聚乙烯、降聚乙烯或合成橡胶绝缘及有护套的电线，宜采用具有耐热、阻燃、耐腐蚀绝缘的电缆，不能采用油浸纸绝缘电缆。电线、电缆的额定电压不得低于 500V，并不能低于工作电压。移动式设备应采用重型电缆（1 区和 10 区）或中型电缆（2 区和 11 区）。

19. 爆炸危险环境电气线路联结方法的要求

爆炸危险环境的电气线路不得有非防爆型中间接线头。1 区和 10 区应采用隔爆型接线盒，2 区和 11 区可采用增安型乃至防尘型接线盒。常用的联结采用压盘式和压紧螺母式引入装置，联结处应用密封圈密封或浇封。采用铝芯导线时，必须采用压接或熔焊，铜、铝联结处必须采用铜铝过渡接头。电缆线路不应有中间接头。采用钢管配线时，螺纹联结一般不得少于 6 扣，螺纹联结处应涂以铅油或磷化膏。

20. 爆炸危险环境电气线路导线允许载流量的要求

爆炸危险环境电气线路导线允许载流量不应小于线路熔断器熔体额定电流和断路器长延时过电流脱扣器整定电流的 1.25 倍或电动机额定电流的 1.25 倍。

21. 爆炸危险环境电气线路隔离与密封的要求

爆炸危险环境敷设电气线路的沟道以及保护管、电缆或钢管在穿过爆炸危险环境等级不同的区域之间的隔墙或楼板时，应用非燃性材料严密堵塞。

22. 降低危险区域等级和风险的要求

为了降低危险区域的等级和风险，除了合理选择电气设备和电气线路，使电气设备和线路的防爆等级与危险区域的划分等级相适宜外，还须同时采用消除或减少爆炸性混合物的泄漏和积聚、加强环境通风和空气流通、保持电气隔离和安全间距、消除各种引燃源、禁止冒险作业、电气设备接地以及将其他金属构件等电位联结等安全技术措施。

23. 消除或减少爆炸性混合物的措施

（1）采取封闭式作业，防止爆炸性混合物泄漏。

（2）及时清理现场积尘，防止爆炸性混合物积聚。

（3）将有引燃源的区域设计成正压室，防止爆炸性混合物进入。

（4）在危险空间充填氮气等惰性保护气体，防止爆炸性混合物的形成。

（5）采取开放式作业或加强通风，稀释爆炸性混合物。

（6）安装检测报警装置，在达到爆炸性混合物爆炸下限的10%时发出报警信号，以便及时采取对应措施。

24. 对电气设备进行隔离并保持安全间距

可以采取以下措施对电气设备进行隔离，并保持安全间距：

（1）对危险性大的电气设备可设隔离间单独安装，并对隔离墙进行封堵。

（2）电动机可采用隔墙传动，照明灯可采用隔玻璃照明。

（3）充油设备应根据充油量的多少安装在隔离间或防爆间内。

（4）电气设备与危险区域之间的距离、电气设备之间的间距以及消防安全通道等必须符合有关规定。

（5）变、配电室应远离危险环境，不得设在正上方或正下方，也不能有可燃物积聚。与危险场所相毗连时应采用非燃性材料隔离，孔洞、沟道也要密封严实，门窗开向应面向非危险场所。

25. 引燃源的消除措施

引燃源是造成火灾和爆炸事故的关键因素，可以通过以下措施消除引燃源：

（1）电气设备和线路的设计、造型应符合危险环境的特征、危险物的级别和组别要求。

（2）保持电气设备和线路安全运行。电压、电流、温度（升）等参数不能超出允许范围，外观、绝缘、联结、标志等状态良好。

（3）尽量不用或少用移动式或携带式设备，插座或接线盒的使用要满足防火、防爆要求。

（4）在未完成停产时不宜进行电气测量和检修工作。

26. 气体、蒸气爆炸危险环境电气设备的最高表面温度

气体、蒸气爆炸危险环境电气设备的最高表面温度见表6-6。

表6-6　气体、蒸气爆炸危险环境电气设备的最高表面温度

组别	T1	T2	T3	T4	T5	T6
最高表面温度（℃）	450	300	200	135	100	85

27. 粉尘、纤维爆炸危险环境电气设备的最高表面温度

粉尘、纤维爆炸危险环境电气设备的最高表面温度见表 6-7。

表 6-7　粉尘纤维爆炸危险环境电气设备的最高表面温度

组别	表面温度或零部件温度限值（℃）			
	无过负荷可能		有过负荷可能	
	零部件温度	表面温度	零部件温度	表面温度
T11	215	175	190	150
T12	160	120	140	100
T13	110	70	100	60

28. 危险区域接地应注意的问题

爆炸、火灾等危险区域接地应注意以下问题：

（1）所有设备、设施不带电的金属构件应做等电位联结。

（2）低压供配电系统应采用 TN-S 系统，铜保护导体的截面积应不小于 $4mm^2$。

（3）若供配电系统采用 IT 系统，则必须装设接地故障声光报警装置或能自动切断电源的剩余电流动作保护装置。

29. 危险区域应采用的电气安全保护装置

在爆炸、火灾等危险区域，应采用以下电气安全保护装置：

（1）短路、缺相及过载等保护装置。保护装置的动作电流不宜太大，在不影响正常工作的前提下越小越好，以便立即动作切断电源。切断电源时，相线与工作零线必须同时断开。

（2）双电源自动切换联锁保护装置。为防止单电源造成突然停电事故，应采用双电源供电。双电源之间应能够自动切换和互相联锁。

（3）通风设备联锁保护装置。一旦电气设备发生燃爆，通风设备必须停止运行。电气设备启动运行前，通风设备必须首先启动运行。

（4）爆炸性混合物浓度检测报警仪。当现场爆炸性混合物的浓度达到危险范围内，由检测装置发出报警信号，以便及时采取有效措施。

（5）剩余电流动作保护器。当泄漏电流超过动作电流时，可迅速切断电源。

30. 防止电气线路引起电气火灾的措施

在电气火灾中，电气线路所发生的火灾占相当大的比重。而电气线路火灾通常是由短路、过载及接触不良等原因引起。因此要防止电气线路火灾应当采取以下措施：

（1）检查线路的安装是否符合规范要求，尤其是检查线路的敷设方式、线路间距、固定支撑等是否符合安全技术要求。

（2）经常检查线路的运行情况是否良好，有无严重过负荷、明显发热等现象。

（3）经常检查线路的各个联结点是否紧密牢固，有无松动、变色或熔化现象。

（4）定期测试线路的绝缘电阻，相间、对地绝缘电阻不能低于规定值。

（5）正确选择线路的保护设备（如熔断器、断路器等），不得任意增大保护设备的容量或保护参数。

（6）加强对临时线路和移动式设备线路的检查、监督管理工作，发现问题及时纠正。

31. 电气火灾的预防措施

电气火灾的预防，必须从电气设备和线路的全过程做起，主要预防措施包含以下几方面：

（1）选用合适的电气设备和线路。根据工程设计、生产工艺、使用条件或环境、使用目的及要求等客观存在因素选择合适类型的电气设备和线路。

（2）规范安装电气设备和线路。在工程施工过程中，必须依据安装工程规范和特殊要求安装每一台电气设备和每一条线路。工程竣工后要进行安装确认（IQ），对存在问题要及时整改。

（3）正确使用电气设备和线路。电气设备和线路安装确认合格后，还必须经过运行确认（0Q），记录各种运行数据，形成书面报告。运行确认合格后，方可移交生产正式投运。

（4）定时巡查电气设备和线路。对于连续运行的电气设备和线路，电工人员必须进行定时巡查，查看和记录其运行参数。

（5）定期维护电气设备和线路。要保持电气设备和线路的正常运行，有效消除和减少电气设备和线路发生各种故障的频次，必须对电气设备和线路进行定期维护。

（6）更换陈旧落后的电气设备和线路。要不断地投入资金，逐步淘汰和更换陈旧落后的电气设备和线路。

（7）安装火灾监测和报警装置。在变电站、配电室等电气设备密集安装的地方和一些重大电气设备的上方安装温感器、烟感器和报警器等装置，以便及时发现灾情。

32. 发生电气火灾切断电源的方法

与普通火灾相比，电气火灾有着自身的特点：①着火的电气设备可能带电，扑救时有可能引发触电事故。②有些电气设备内部充油，有可能引发喷油甚至爆炸事故。因此，发生电气火灾时，首先应当设法切断着火设备的电源，然后再根据火灾特点进行扑救。切断电源时需注意以下几点：

（1）应使用绝缘工具操作。开关设备有可能受火灾影响，其绝缘强度而大大降低。

（2）要注意拉闸顺序。不能带负荷拉闸，以免人为引发弧光短路故障。

（3）停电范围要适当。不能扩大停电范围，以免影响扑救或造成其他不必要的损失。

（4）采用切断电源线的方法时，不同相要在不同部位剪断，防止发生短路。架空线路的剪断位置应选择在电源方向的支持物附近，以免导线落地引发接地故障或触电事故。

33. 带电灭火应注意的安全事项

为争取灭火时间，来不及切断电源或者不能停电，必须带电灭火时，要注意以下安全

事项：

（1）选择适当的灭火剂。喷粉灭火器使用的二氧化碳、四氯甲烷、二氟一氯一溴甲烷（1211）或干粉等灭火剂都是不导电的，可直接用于带电灭火。

（2）用水枪灭火时，应采用喷雾水枪，水枪的喷嘴必须接地。灭火人员也应穿戴绝缘手套、绝缘靴或均压服。

（3）灭火器喷嘴应与带电体之间保持必要的安全距离。灭火器喷嘴距带电体不应小于0.4m（10kV）或0.6m（35kV）。

（4）对架空线路或高处设备进行灭火时，人体位置与带电体之间的仰角不得超过45°。

（5）要防止跨步电压引起的触电事故。若有带电线路断落于地面，要设立禁区，并悬挂警示标志，防止人员误入。

34. 扑救电气火灾应注意的安全事项

由于电气火灾有别于普通火灾，有其自身的特殊性，扑救电气火灾时应当注意以下几方面的安全事项：

（1）迅速设法就近切断电源，尽量做到断电灭火。若带电灭火，必须做好相应的安全技术措施，防止发生触电事故。

（2）确保扑救人员人身安全。扑救人员必须穿戴好防护用品，防止和减少有害物的危害。扑救时，应尽可能地站在上风侧，减少有毒有害气体的吸入。

（3）防止发生大面积停电事故。大面积停电有可能给灭火工作带来困难，夜间灭火要有足够的照明。

（4）室内着火时，不要急于打开门窗，以防空气对流加大火势。

（5）高处着火时，要注意从高处落下的可燃物对人体造成的伤害。站在高处灭火，要防止人员坠落。

（6）扑救人员身上着火时，可就地打滚或脱掉衣服，也可用湿麻袋、湿棉被等覆盖在身上，不得用灭火器直接喷射灭火。

（7）防止充油设备发生爆炸。有些电气设备（如油浸式变压器、油断路器）内部充油，扑救措施必须及时、准确，以防止充油设备发生爆炸。充油设备外部着火时，可用干粉灭火器及时扑救；若火势较大，应切断电源用水扑救。充油设备内部着火时，应先切断电源，再将油放出至储油坑，然后用喷雾水或泡沫等灭火。

35. 扑灭电气火灾的方法

虽然采取了相应的措施，但电气火灾在所难免。火灾发生后，及时、正确地扑救，可以有效地防止事态的扩大，减少事故损失。

（1）一般灭火方法。

从对燃烧的三要素的分析可知，只要阻止三要素并存或相互作用，就能阻止燃烧的发生。因此，灭火的方法可分为窒息灭火法、冷却灭火法、隔离灭火法和抑制灭火法等。

1）窒息灭火法。阻止空气流入燃烧区或用不燃气体降低空气中的氧含量，使燃烧因助燃物含量过小而终止的方法称为窒息灭火法。例如：用石棉布、浸湿的棉被等不燃或难燃物品覆盖燃烧物；或封闭孔洞；或用惰性气体（CO_2、N_2 等）充入燃烧区降低氧含量等。

2）冷却灭火法。冷却灭火法是将灭火剂喷洒在燃烧物上，降低可燃物的温度，使其温度低于燃点，而终止燃烧。如喷水灭火、“干冰”（固态 CO_2）灭火都是采用冷却可燃物达到灭火的目的。

3）隔离灭火法。隔离灭火法是将燃烧物与附近的可燃物质隔离，或将火场附近的可燃物疏散，不使燃烧区蔓延，待已燃物质烧尽时，燃烧自行停止。如阻挡火的可燃液体的疏散，拆除与火区毗连的易燃建筑物构成防火隔离带等。

4）抑制灭火法。前述三种方法的灭火剂，在灭火过程中不参与燃烧化学反应，均属物理灭火法。抑制灭火法是灭火剂参与燃烧的连锁反应，使燃烧中的游离基消失，形成稳定的物质分子，从而终止燃烧过程。如“1211”（二氟一氯一溴甲烷）灭火剂就能参与燃烧过程，使燃烧连锁反应中断而熄灭。

（2）常用灭火器。

根据灭火的基本原理和方法，可以制成不同类型、不同特点的灭火器。常用灭火器如下：

1）二氧化碳灭火器。将二氧化碳（CO_2）灌入钢瓶内，在 20℃时钢瓶内的压力为 6MPa。使用时，液态二氧化碳从灭火器喷嘴喷出，迅速气化，由于强烈吸热作用，变成固体花状的二氧化碳，又称干冰，其温度为－78℃。固体二氧化碳又在燃烧物上迅速挥发，吸收燃烧物热量，同时，使燃烧物与空气隔绝，从而达到灭火的目的。

二氧化碳灭火器主要适用于扑救贵重设备、档案资料、电气设备、少量油类和其他一般物质的初起火灾。其不导电，但电压超过 600V，应切断电源。其规格有 2、3、5kg 等多种。

使用时，因二氧化碳气体易使人窒息，人应该站在上风侧，手应握住灭火器手柄，防止干冰接触人体造成冻伤。

2）干粉灭火器。干粉灭火器的灭火剂主要由钾或钠的碳酸盐类加入滑石粉、硅藻土等掺和而成，不停电。干粉灭火器在火区覆盖燃烧物并受热产生二氧化碳和水蒸气，因其具有隔热吸热和阻隔空气的作用，故使燃烧熄灭。

干粉灭火器适用于扑灭可燃气体、液体、油类、忌水物质（如电石等）及除旋转电动机以外的其他电气设备的初起火灾。

使用干粉灭火器时先打开保险，把喷管口对准火源，另一手紧握导杆提环，将顶针压下，干粉即喷出。扑救地面油火时，要平射左右摆出，由近及远，快速推进。同时应注意防止回火重燃。

3）泡沫灭火器。泡沫灭火器的灭火剂是利用硫酸铝与碳酸氢钠作用放出二氧化碳的原理制成，其中加入甘草根汁等化学药品造成泡沫，浮在固体和比重大的液体燃烧物表面，隔热、隔氧，使燃烧停止。由于上述化学物质导电，故不适用于带电扑灭电气火灾，但切断电源后，可用于扑灭油类和一般固体物质的初起火灾。

灭火时，须将灭火器筒身颠倒过来，稍加摇动，两种药液即刻混合，喷射出泡沫，由喷嘴喷出。泡沫灭火器只能立着放置。

4）“1211”灭火器。“1211”灭火器的灭火剂“1211”（二氟一氯一溴甲烷）是一种具有高效、低毒、腐蚀性小、灭火后不留痕迹、不导电、使用安全、储存期长的新型优良灭

火剂，是卤代烷灭火剂的一种。其灭火的作用在于阻止燃烧连锁反应并有一定的冷却窒息效果，特别适用于扑灭油类、电气设备、精密仪表及一般有机溶剂的火灾。

灭火时，拔掉保险销，将喷嘴对准火源根部，手紧握压把，压杆将封闭阀开启，“1211”灭火剂在氮气压力下喷出，当松开压把时，封闭喷嘴，停止喷射。

该灭火器不能放置在日照、火烤、潮湿的地方，防止剧烈震动和碰撞。

5）其他。水是一种最常见的灭火剂，具有很好的冷却效果。纯净的水不导电，但一般水中含有各种盐类物质，故具有良好的导电性。未采用防止人身电击的技术措施时，水不能用于带电灭火。但切断电源后，水却是一种廉价、有效的灭火剂。水不能对密度较小的油类物质灭火，以防油火飘浮水面使火势蔓延。

干砂的作用是覆盖燃烧物，吸热、降温并使燃烧物与空气隔离，特别适用于扑灭油类和其他易燃液体的火灾，但禁止用旋转电和灭火，以免损坏电动机和轴承。

（3）电气火灾扑灭方法。

从灭火角度看，电气火灾有两个显著特点：①着火的电气设备可能带电，扑灭火灾时，若不注意可能发生电击事故；②有些电气设备充有大量的油，如电力变压器、油断路器、电压互感器、电流互感器等，发生火灾时，可能发生喷油甚至爆炸，造成火势蔓延，扩大火灾范围。因此扑灭电气火灾必须根据其特点，采取适当措施进行扑救。

1）切断电源。发生电气火灾时，首先设法切断着火部分的电源，切断电源时应注意下列事项：

a. 切断电源时应使用绝缘工具操作。因发生火灾后，开关设备可能受潮或被烟熏，其绝缘强度大大降低，因此，拉闸时应使用可靠的绝缘工具，防止操作中发生电击事故。

b. 切断电源的地点要选择得当，防止切断电源后影响灭火工作。

c. 要注意拉闸的顺序。对于高压设备，应先断开断路器，后拉开隔离开关；对于低压设备，应先断开磁力启动器，后拉开隔离开关，以免引起弧光短路。

d. 当剪断低压电源导线时，剪断位置应选在电源方向的支持绝缘子附近，以免断线线头下落造成电击伤人，发生接地短路；剪断非同相导线时，应在不同部位剪断，以免造成人为短路。

e. 如果线路带有负荷，应尽可能先切除负荷，再切断现场电源。

2）断电灭火。在着火电气设备的电源切断后，扑灭电气火灾的注意事项如下：

a. 灭火人员应尽可能站在上风侧进行灭火。

b. 灭火时若发现有毒烟气（如电缆燃烧时），应戴防毒面具。

c. 若灭火过程中，灭火人员身上着火，应就地打滚或撕脱衣服，不得用灭火器直接向灭火人员身上喷射，可用湿麻袋或湿棉被覆盖在灭火人员身上。

d. 灭火过程中应防止全厂（站）停电，以免给灭火带来困难。

e. 灭火过程中，应防止上部空间可燃物着火落下危害人身和设备安全，在屋顶上灭火时，要防止坠落至附近“火海”中。

f. 室内着火时，切勿急于打开门窗，以防空气对流而加重火势。

3）带电灭火。在来不及断电，或由于生产或其他原因不允许断电的情况下，需要带电灭火。带电灭火的注意事项如下：

a. 根据火情适当选用灭火剂。由于未停电，应选用不导电的灭火剂。如手提灭火器使用的二氧化碳、四氯化碳、二氟一氯一溴甲烷（“1211”）、二氟二溴甲烷或干粉灭火剂都是不导电的，可直接用来带电喷射灭火。泡沫灭火器使用的灭火剂具有导电性，且对电气设备的绝缘有腐蚀作用，不宜用于带电灭火。

b. 采用喷雾水花灭火。用喷雾水枪带电灭火时，通过水柱的泄漏电流较小，比较安全，若用直流水枪灭火，通过水柱的泄漏电流会威胁人身安全，为此，直流水枪的喷嘴应接地，灭火人员应戴绝缘手套，穿绝缘鞋或均压服。

c. 灭火人员与带电体之间应保持必要的安全距离。用水灭火时，水枪喷嘴至带电体的距离为110kV不小于5m。用不导电灭火剂灭火时，喷嘴至带电体的最小距离为10kV不小于0.4m，35kV不小于0.6m。

d. 对高空设备灭火时，人体位置与带电体之间的仰角不得超过45°，以防导线断线危及灭火人员的人身安全。

e. 若有带电导线落地，应划出一定的警戒区，防止跨步电压电击。

4）充油设备灭火。绝缘油是可燃液体，受热气化还可能形成很大的压力，造成充油设备爆炸。因此，充油设备着火有更大的危险性。

充油设备外部着火时，可用不导电灭火剂带电灭火。如果充油设备内部故障起火，则必须立即切断电源，用冷却灭火法和窒息灭火法使火焰熄灭，即使在火焰熄灭后，还应持续喷洒冷却剂，直到设备温度降至绝缘油闪点以下，防止高温使油气重燃造成重大事故。如果油箱已经爆裂，燃油外泄，可用泡沫灭火器或黄沙扑灭地面和储油池内的燃油，注意采取措施防止燃油蔓延。

发电机和电动机等旋转电动机着火时，为防止轴和轴承变形，应使其慢慢转动，可用二氧化碳、二氟一氯一溴甲烷或蒸汽灭火，也可用喷雾水灭火。用冷却剂灭火时注意使电动机均匀冷却，但不宜用干粉、砂土灭火，以免损伤电气设备绝缘和轴承。

36. 防爆电气设备

爆炸危险环境使用的电气设备，结构上应能防止由于在使用中产生火花、电弧或危险温度成为安装地点爆炸性混合物的引燃源。

（1）防爆电气设备结构特征。

防爆电气设备种类很多，按照使用环境，防爆电气设备分成两大类：①煤矿井下用电气设备；②工厂用电气设备。按防爆的不同形式分为以下9类：

1）防爆型电气设备的防爆原理。具有隔爆外壳的电气设备称为隔爆型电气设备。它是以隔爆外壳所具有的耐爆性和不传爆性来防爆的。耐爆性，就是外壳能承受壳内部爆炸性气体混合物燃烧和爆炸时所产生的很大的压力。这种压力的大小与混合物的种类、浓度、初始压力、容器的容积大小和形状等因素有关。一般要求外壳能承受1～1.5MPa的内压力而不产生永久性变形。厂家一般按实际压力的1.5倍来设计生产外壳，其外壳材料一般采用钢、铸钢、铝合金等，对于小型设备和按钮外壳等，可采用高强度的工程塑料。

2）本质安全型电气设备的防爆原理。在规定的试验条件下，正常工作或规定的故障状态（如开路或短路等）下产生的电火花和热效应均不能点燃规定的爆炸性气体混合物的电路称为本质安全电路，全部电路为本安电路的电气设备即为本质安全型电气设备。它是一

种主要的防爆电气设备型式。

在电气设备工作中，电路的开路、短路、接点的开闭等，都可能产生电火花和高温表面，本质安全型电气设备是通过采取一定的技术措施，将火花的能量限制得很低，使其不能引起周围爆炸性气体混合物的燃烧和爆炸。这些技术措施主要是控制电路的工作电压、电流以及恰当地选择电路中元件参数从而限制能量，并加入一些保护性措施能迅速切断电路的故障或吸收故障状态下电路释放的能量等以达到本质安全性能。

3）增安型电气设备的防爆原理。在电气设备的那些可能产生危险温度、电弧及火花的部件上（可能是指在正常条件下不产生而仅在故障条件下可能产生），采取一些机械的、电气的保护措施，提高其安全性，这种型式的电气设备称为增安型电气设备。

此种电气设备没有防爆级别，而只有类别和温度组别。其安全程度低于隔爆型、本质安全型、充油型，而高于普通形式的电气设备。

4）正压型电气设备的防爆原理。向外壳内充入洁净空气、惰性气体等保护性气体，保持外壳内部保护气体的压力高于周围爆炸性环境的压力，阻止外部爆炸性混合物进入外壳而使电气设备的危险源与环境中爆炸性混合物隔离的电气设备，称为正压型电气设备。

正压通风结构有两种型式：一种是连续正压通风结构型式；另一种是正压补偿结构型式。连续正压通风结构是指设备外壳内连续通入保护气体，使外壳内保持应有的正压值。正压补偿结构是指设备外壳内充入一定的正压值的保护气体，不进行连续通风，仅对设备外壳不可避免的泄露进行随时补偿或定期补偿。

从正压型原理可以看出，这种防爆结构安全程度比较高，可在1区或2区安全使用。这种防爆型式由于其结构简单，特别是对大型电气设备，如大、中型电动机，当采用其他防爆结构比较困难时，都采用正压型结构。但对小型电气设备，由于正压型附属设备较多，因此造价可能较高，所以很少采用。

实际使用时要注意的是，当设备带有内外风扇等旋转部件时，在设备外壳内可能造成局部负压，此时应避免外部爆炸危险环境中含有爆炸性气体混合物进入外壳内部造成危险。

正压型电气设备的外壳及其连接管道的防护等级须不低于IP40，并须能防止从外壳或管道内喷出任何火花和炽热颗粒。排气口一般应设在非爆炸危险环境，如果采取措施能有效地防止火花或炽热颗粒吹出时，排气口可设在危险等级较低的场所。

正压外壳及其连接管道须采用不燃性或难燃性材料制造，保护气体和运行环境中的有害气体应具有充分的抗蚀能力。

正压型电气设备须设置自动装置，保证在启动或运行中，当外壳内正压降至低于规定最小值时，用于1区的设备须能自动切断电源，用于2区的设备可发出连续声、光报警信号。电气设备的铭牌还应附加以下内容：保护气体种类及设备运行时的最小正压值；设备内部净容量；其他必要的说明，如切断电源后，须延时打开门或盖的时间等。同时，须在电气设备上或在防爆合格证上明确示出检验单位所确定的测压点位置。

5）充油型电气设备的防爆原理。充油型电气设备是将设备中可能出现火花、电弧的部件或整个设备浸在油内，使设备不能点燃油面以上或外壳以外的爆炸性混合物，从而达到防爆的目的。

设备内所充的油应是符合GB 2536—2011《电工流体变压器和开关用的未使用过的矿物绝缘油》的矿物油，国外有的标准规定也可采用合成的不燃液体。浸没深度是充油型防爆电气设备的主要参数之一。开关、电器等在触头分断时形成电弧并在油中燃烧，电弧周围的压力越大，电弧就越容易熄灭。压力的大小取决于电弧上部油层的高度，油层越高，压力越大，电弧越容易熄灭。油层高度太小是不安全的，但油层过高也不经济，因此标准规定：产生火花、电弧和危险温度的零部件，浸入油中的深度要确保不引爆油面上的爆炸性气体混合物，具体数值由试验确定。

这种防爆型式的可靠性与外壳的机械强度及油的状态、数量、控制方法有关。现在充油型电气设备应用有限，品种很少，它只能制成固定式设备。

充油型电气设备的外壳防护等级须不低于 IP43，外壳设有排气孔时，排气孔的防护等级须不低于 IP41。外壳的密封零件，如衬垫、密封圈等须采用耐油材料制成。

6）充砂型电气设备的防爆原理。充砂型电气设备是在外壳内充填砂粒材料，使设备在规定的使用条件下，壳内产生的电弧传播的火焰、外壳壁或砂粒材料表面的过热均不能点燃周围的爆炸性混合物的电气设备。

这种设备是砂粒材料，一般用石英砂作保护材料。这种材料本身及装填材料的容器对爆炸性混合物没有点燃能力，并且使设备在运行中产生的火花、电弧及可能出现的火焰在其中熄灭，又因砂粒充填到一定厚度，使砂粒层表面温度即使在弧光短路情况下也低于爆炸性混合物的引燃温度。因此不能引燃周围的爆炸性混合物，从而达到防爆的目的。

这种防爆类型只适用于额定电压不超过 6kV，且使用时活动零件不直接与填料接触的电气设备，如电容器、熔断器、变压器等。

充砂型电气设备的外壳防护等级须不低于 IP54。用作填料的石英须符合下列要求：不含金属微粒，且石英含量须不少于 96%；石英粒度为 0.25～1.6mm，但 0.5～1.25mm 的微粒应占大多数，且没有小于 0.25mm 和大于 1.6mm 的微粒；含水量须不超过其质量的 0.1%。性能不低于石英的其他材料也允许采用。

7）无火花型电气设备的防爆原理。无火花型电气设备是指在电气、机械上符合设计技术要求，并在制造厂规定的限度内使用不会点燃周围爆炸性混合物，且一般不会发生点燃故障的电气设备。

无火花型电气设备外壳的防护等级须不低于下列要求：绝缘带电部件的外壳应为 IP44，裸露带电部件的外壳应为 IP54。

无火花型电气设备是一种用于地面工厂 2 区危险场所的防爆电气设备，包括电动机、照明灯具、插销装置、小功率电器和仪表等设备。

8）气密型电气设备的防爆原理。气密型电气设备是指外壳根本不会漏气的一种电气设备，就是说环境中的爆炸性混合物不能进入电气设备外壳内部，从而保证外壳内部带电部分不会接触到爆炸性混合物，达到防止发生点燃爆炸的目的。

气密型电气设备的气密外壳各部分间必须用熔化（如软钎焊、硬钎焊、熔接）、挤压或胶粘的方法进行密封，不允许用衬垫密封方式。经过气密试验合格的外壳在使用过程中不允许打开，如打开外壳则认为外壳的气密性被破坏，须重新密封并重新做气密试验。金属外壳如果使用了法兰连接，必须将法兰周围熔接或胶粘，胶粘宽度须不小于 6mm，以保证其气密性，同时外壳应尽量减少接缝。

9）浇封型电气设备的防爆原理。整台电气设备或其中部分，即可能产生点燃爆炸性混合物的电弧、火花或高温部分浇封在浇封剂中，在正常运行和认可的过程或认可的故障下

不能点燃周围的爆炸性混合物的电气设备，称为浇封型电气设备。

浇封型电气设备是将其中可能产生点燃爆炸性混合物的点燃源（如电弧、火花、危险高温）封在如合成树脂一类的浇封剂中，使其不能点燃周围可能存在的爆炸性混合物。其实质上是将固化后的浇封剂作为外壳或外壳的一部分。与金属相比，合成树脂一类的浇封剂的最大优点是易于人工改变其成分和控制其性能、制造工艺简单、体积小、经济效益高，但必须满足防爆要求。因此必须精选浇封剂，严格要求浇封工艺和认真研究设备结构，并对浇封后的设备进行系列的试验考核。

（2）防爆电气设备的标志方法。

防爆电气设备的符号标志应遵循以下几条原则：

1）类型、级别均按主体和部件的顺序标出。

2）对只适用于某一种爆炸性气体混合物的电气设备，须在设备的铭牌上标明可燃性气体或蒸汽的名称、分子式，这时可不必注明级别与温度组别。

3）如果一个电气设备上使用着一种以上防爆型式时，则首先标明主体防爆型式的标志，然后是其他防爆型式标志。同时复合型电气设备应分别在不同防爆型式的外壳上标出相应的防爆型式。

4）对Ⅱ类电气设备的标志，可标温度组别，也可标最高表面温度，或二者都标出。

5）为保证安全，指明在规定条件下使用的电气设备，例如指明具有抗低冲击能量的电气设备，在其防爆合格证之后加符号“x”。

电气设备应设计在环境温度为－20～40℃时使用，在此时不需附加标志。若环境温度超出上述范围应视为特殊情况，制造厂应将环境温度范围在资料中给出，并在铭牌上标出符号 Ta 或 Tamb 和特殊环境温度范围，或在防爆合格证编号后加注符号“x”。铭牌和警告牌都必须用青铜、黄铜或不锈钢制成，其厚度应不小于 1mm；但仪器、仪表的铭牌、警告牌厚度可不小于 0.5mm。

（3）防爆电气设备选型。

各种防爆电气设备、防爆技术，根据其防爆原理，有不同的应用范围。选择电气设备应视场所等级和场所中的爆炸性混合物而定。其原则是场所决定类型，爆炸性混合物决定级别和组别。因此，选择在爆炸危险环境内使用电气设备时，要从实际情况出发，根据爆炸危险环境的等级、爆炸危险物质的级别和组别，以及设备的使用条件和电火花形成的条件，选择相应的电气设备。其选用原则有：

1）根据爆炸危险区域的分区、电气设备的种类和防爆结构的要求，选择相应的电气设备。在各级场所，尽量不选用正压型或充油型电气设备。在储存煤油、柴油的洞库内，在没有其他性质的爆炸性混合气体的情况下，允许使用增安型手电筒。在储存汽油的洞库内，其油气浓度不超过爆炸下限 20％的情况下，允许使用增安型手电筒，但不允许在测量取样、清洗油罐时使用。

2）选用的防爆电气设备的级别和组别，不应低于该爆炸性气体环境内爆炸性气体混合物的级别和组别。当存在有两种以上易燃性物质形成的爆炸性气体混合物时，应按危险程度较高的级别和组别选用防爆电气设备。例如汽油场所，防爆电气设备的组别不得低于 C 组，隔爆型电气设备不得低于 2 级。煤油、柴油共同使用一个泵房，则泵房用电气设备应按煤油要求级别的组别来选择。

3）爆炸危险区域内的电气设备。应符合周围环境内化学的、机械的、热的、霉菌以及风沙等不同环境条件时电气设备的要求，电气设备结构应满足电气设备在规定的运行条件下不降低防爆性能的要求。

a. 化学要求。对电气设备的化学要求主要是防腐。在具有爆炸危险的场所，有些还存在着腐蚀性气体（有些爆炸性混合物本身就具有腐蚀性）。这些气体对电气设备的金属材料及绝缘材料有很大影响，当这些材料受到腐蚀破坏时，将影响电气设备的防爆性能。因此，根据环境条件应选用既防爆又防腐的产品。

b. 温度要求。工厂用防爆电气设备规定的使用环境温度为－20～40℃，过高和过低的温度都会影响防爆性能。

c. 湿度要求。湿度视具体设备而定。山洞油库潮湿问题还没有普遍解决，大部分情况下湿度不能达到要求。除安装上采取适当的局部降湿措施外，在难以解决湿度问题而又必须安装防爆电气设备时，可以选用适用于湿热带条件下工作的电气设备。

d. 高原和户外使用要求。有些电气设备安装在高原、户外使用，雨雪侵蚀、大气冷热的变化、强烈的日光照射、高原的低温、低气压等，都对电气设备的防爆性能产生影响。根据需要，分别设计有户外防腐防爆型和户外防爆型，它们的标志是在防爆电气设备的型号后增加 WF 和 W 等字母代号。例如，户外防腐防爆型电磁启动器 BQD51-30WF；对使用环境的海拔高于产品要求时，可另外向生产单位提出专门的要求。

e. 其他环境。如油船上的震动、颠簸、盐雾、海水的侵袭以及其他场合的冲击、震动。

总之，应根据场所选择与之相适应的电气设备。尤其对腐蚀性大、特别潮湿、户外使用环境等因素，都需在选择中考虑或订购中注明。

4）应考虑安装和维修的方便。防爆电气设备的安装以及安装后的维护管理极为重要，在选用上必须考虑维护、安装的方便，并考虑使用与安装费用的经济性。

（4）防爆电动机分类。

防爆电动机可按使用场所、防爆类型、电动机类型和用途及其他特征进行分类。

1）根据使用场所的不同，可分为工厂用防爆电动机和煤矿井下用（矿用）防爆电动机。石油库选用工厂用防爆电动机。

2）根据防爆类型可分为隔爆电和、增安型电动机、正压型电动机（以前称为通风充气型电动机）、无火花型电动机和粉尘防爆电动机。石油库一般选用隔爆型和增安型防爆电动机。

3）根据电动机类型可分为防爆同步电动机、防爆直流电动机、防爆异步电动机。石油库选用防爆异步电动机拖动泵与通风机。

4）根据用途不同，可分为管道泵用隔爆型三相异步电动机、风机用隔爆型三相异步电动机、里米托克阀门电动装置用隔爆型三相异步电动机、小球阀电动装置用隔爆型三相异步电动机、煤矿井下装岩机用隔爆型三相异步电动机、运输机用隔爆型三相异步电动机、绞车用隔爆型三相异步电动机、振动给料机用隔爆型三相异步电动机、加氢装置用增安型无刷励磁同步电动机等。

此外，还可以按其他特征，如机座号的大小、防腐、耐湿热等特征进行分类。

37. 常见的电气火灾隐患及防范措施

随着社会经济的发展及人民生活水平的不断提高，我国人均用电量急剧增长，但电气

火灾也随之剧增，给国家经济和人民生命财产造成巨大损失。据报道，我国电气火灾发生率占全部火灾的30%左右，占各种火灾原因的首位。在此简要总结一下电气火灾的隐患及防范措施。

（1）电气火灾的隐患。

1）短路引起的电气火灾。电气短路可分为相间短路和单相接地短路。相间短路一般能够产生较大的短路电流，该短路电流使过电流保护装置动作，及时切断电源，较少发生电弧性短路，因此较少发生电气火灾。单相接地短路可分为金属性短路和电弧性短路。金属性短路起火的危险并不大，主要因为短路电流大，过电流保护装置在短路电流的作用下短时间内切断电流；而电弧性短路由于故障点接触不良，未被熔融而迸发出电弧或电火花，由于发生电弧性短路的故障点阻抗较大，它的短路电流并不大，断路器难以动作（熔丝一般不会被熔断），从而使电弧持续存在，据测，仅略大于0.5A的电流产生的电弧温度即可高达2000～3000℃，足以引燃任何可燃物，而且电弧的维持电压低至20V时仍可使电弧连续稳定存在，难以熄灭。这种短路电弧常成为电气火灾的点火源，因此，接地电弧性短路占电气火灾原因的一半以上。

2）线路高次谐波成为新的重要的电气火灾隐患。低压电网中产生谐波的主要原因是由于非线性负载所致，这些谐波电流进入公用电网可引起电源电压畸变、波形失真、损耗增加，并可使电气线路（特别是中性线N）过载发热，加速绝缘老化而存在火灾隐患。中性线过载发热的原因：在三相平衡负载中3次谐波（9次、15次谐波等）在各相中的分量是彼此同相的，在中性线内不是互相抵消而是相互叠加（其他正序、负序谐波分量在中性线中可相互抵消），叠加后的中性线电流可能超过相线电流，甚至达到近2倍的中性线电流，造成中性线过热而埋下电气火灾隐患。如果三相负载不平衡，中性线再叠加上不平衡电流后发热将更为严重。在我国一些地方，中性线截面积仍按习惯做法，只取相线截面积的1/2，甚至1/3。如果三相负载不平衡比较严重，并且存在较大的谐波电流，那么在不平衡电流及谐波电流的作用下，可能使中性线损坏，引起电气设备的绝缘受损，从而使单相设备烧坏，甚至发生火灾。

3）旧建筑的老化电气线路引起的火灾。旧建筑大量使用铝芯电线、电缆，电气线路设计过于节约，线路容量偏低，线路老化严重，容易引发火灾事故，这是发生电气火灾的非常重要的原因。

4）经小电阻接地的10kV电网的电气火灾隐患。在电网改造中，10kV电网线路大量采用高压电缆供电，而且线路一般都较长，使线路的电容电流不断增大，因此，城市10kV供电网越来越多地将过去的中性点不接地系统（或经消弧线圈接地）改为经小电阻（大电流）接地系统，这虽然有许多优点，但同时也存在着隐患。原不接地系统接地故障电流为正常相的容性电流，接地故障电压仅为百伏左右，改接小电阻接地系统后，一般接地小电阻选择较小，流过接地点的电流为几百安，接地故障暂态过电压可达数百伏甚至千伏。如果在10/0.4kV变电站内发生10kV接地故障，且变压器低压侧的中性点与变压器外壳、10kV高压配电柜共同使用一个接地体时，该故障电压会沿着PEN线或PE线传到采用保护接零的用户，低压用电设备外壳可能产生接触电压，危及人身安全。

5）设计考虑不周和施工质量差的火灾隐患。近年来，由于夏季大量使用空调，一些楼房的电气线路截面积偏小，设计容量偏低不堪重负，频频跳闸，更严重的是电气线路长期过载，导致绝缘下降，成为一个难以处理的火灾隐患。除设计线路截面积偏小以外，我国至今没有制定电线、电缆载流量的国家标准，如 IEC 标准 2.5mm² 铜芯塑料载流量为 26A，而我国的一些资料取 30～32A，比 IEC 标准高出 20%多，而设计又未考虑多根导线穿管暗敷设时发热而导致的载流量降低，这些因素使所选择的线路截面积更显偏小，也给今后使用留下隐患。在工程的施工过程中，电气线路安装不规范，施工工艺不良，导线连接不实，接触不良，绝缘刮破等也是发生电气火灾的一个重要原因。特别是中性线连接质量差，如造成中性线断裂，易损坏设备绝缘，引起单相设备烧坏，甚至火灾。另外，对于大功率灯具应做好隔热防火处理。

6）灭火设备配置不到位。由于自身的防范意识不强烈，对火灾的认识不透彻，对火灾隐患的了解不全面，就致使施工方忽略了消防设备对电气火灾的作用，对火灾存有侥幸心理，总是会认为火灾离自己会很远，而且火灾发生的概率并不高，所以能节省时就节省，这样就导致设备配置不完善、不普及。

（2）电气火灾的主要防范措施。

1）积极推广应用带漏电保护功能的断路器。要防止电弧性接地故障，应大力推广使用带漏电保护功能的断路器，就一般建筑而言，除线路末端装设 30mA 的漏电保护器（RCD）外，进线处应装设带漏电保护功能的三相断路器，漏电动作电流可选 300mA 或 500mA，带 0.15～0.3s 延时带漏电保护功能。其延时功能可与第二级 30mA 的 RCD 配合，实现选择性保护，而且 500mA 以下电弧能量尚不足以引燃起火，这样可有效消除现时大量发生的电弧性接地短路引起的火灾危险。

2）防止高次谐波引起的火灾隐患。目前，谐波对住宅用户的影响比公共建筑小得多，只能采取增大线路导线截面，特别是增大中性点截面积的办法，以减小回路阻抗，这样减少高次谐波电流在回路阻抗上产生的谐波电压，可相应减少线路的谐波含量，对公用建筑来说，防止谐波危害，除了采取减少线路阻抗的措施外，还可以装设有源（或无源）谐波滤波器、谐波抵消器来滤除或抵消谐波分量。

3）改造老旧线路消除电气火灾隐患。对于年代久远的老化线路应使用铜芯电线（电缆）进行更新，彻底消除火灾隐患，铝接线端和铜端子连接时，铝接线端应搪锡，铜线和铝线连接应采用铜铝过渡接头，新的建筑工程应该严格按照 GB 50096—2011《住宅设计规范》的要求进行设计，“电气线路应采用符合安全和防火要求的敷设方式配线，导体应采用铜线，每套住宅进户线截面积不应小于 10mm²，分支回路截面积不应小于 2.5mm²”。

4）经小电阻接地的 10kV 电网，变电站应等电位连接或者接地网分开设置。为防止经小电阻接地的 10kV 供电网接地故障，过高的暂态过电压传导到低压用户的设备上，可以将变电站的供电系统保护接地和低压系统的接地网分开设置，并且二者应有一定的距离，使上述暂态过电压无法由原来共用的接地网传导到低压用户去，另外，也可以大大减小变电站工作接地电阻值，并调整 10kV 经小电阻接地系统的小电阻阻值，以控制 10kV 供电系统的接地短路电流在一定范围内，使上述暂态过电压不致达到危险值。如果变电站设在高层建筑内，则变压器的保护接地和低压侧的工作接地可以通过等电位连接而共用一个接地体，即把建筑物的基础钢筋、金属管道、电缆金属外皮等作等电位连接。当变电站发生 10kV 接地故障时，建筑物所有金属部分共同处于同一电位，不致引起电击事故。因此，有等电位连接的高层建筑低压系统接地可与该变压器、高压柜保护接地共用接地装置。

5）适当提高设计标准，确保施工质量。随着经济的发展，今后会有更多的用电设备进入家庭和写字楼，电气设计应以发展的眼光选择导线截面积，适应未来的需要，同时还应充分考虑到导线载流量偏大的问题，严格控制线路的长度不超过允许范围，杜绝隐患。在施工中应严格按规范操作，做好线路连接、大功率灯具防火、保护线路绝缘、防止中性线断裂等工作，消除不必要的隐患。另外，我国国家标准的建筑防火设计规范、电气施工验收规范等与IEC相关标准有一定的差距，一些电气火灾隐患的防范在这些规范中未作具体规定，因此应提高国家标准及规范的电气安全水平，并制定导线载流量的国家标准，以利于措施的落实。

6）完善火灾灭火设备的配置。关于这点，应切实落实国家有关建筑消防设备配置的规定，在电线密集处、电缆隧道等密封区域配置灭火设备，由于电气火灾很多是属于隐性的，它发生时不一定会迅速让人们发现，因此更适合配备自动火灾灭火设备，并集合自动报警功能，以求第一时间做出灭火反应。电气火灾不能用水去灭火，比较适合用气溶胶及七氟丙烷灭火剂，属于冷气溶胶灭火剂一种的超细干粉灭火剂，相对七氟丙烷灭火剂来说效率更高、更环保，对所保护的电缆电路无腐蚀作用。七氟丙烷灭火剂需要管网式灭火，这样成本也相对高一点，超细干粉灭火剂有其配套的悬挂式自动灭火装置，比较适合于电缆隧道及电路密集处。

电气火灾由电路起火引起，相对于其他液体和固体可燃物起火让人更感觉到可怕，电本来就可以致死，引起火灾就会导致整个电路崩溃、燃烧，所以对于电气火灾的隐患我们必须有清醒的认识和全面的了解，并做好足够的防范措施。

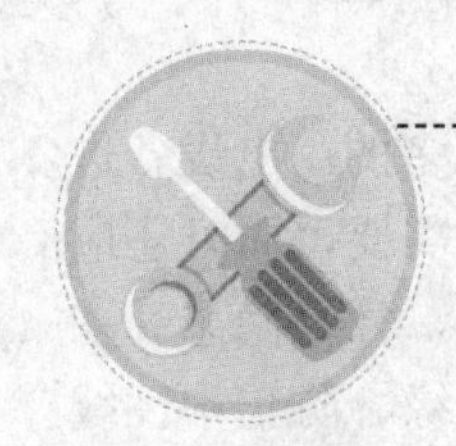

第 7 章　防雷与防静电

1. 雷电的形成

雷电是大气中的一种自然放电现象。在雷雨季节，由于大气压对云朵的作用，带正电的冰晶与带负电的水滴分离，形成了一部分带正电荷、一部分带负电荷的雷云。随着正、负电荷的不断积累，不同极性雷云之间的电场强度不断增强。当不同极性的雷云接近到一定距离时，强大的电场使雷云之间的空气击穿，引起云块之间放电。在放电过程中，会产生强烈的光和热。由光的作用引起“电闪”现象，而热的作用使空气迅速膨胀发出“雷鸣”现象。电闪和雷鸣合称为雷电。

2. 雷电的种类及危害

雷电按照危害方式可分为直击电、感应雷和雷电侵入波三种。雷电按照形状可分为线状、片状和球状三种，如图 7-1 所示，其中以线状直击雷最为常见。

(a)

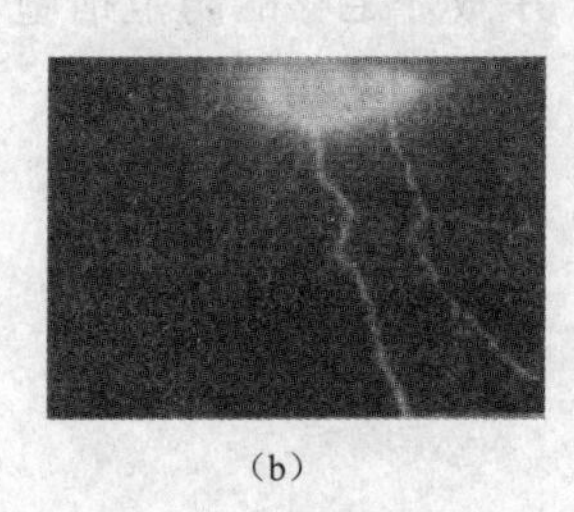

(b)

(c)

图 7-1　雷电常见的形状

(a) 线状雷；(b) 片状雷；(c) 球状雷

雷电的危害主要表现在以下三方面：

(1) 电力作用。雷电极高的冲击电压可击穿电气设备的绝缘。

(2) 热力作用。巨大的雷电流会产生大量的热能，使电气设备熔化、燃烧或爆炸。

(3) 机械作用。雷电击中物体瞬间会爆发出强大的冲击力（波）、电动力和静电作用力等，使设备遭到机械性损坏或破坏。

3. 直击雷及其特点

直击雷是雷云与大地之间的放电现象。当大气中带有电荷的雷云同地面凸出物之间的电场达到击穿空气的强度时，会发生激烈的放电现象，并伴随闪电和雷鸣的现象称为直击雷。直击雷的放电过程可分为先导放电、主放电和余光三个阶段。每次放电过程可持续 5～100ms，中途有几到几十次放电冲击。大约 50%的直击雷具有重复放电性质。直击雷的危害性较大。

4. 感应雷及其特点

感应雷也称为雷电感应或感应过电压，可分为静电感应和电磁感应两种。静电感应是由于雷云接近地面时，在架空线路或地面凸出物的顶部感应出大量电荷而引起的。该电荷在雷云放电后失去束缚，沿线路或地面凸出物以雷电波形式高速传播，形成静电感应。电磁感应是由于雷击后，巨大的雷电流在周围空间产生迅速变化的强磁场引起的。该磁场会在周围导体中产生电压很高的感应电压。感应雷原理如图 7-2 所示。

5. 雷电侵入波及其特点

雷电侵入波是指因雷击而在架空线路或空中金属管道上产生的冲击电压，沿线路或管道向两个方向迅速传播的雷电波。雷电波的传播速度很快，在架空线路上的传播速度为 3×10^8 m/s，在电缆中的传播速度为 1.5×10^8 m/s。

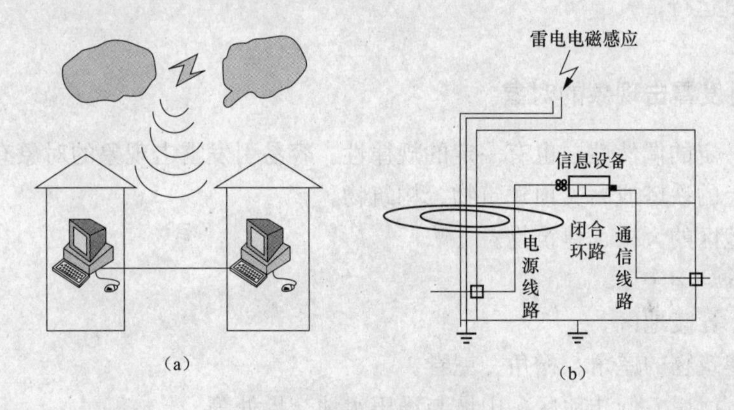

图 7-2　感应雷原理示意图

(a) 静电感应；(b) 电磁感应

6. 直击雷危害的防止

防止直击雷危害，通常可以采取以下办法：

(1) 安装避雷针。避雷针由接闪器、支持物、引下线和接地装置组成，可用于地面建筑物、构筑物、设备和线路的防雷保护。

(2) 安装避雷线。避雷线也称架空地线，是指悬挂在高空处的接地导线，可用于架空线路或设备的防雷保护。

(3) 安装避雷带（网）。避雷带（网）敷设在建筑物屋顶边沿上的闭路金属导体，主要用于建筑物的防雷保护。

7. 感应雷危害的防止

防止感应雷危害，可以采取以下办法：

(1) 防止静电感应。应将建筑物内的所有金属构件和突出屋面的金属物进行接地，相邻接地引下线的间隔应在18～22m。

（2）防止电磁感应。应将建筑物内平行敷设的金属管道、电缆金属保护层等进行跨接，相邻跨接点的间隔应在20～30m。

（3）接地装置符合要求。接地装置的接地电阻不应大于10Ω，可与电气设备共用接地装置，联结用的接地干线不应少于两根。

8. 雷电侵入波危害的防止

防止雷电侵入波危害，可以采取以下办法：

（1）安装避雷器。避雷器具有很好的非线性电阻特性：当线路出现过电压时，能迅速将雷电电流泄入大地；当线路电压正常时，可保证线路恢复运行。

（2）安装保护间隙。保护间隙主要由存在空气间隙的两个金属电极构成。当线路出现过电压时，空气间隙被击穿，两电极瞬时接通，将雷电流引入大地。当线路电压正常时，可保证线路恢复运行。

9. 容易引发雷击现象的对象

雷击具有一定的偶然性，也有一定的规律性。容易引发雷击现象的对象有：

（1）地面上的铁塔或高尖顶建筑物、构筑物。

（2）空旷地区的大树、建筑物。

（3）工厂的烟囱。

（4）山区、丘陵地区。

（5）一般建筑物的屋角、檐角、屋脊。

（6）湖泊、河岸、低洼地区、山坡与稻田水地交界处等。

10. 防雷装置的种类及适用场合

一套完整的防雷装置由接闪器、引下线和接地装置组成。按照接闪器种类划分，通常采用的防雷装置有避雷针、避雷线、避雷网、避雷带和避雷器等。避雷针主要用来保护露天的变配电设备、建筑物和构筑物；避雷线主要用来保护电力线路；避雷网和避雷带主要用来保护建筑物；避雷器主要用来保护电气设备。

11. 接闪器的作用及最小规格要求

接闪器的作用是利用自身高出被保护物的位置，把雷电引向自身，接受雷击放电。避雷针、避雷线、避雷网、避雷带及建筑物（有易燃易爆危险的工业厂房除外）金属构件等都可以用作接闪器。

接闪器的最小规格要求如下：

（1）避雷针一般用镀锌圆钢或镀锌钢管制成。圆钢直径不得小于12mm（针长1m以下）、16mm（针长1m及以上）或20mm（针在烟囱上方）；钢管直径不得小于20mm（针长1m以下）或25mm（针长1m及以上）。

（2）避雷带或避雷网应采用直径 8mm 以上的镀锌圆钢或厚度 4mm 以上、截面积 48mm² 以上的镀锌扁钢制作而成，网格规格为 6m×6m～10m×10m。安装在烟囱上方的避雷带或避雷网应采用直径 12mm 以上的圆钢或厚度 4mm、截面积 100mm² 以上的扁钢。

12.　避雷针保护范围的确定

单支避雷针的保护范围如图 7-3 所示。

避雷针在地面上的保护半径为避雷针高度的 1.5 倍，即 $r=1.5h$。避雷针在任一保护高度 h_X 的平面上的保护半径由下式确定：

（1）当 $h_X \geqslant h/2$ 时，$r_X=(h-h_X)P$。

（2）当 $h_X < h/2$ 时，$r_X=(1.5h-2h_X)P$。

式中，P 为修正系数。当 $h \leqslant 30\text{m}$ 时，$P=1$；当 $h>30\text{m}$ 时，$P=5.5/\sqrt{h}$。

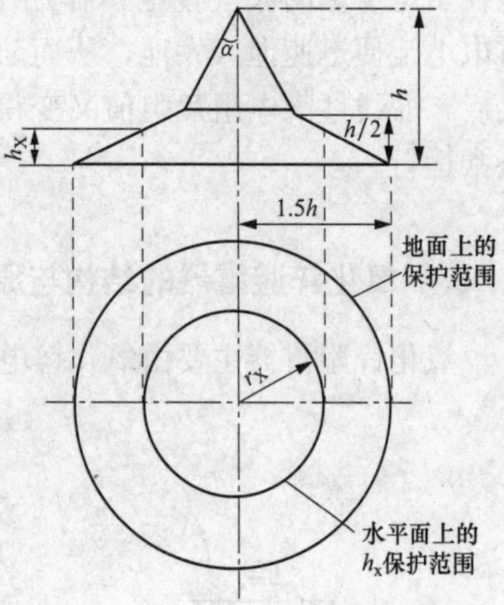

图 7-3　单支避雷针的保护范围

13.　避雷器的作用及种类

避雷器也称为过电压限制器，是一种能释放过电压能量、限制过电压幅值的设备。避雷器可以防止雷电过电压沿线路侵入变配电站或其他建筑物内，保护电气设备的绝缘。避雷器与被保护设备并联，对地可以释放掉线路中出现的过电压，使被保护设备安然无恙。避雷器与被保护设备的联结如图 7-4 所示。

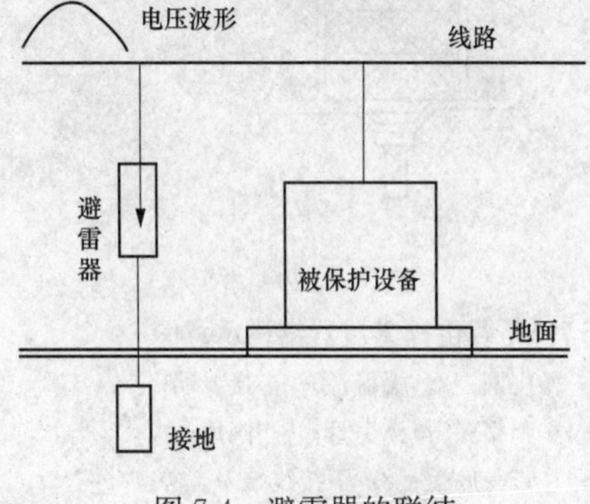

图 7-4　避雷器的联结

常用避雷器的种类有阀型避雷器、氧化锌避雷器和保护间隙等。

14.　阀型避雷器的结构与原理

阀型避雷器是由火花间隙和一个非线性阀电阻片串联联结，并组装在密封的瓷套管内。火花间隙用铜片冲制而成，每对间隙用 0.5～1mm 厚的云母垫圈隔开，结构如图 7-5 所示。

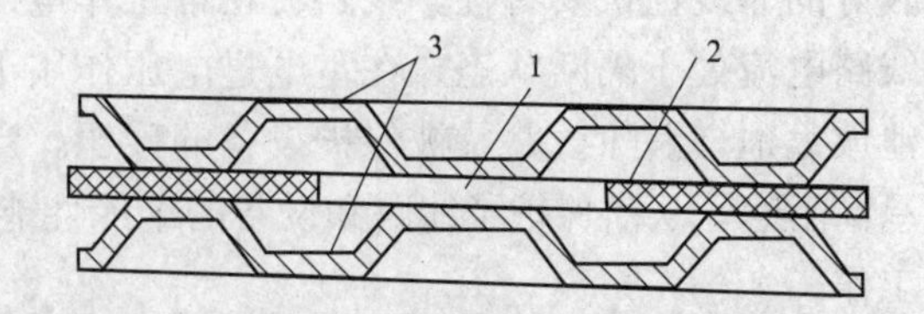

图 7-5　火花间隙的结构

1—空气间隙；2—云母垫片；3—黄铜电极

阀型避雷器有FS系列、FZ系列和FCD系列。FS系列的火花间隙无并联电阻，主要用来保护10kV及以下电气设备。FZ系列的火花间隙接有并联电阻，主要用来保护大中容量的电气设备。FCD系列是一种有磁吹型火花间隙，并接有并联电阻，主要用来保护旋转电机（发电机、电动机和调相机等）。

FS系列阀型避雷器的结构如图7-6所示。

线路在正常工作电压情况下，非线性阀电阻片阻值很大，工频电流不能通过火花间隙。但在雷电引起的大气过电压作用下，非线性阀电阻片阻值变得很小，火花间隙会被击穿，雷电电流便迅速泄入大地，从而防止雷电波的侵入。当线路过电压消失、恢复到工作电压之后，非线性阀电阻片阻值又变得很大，火花间隙又恢复为断路状态，从而保证线路恢复正常运行。

15. 氧化锌避雷器的结构与原理

氧化锌避雷器主要由氧化锌电阻片组装而成，其结构如图7-7所示。

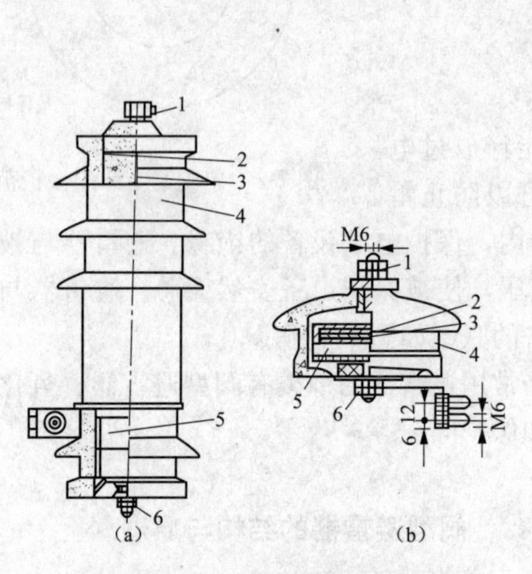

图7-6　阀型避雷器结构示意图

(a) FS4-10型；(b) FS-0.38型

1—上接线端；2—火花间隙；3—云母垫圈；4—瓷套管；5—阀电阻片；6—下接线端

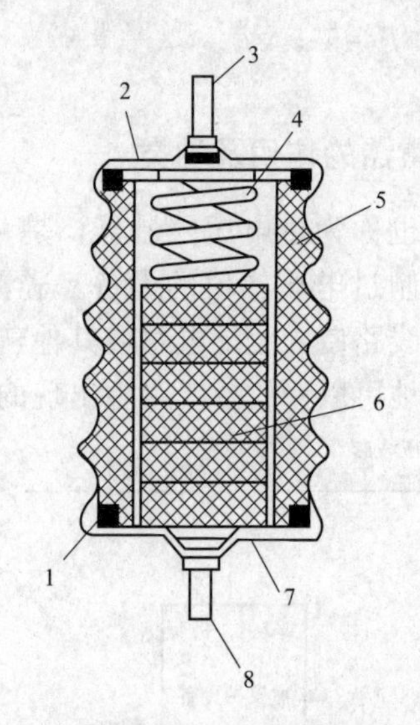

图7-7　氧化锌避雷器结构示意图

1—橡皮圈；2—端盖；3—上接线端；4—弹簧；5—瓷套管；6—阀片；7—底盖；8—下接线端

氧化锌电阻片具有较好的非线性伏安特性。线路在正常工作电压下，避雷器具有极高的电阻而呈绝隐状态，线路电流处于隔断状态。在雷电过电压作用下，避雷器则呈现低电阻状态，将雷电流迅速泄放大地，消除线路及被保护设备的残压。当线路电压恢复正常工作电压之后，避雷器又呈高阻态，从而保护了线路和设备的绝缘性能，免受过电压的损坏，使线路和设备能够正常工作。

16. 氧化锌避雷器的特点

氧化锌避雷器是一种新型的避雷器，现已得到广泛应用。它具有结构简单、可靠性强、

维护简便、使用寿命长以及动作迅速、通流容量大、残余电压低、无续流等特点，能够对大气过电压和操作过电压起到很好的限制作用。但由于氧化锌避雷器长期并联在带电的线路上，必然会长期通过泄漏电流，引起发热甚至爆炸，因此现在已经出现了带间隙的氧化锌避雷器，它可以有效地消除泄漏电流。

17. 氧化锌避雷器的型号规格及选用注意事项

氧化锌避雷器的型号规格表示如下：

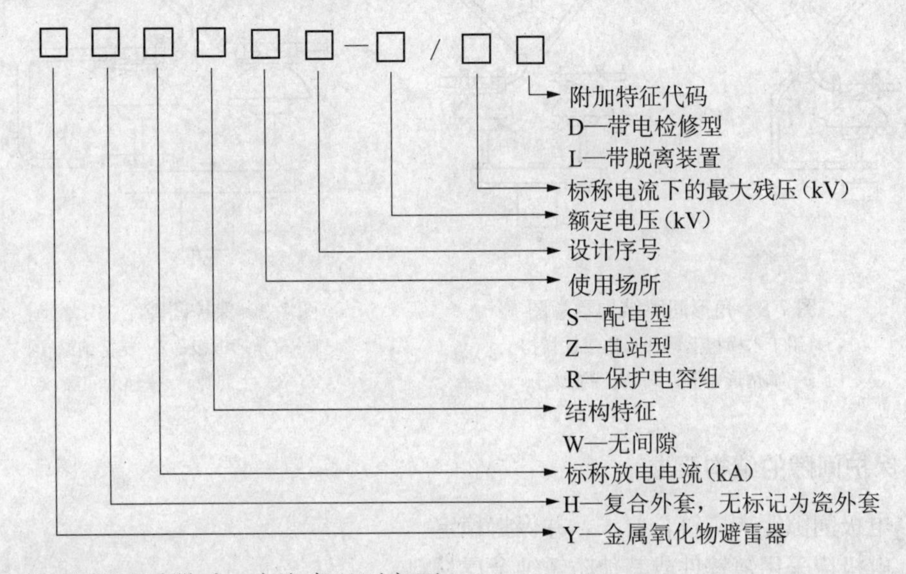

选用氧化锌避雷器时，应注意以下方面：

（1）根据适用场所选择不同类型的避雷器。避雷器有的用在变、配电站的母线上，有的用在线路塔杆上，有的则用来保护电容器组。

（2）应按照线路或设备的额定电压选择避雷器的额定电压。避雷器的额定电压一定要与线路或设备的额定电压相符合。

（3）待需要安装的避雷器在安装之前一定要仔细检查避雷器的外观是否清洁完好，配件是否齐全，并须进行耐压性能等性能测试，合格后方可安装。

（4）避雷器应与支持物保持垂直，固定要牢靠，引线联结要可靠。其安装位置与被保护设备的距离应越近越好，对 3～10kV 电气设备的距离不应大于 1500mm。

（5）避雷器安装接线要正确，接线端和接地端不能接错。接线长度要短而直，中间不能有接头。接地线的截面积要符合规定值（铜线，≥16mm^2；铝线，≥25mm^2），接地电阻不能大于 10Ω。

（6）避雷器安装时的线间距离应符合规定（3kV、≥460mm；6kV、≥690mm；10kV、≥800mm），水平距离均应不小于 400mm。

18. 保护间隙的结构与原理

保护间隙是最简单、经济的防雷设备，多用于架空线路。常见的两种角形间隙（也称羊角避雷器）主要由两个电极（一个接线极、一个接地极）构成，其结构如图 7-8 所示。

正常情况下，保护间隙对地是绝隐的，并且绝缘强度低于所保护线路的绝缘水平。当线路遭到雷击时，保护间隙首先因过电压而被击穿，将大量雷电流泄入大地，使过电压大幅度下降，从而起到保护线路和电气设备的作用。在实际使用时，为防止外来物（如鼠、鸟等）造成主间隙短接而发生接地故障，通常在其接地引下线中再串联一个辅助间隙，其结果如图 7-9 所示。

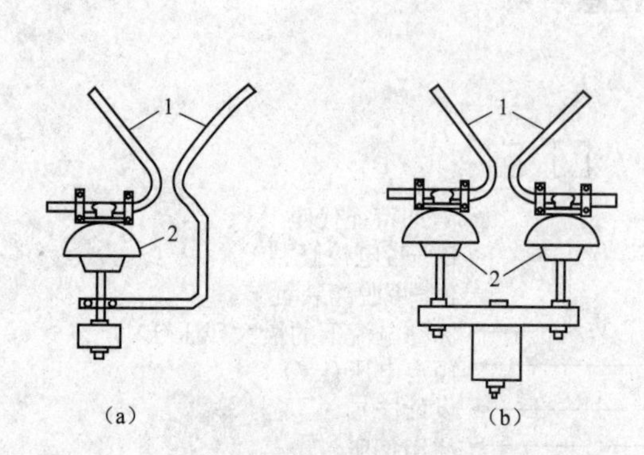

图 7-8　角形间隙结构示意图

(a) 用于木横担上；(b) 用于铁横担上

1—羊角形电极；2—支持绝缘子

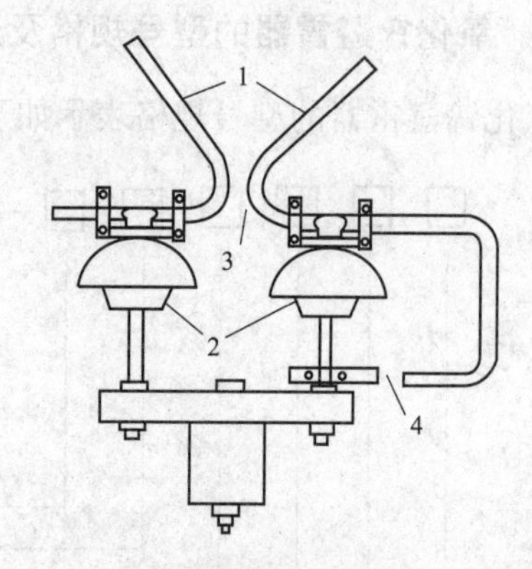

图 7-9　保护间隙结构示意图

1—羊角形电极；2—支持绝缘子；

3—主间隙；4—辅助间隙

19. 保护间隙的结构要求

(1) 电极间隙距离应符合要求，并保持稳定。

(2) 电极应采用镀锌件或其他防锈蚀金属材料。

(3) 主、辅间隙之间的距离尽量要小，最好三相共用一个辅助间隙。

(4) 动作时不致引起自身电极损坏和支持绝缘子损坏，也要防止电弧传递到其他设备上。

20. 保护间隙的间隙距离规定

保护间隙的绝缘水平应与被保护线路或设备的绝缘水平相配合。保护间隙的主间隙和辅助间隙的距离要符合规定要求，见表 7-1。

表 7-1　保护间隙的主间隙和辅助间隙的距离要求

额定电压（kV）	3	6	10	35	60	110	
						中性点直接接地	中性点非直接接地
主间隙（mm）	8	15	25	210	400	700	750
辅助间隙（mm）	5	10	10	20	—	—	

21. 使用保护间隙应注意的问题

保护间隙的结构较为简单、成本低、维护方便，但保护性能差，灭弧能力较小，容易引发接地或短路故障，造成供电中断。因此，对装有保护间隙的线路，应安装自动重合闸

装置或自重合熔断器。保护电力变压器时，保护间隙应安装在高压熔断器与变压器之间，在间隙放电时熔断器迅速熔断，缩小停电范围。对保护间隙的运行情况要加强维护检查，检查间隙距离有无变化，电极是否完好，接地线联结是否牢固等。

22. 引下线的作用及安装要求

引下线是将接闪器与接地装置联结起来，为雷电流提供通路的导体。引下线一般采用镀锌圆钢或镀锌扁钢，其规格要求与防雷带相同。若采用钢绞线，其截面积不应小于25mm^2。引下线的安装应符合以下要求：

(1) 引下线应沿建筑物外墙明敷，并经最短路径接地。必须暗敷时，引下线的截面积规格要加大一级。

(2) 利用建筑物的金属构件引下线时，所有金属构件必须形成电气通路，中途不得有开断点。

(3) 在引下线距地面1.8m处应设置断接卡，便于测量接地装置的接地电阻和检查引下线的联结情况。

(4) 引下线不能受到机械损伤，否则应采用必要的封闭、穿管、隔离等保护措施。采用金属材料保护时，金属材料应与引下线联结。

(5) 互相联结的避雷针、避雷网、避雷带或金属屋面的引下线不应少于两根，其间距不应大于18m（一般工业建筑）、24m（二类工业建筑和一类民用建筑）或30m（三类工业建筑和二类民用建筑）。

23. 防雷接地装置的作用和要求

防雷接地装置的作用是向大地泄放雷电流，限制防雷装置的对地电压。防雷接地装置与一般接地装置的要求基本相同，但所用材料规格应稍大于一般接地装置。圆钢直径不小于10mm，扁钢厚度不小于4mm，截面积不小于100mm^2，角钢厚度不小于4mm，钢管壁厚不小于3.5mm。防雷接地装置应距离建筑物出入口或人行道边沿3m以外，距电气设备接地装置5m以上。防雷接地装置的工频接地电阻一般不大于10Ω。防雷装置的接地装置可以与其他接地装置共用（独立避雷针除外），但接地电阻必须满足最小值要求。与保护接地合用接地装置时，其接地电阻不应大于1Ω。

24. 防雷装置接地与电气设备接地的区别

防雷装置的接地是将雷电流泄入大地，而电气设备的接地是将工频短路电流泄入大地。雷电流远远大于短路电流，在防雷装置上产生的电压很高，容易引起反击。因此避雷针、避雷网（带）应尽量安装单独的专用接地装置，避雷器和保护间隙可以与电气设备共用接地装置。

25. 反击及其预防措施

当防雷装置接受雷击时，雷电流由接闪器、引下线、接地装置泄入大地。如果接地装置的接地电阻过大，会在接闪器、引下线和接地装置上产生很高的电压。如果防雷装置距离建筑物内外的电气设备和线路、金属管道或金属构件较近，防雷装置会对这些物体放电，这种现象就称为反击。反击所产生的高电压也可以使电气设备和线路的绝缘击穿，甚至引起燃爆事故。预防反击，可采用以下措施：

（1）防雷装置的接地电阻不能大于10Ω，接闪器、引下线及接地装置联结必须可靠。

（2）避雷针最好采用单独的专接地装置，该接地装置与配电接地网地中距离不能小于3m，距人行道的距离也应大于3m。

（3）避雷针的接地引入点与变压器的接地引入点沿地线的距离不得小于15m。

（4）35kV及以上变配电站的避雷针应单独设置支架，并且距离被保护物不得小于5m。

26. 架空线路的防雷措施

（1）架设避雷线。60kV及以上线路应全程架设，35kV及以下线路可在两端部分架设。

（2）增强线路本身的绝缘强度。采用绝缘导线、非金属横担和电压等级较高的绝缘子等。

（3）用三角形顶线做保护线。3～10kV线路中性点通常不接地，在顶线绝缘子上可装设保护间隙。

（4）装设自动重合闸装置或自复式熔断器。利用0.5s的自动重合闸间隙可使雷电流电弧熄灭。

（5）装设避雷器或保护间隙。可在地理位置较高和易遭雷击的杆塔上装设避雷器或保护间隙。

27. 电磁辐射及其危害

（1）电磁辐射。

随着电子技术的飞速发展，电子设备的应用越来越广泛，遍及工业、农业、军事、交通、医疗、教育和文艺等许多领域，可以说，各行各业都离不开电子设备。尤其是使用频率较高的通信、雷达、电视、广播、导航等设备，为了得到较大的覆盖范围，需要向空间辐射能量很强的电磁波。于是，众多的电磁辐射，宽广的辐射频谱，使我们人类居住的环境里电磁辐射陡然剧增，而且已经到了直接影响人类生态环境和人体健康的程度。

尽管电磁辐射对人体有潜在的危害，尤其是在使用不当或不注意的时候，但文明社会和现代人类都不会因此拒绝或抛弃那些能产生电磁辐射却与我们生活和工作息息相关的电子设备，如电视台、广播电台、雷达站、导航站、微波中继站和通信站等公共服务设施，以及电视机、微波炉、手机等家庭或个人用品。可以说，我们生活的空间充满了电磁辐射！

（2）电磁辐射的危害。

辐射到人体上的电磁波，一部分会被人体表面的皮肤和衣物反射或折射出去，另一部分则会被表皮吸收，并对人体的细胞组织和神经系统产生作用。电磁辐射确实能对人体产生不良作用：①使人体细胞组织的温度升高而使其发生形态学改变；②对人体神经系统发生作用而使其产生功能性改变。

电磁辐射对人体的危害主要表现在它对人体神经系统的不良作用，其主要症状是神经

衰弱，具体表现为头昏脑涨、无精打采、失眠多梦、疲劳无力、记忆力减退等，有时还有头痛眼胀、四肢酸痛、食欲不振、脱发、多汗、体重下降等现象。

电磁辐射对人体健康的不良影响是实际存在的，尤其是较高的频段。我国已以法律或法规的形式规定了电磁辐射安全剂量的卫生标准，在对设备采取防范措施以限制非正常外泄的电磁辐射强度的同时，还给予从事与电磁辐射有关的高频电子设备专业人员一定的特殊劳保和补助。

28. 电磁屏蔽

电磁屏蔽是防止电磁伤害的主要措施。

高频电磁屏蔽装置由铜、铝或钢制成，当电磁波进入金属内部时，产生能量损耗，部分电磁能转变为热能。随着进入导体表面的深度增加，能量逐渐减小，电磁场逐渐减弱。显然，导体表面场强最大；越到内部，场强越小。这些现象就是电磁辐射的集肤效应。电磁屏蔽就是利用这一效应进行工作的。

（1）主动屏蔽。

主动屏蔽是指将场源置于屏蔽体内，将电磁场限制在某一范围内，使其不对屏蔽体以外的工作人员或仪器设备产生影响的屏蔽方式。

（2）被动场屏蔽。

被动场屏蔽是指屏蔽室、个人防护等屏蔽方式。这种屏蔽是将场源置于屏蔽体之外，使屏蔽体内不受电磁场的干扰或污染。

（3）屏蔽材料。

用于高频防护的板状屏蔽和网状屏蔽均可用铜、铝或钢制成。必要时可考虑双层屏蔽。

（4）高频接地。

高频接地包括高频设备外壳接地和接屏蔽的接地。高频接地应符合一般电气设备接地的要求，还应符合高频接地的特殊要求。

屏蔽装置有了良好的接地以后，可以提高屏蔽效果，且以中波波段较为明显。

高频接地的接地线不宜太长，其长度最好能限制在波长的 1/4 以内。若无法达到这个要求，也要避免波长 1/4 的奇数倍。

对于屏蔽接地，只宜在屏蔽的一个点与接地体相连。如果同时有几个点与接地体相连，由于各点情况不完全相同，可能会产生有害的不平衡电流。

29. 高频接地

高频接地是消除电磁场对人体危害的有效措施，也是防止电磁干扰的有效措施。高频技术在电热、医疗、无线电广播、通信、电视台和导航、雷达等方面得到了广泛应用。人体在电磁场作用下，吸收的辐射能量将发生生物学作用，对人体造成伤害，如手指轻微颤抖、皮肤划痕、视力减退等。对产生磁场的设备外壳设屏蔽装置，并将屏蔽体接地，不仅可以降低屏蔽体以外的电磁场强度，达到减轻或消除电磁场对人体危害的目的，也可以保护接地体内的设备免受外界电磁场的干扰影响。现代化的电力系统其本身就是强烈的电磁干扰源，主要通过辐射方式干扰该频段内的通信设备。为抑制外部高压输电线路的干扰影响，应采用接地措施，常用的接地方式有分散接地和联合接地。

（1）分散接地。

分散接地就是将通信大楼的防雷接地、电源系统接地、通信设备的各类接地以及其他设备的接地分别接入相互分离的接地系统。由于地线系统不断增多，地线间潜在的耦合影响往往难以避免，分散接地反而容易引起干扰。同时主体建筑物的高度不断增加，其接地方式所带的不安全因素也越来越大。若某一设施被雷击中，容易形成地下反击，损坏其他设备。

（2）联合接地。

联合接地也称单点接地，即所有接地系统共用一个共同的“地”。联合接地具有以下特点：

1）整个大楼的接地系统组成一个笼式均压体，对于直击雷，楼内同一层各点位比较均匀；对于感应雷，笼式均压体和大楼的框架式结构对外来电磁场干扰也可提供10～40dB的屏蔽效果。

2）一般联合接地方式接地电阻非常小，不存在各种接地体之间的耦合影响，有利于减少干扰。

3）可以旱天接地雷，节省金属材料，占地少。

由上不难看出，联合接地可以有效抑制外部高压输电线路的干扰。防静电接地的接地线应串联一个1MΩ的限流电阻，即通过限流电阻与接地电阻相连。计算中心的接地应尽量减少噪声引起的电位变动，同时应注意信号电路与电源电路、高电平电路与低电平电路不能使用同一共地回路。对传输带宽要求较高的网络布线，应采用隔离式屏蔽接地，以防止静电感应产生干扰。

30. 谐波的危害及应对措施

近几年来，电力系统内部增加了大量的非线性负荷，这种非线性负荷会产生谐波。像许多其他形式的污染一样，电力系统中产生的谐波，也会构成对电网的污染，从而恶化整个电力生产环境。

（1）谐波的产生

谐波主要是由于大容量整流或换流设备，以及其他非线性负荷，导致电流波形畸变造成的。

（2）谐波的危害

1）对系统设备的危害。

a. 使电动机、配电变压器、电力电容器等严重发热，损耗增大。

b. 谐波引起的过电压、过电流，可使电动机、配电变压器、电缆等设备绝缘老化，缩短其使用寿命。

c. 使晶体管等电子元件发热击穿。

d. 使电动机轴发生扭振，危及设备安全。

2）对系统运行的影响。

a. 谐波量大时可使继电器拒动或误动。

b. 谐波量大时可能使系统中反应工频正弦量的多数监视、测量仪表出现误差。

c. 谐波的存在不仅影响通信系统通话的清晰度，严重时会产生谐振干扰整个通信系统。

d. 谐波影响无功补偿效果。

3）治理谐波的应对措施。为减少谐波电流由负荷经线路流向电源，经常采用滤波器，对特定谐波进行过滤，或对来波波形自动采样以消除谐波。滤波器分为无源滤波器和有源滤波器两种，其选用取决于具体运行状态。

a. 无源滤波器。无源滤波器是应用无源元件（如电阻器、电感器、电容器）进行组合，形成谐波电流抑制电路，以达到消除谐波目的的装置。当有多种谐波存在时，可应用一组滤波器，其中每台对应一个不同的频率。

b. 有源滤波器。有源滤波器是一种新技术设备，它可以连续、快速、灵活地调节无功功率，稳定电压和改善功率因数。有源滤波器与无源滤波器的主要区别在于：有源滤波器是一种能向电网注入补偿谐波电流，以抵消负荷所产生有害谐波电流的主动式滤波装置。有源滤波器能消除无源滤波器的某些消极影响，然后产生并注入，预定波形和相位移电流到电力系统中，来消除谐波。

31. 绿色家居生活　预防家电辐射

现在的家庭生活已经电器化，而家电辐射对人体健康的影响也成为大家关注的热门话题。到底这些家用电器是否存在电磁辐射？它们的辐射又有多大呢？业内专家研究表示，现实日常生活中，电磁辐射无处不在，只要学会主动防护，就能有效减少电磁辐射。

频率越高，辐射越大。一般来说，每种家电都有国际规定的固定工作频率。按照家电工作频率的大小，可分为超低频、中频和微波频段。在相同的工作强度下，家电工作频率越高，对人体的辐射越明显。

我们所用的小家电只要其工作频率在50Hz以下，就属于超低频家电。一般情况下，这些电器不会对人体造成太大威胁，但其中有一些电器，如果不注意控制使用的频率、每次使用的时间以及方法，就可能引起一系列健康问题。比如电动剃须刀、电吹风等这些与人体接触较为紧密又会经常使用的小家电，在长时间使用后就会产生相当大的辐射量，导致头昏脑涨。因此建议每次使用的时间越短越好，而且在开启和关闭电源时尽量离身体远一些。另外，在使用吸尘器、加湿器时，也要注意远离身体。实验表明，与吸尘器保持70cm以上、加湿器1m以上的距离，辐射量最小。

电视机、计算机属于中频家电。电视机的工作频率在几百到几千赫兹不等，计算机相对较高，尤其是台式计算机。因此，我们在使用这些家电时，一定要注意保持至少半米的距离。另外，由于台式计算机主机的后、侧面辐射较大，最好不要敞开机箱使用，并且屏幕的背面要朝着无人的地方。业内专家建议，在使用计算机时，可以在计算机边放瓶清水，因为水是吸收电磁波的最好介质。需要提醒的是，必须使用塑料瓶或玻璃瓶，绝对不能用金属杯盛水。

微波频段家电的辐射作用最为明显，手机、微波炉就属于此列。手机的工作频率在1800～2000MHz之间，微波炉的工作频率在915～2450MHz，两者辐射较大，而且手机在接通瞬间及充电时通话，释放的电磁辐射最大，因此最好在手机响过一两秒后接听电话，并且在手机充电时不接听电话。值得一提的是，金属眼镜框也会明显导致电磁场增强，令使用者对辐射的吸收增加。如果长时间戴着金属框架的眼镜打电话，电磁场的辐射有可能会通过金属眼镜框传导到大脑及眼睛四周，造成伤害。微波炉的微波辐射，会扰乱中枢神经系统，造成头疼、头昏、记忆力减退、失眠等情况。所以在使用时，人体一定要距离其半米以外，同时注意眼睛不要直视，并经常清洁炉内卫生。

任何电器只要通上电流就有电磁辐射，但只要在日常生活中多加注意，就能有效预防辐射。首先，不要将家用电器摆放得过于集中或经常一起使用，特别是电视、计算机、电冰箱不宜集中摆放在卧室里，以免使自己暴露在超剂量辐射的危险中。其次，当电器暂停使用时，要及时关闭电源开关，不要让它们长时间处于待机状态，因为此时依旧能产生较微弱的电磁场，长时间也会产生辐射积累。另外，在使用电子产品后，要及时洗脸洗手，否则时间久了，易发生斑疹、色素沉着，严重者甚至会引起皮肤病变等。对于经常面对计算机的人群而言，应多吃些胡萝卜、白菜、豆腐、红枣、橘子以及奶制品、鸡蛋、动物肝脏、瘦肉等食物，同时还需要多喝茶，茶叶中的茶多酚等活性物质有利于吸收与抵抗放射性物质。

对于如何测定家电辐射的安全距离，业内专家给出了好方法——利用可接收 AM（调幅）频道的收音机。将收音机打开后，把频道调在没有广播的频率，然后靠近所要测量的家电用品，此时你会发现收音机所传出的噪声突然变大。走出一段距离后，才会恢复到原来较小的噪声量，而这段距离就是我们需要和此电器所保持的安全距离，因此，在平常生活中，只要与这个电器保持测量出的安全距离即可有效预防辐射。

32. 10kV 及以下架空线路不宜架设地线

10kV 及以下架空线路的绝缘水平一般不是很高。如果在其上面架设地线，当遭受到雷击时，容易从接地引下线上向架空线路发生反击现象，起不到有效的防雷保护作用。相反，还会使线路受到雷电过电压的危害，影响线路的安全运行。

33. 电力电缆金属外皮应与其保护避雷器的接地线相联结

采用避雷器保护电力电缆时，电缆的金属外皮应与避雷器的接地线相联结。一方面，在避雷器放电时，可以利用电缆金属外皮的分流作用，降低雷电过电压的幅值；另一方面，在避雷器放电时，确保加在电缆主绝缘层上的过电压仅为避雷器本身的残余电压。

34. 变电站的防雷措施

（1）装设避雷针。避雷针的保护范围应能够覆盖整个变电站的建筑物、构筑物及变配电设备。避雷针应距离变配电设备 5m 以上。

（2）高压侧装设避雷器或保护间隙。应靠近主变压器安装，以保护主变压器，并防止雷电波由高压侧侵入变电站。接地线应与变压器低压侧中性点及金属外壳联结在一起，应在每路进线终端和母线上安装。

（3）低压侧装设避雷器或保护间隙；防止雷电波由低压侧侵入变电站。变压器低压侧不接地的中性点也应加装。

35. 建筑物按防雷要求的分类

按照对防雷的相关要求，建筑物可以划分为三类：

(1) 第一类：是指制造、使用和储存大量爆炸物或者在正常情况下能形成爆炸性混合物、可发生爆炸并引起巨大破坏和人身伤亡事故的建（构）筑物。

(2) 第二类：是指在正常情况下能形成爆炸性混合物、可引发爆炸但不能引起巨大破坏和人身伤亡事故或者在非正常情况下才能形成爆炸性混合物、可发生爆炸并引起巨大破坏和人身伤亡事故的建（构）筑物。储存易燃气体和液体的大型密闭储罐也属于第二类建筑物。

(3) 第三类：不属于第一类、第二类但需要做防雷保护的建筑物。机械和工车间、烟囱、水塔及民用建筑等均属于第三类建（构）筑物。

第一、二类建（构）筑物，应有防直击雷、防感应雷和防雷电侵入波的措施，第三类建（构）筑物，应有防直击雷和雷电侵入波的措施。

36. 第三类建筑物的防雷措施

第三类建筑物防雷主要体现在两方面：①对直击雷的防护；②对雷电侵入波的防护。建筑物遭受直击雷的部位与屋顶坡度部位有关系，应根据建筑物屋顶实际情况进行分析，确定最易遭受雷击的部位，再在这些部位装设避雷针或避雷带（网），进行重点保护。应在高压线进户墙上安装保护间隙，或者将绝缘子的铁角接地，可以与防直击雷的接地装置联结在一起，但接地电阻不应超过 20Ω。

第三类建筑物屋顶避雷针、避雷带（网）的接地电阻不应超过 30Ω，可以利用钢筋混凝土屋面的钢筋（直径不小于 4mm）。引下线也应不少于两根，间距可取 30～40m，墙距取 15mm。引下线支持卡间距取 1.5～2m。断接卡距地面高度取 1.5m。

37. 人体的防雷措施

为了避免人体遭到雷电电击而受到伤害，在雷雨天应从以下几方面引起注意：

(1) 避免在野外或户外作业、逗留。必须作业时，应穿戴好防雨用具和采取防雷措施。

(2) 避雨时不要太靠近建筑物或高大树木，应离开墙壁和树干 8m 以外。

(3) 远离小山、丘陵或隆起的道路。

(4) 远离海边、湖滨、池塘、河道。

(5) 远离烟囱、塔杆、孤树、金属构筑物及无防雷保护的小型建筑物。

(6) 远离各种动力、照明和通信线路，防止雷电侵入波的危害。

38. 静电的产生与危害

静电是指相对静止的电荷。两种物体当紧密接触后再分离时，两种物体之间因发生电子转移而带有不同性质的静电电荷。一般认为，当两种物体之间的距离小于 25×10^{-8} cm 时，即会发生电子转移而产生静电。在实际生产活动中，静电主要是由于两种不同的物体互相摩擦，或者紧密接触后又分离而产生的。另外，当物体受热、受压、撕裂、剥离、拉伸、撞击、电解以及受其他带电体的感应时，也可能产生静电。无论物体的种类和性质（固体、液体和气体）如何，均能够产生静电。静电的危害性较大，轻者会导致生产质量事故，重者会造成人体静电电击事故，甚至会引起爆炸和火灾事故。

39. 静电的特点

（1）电量小而电压高。静电电量只有微库仑级到毫库仑级，而电压可达上千伏。

（2）高压静电容易放电。当静电积累到一定程度形成高电压时，容易引起电晕放电、刷形放电和火花放电三种形式的放电。

（3）绝缘体上的静电不易消失。绝缘体对电荷的束缚力很强，如不经放电，其上的电荷消失很慢，将会长期存在。

（4）静电具有感应作用。带有静电的物体会对邻近的金属导体产生感应，使不带电的金属导体带电，如图 7-10 所示。

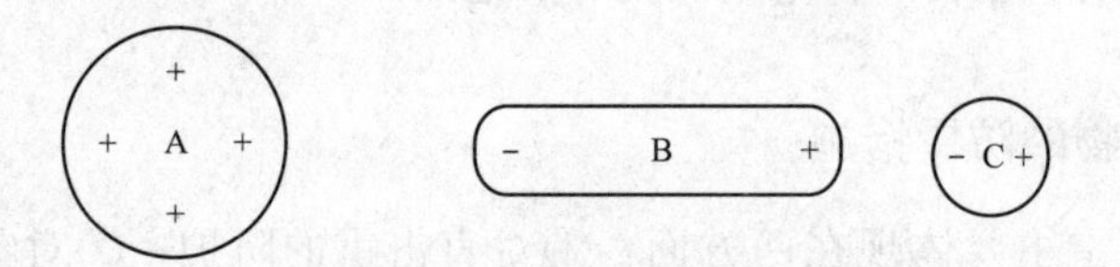

图 7-10　静电感应作用

A—带电体；B、C—其他与地绝缘的导体

（5）静电可以屏蔽。对于带静电的物体可以采用空腔导体进行屏蔽，使空腔导体内部（外屏蔽）或外部（内屏蔽）的物体不会带电，如图 7-11 所示。

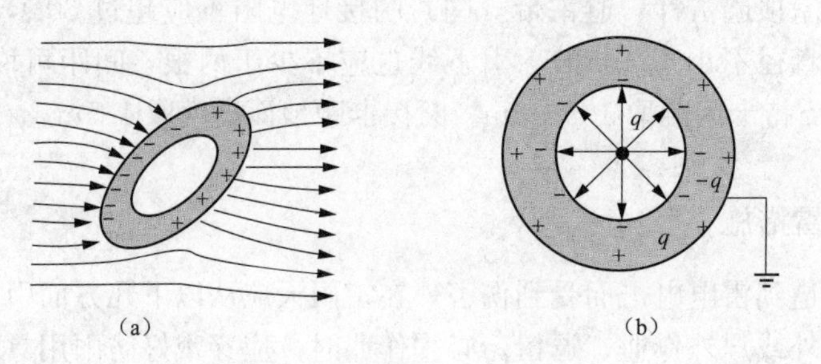

图 7-11　静电屏蔽原理

（a）外屏蔽；（b）内屏蔽

40. 影响静电产生的因素

影响物体产生静电的主要因素有物体的特性、物体的表面状态、物体的带电覆历、物体的接触面积、物体的接触压力及物体的分离速度等。由不同的物质组成的物体，产生静电的难易程度是不相同的。相互摩擦或互相接触和分离的两物质，在静电起电极性序列表中排位距离越远，产生的静电越大。表面粗糙和被油、水污染的物体，有增加静电量的倾向。两物体在初次接触和分离时产生的静电量较大。两物体接触面积和接触压力越大，产生的静电越大。两物体接触后分离速度越快，产生的静电越大。

41. 静电起电极性序列表

由于不同物质得失电子的能力大小不一样，因此将两种不同的物质相互接触和分离或

者相互摩擦，所产生静电的难易程度是不相同的。按照物质起电性质的差异，将其排列成一个静电带电顺序，就形成了静电起电极性序列表，见表 7-2。

表 7-2　　静电起电极性序列

金属	纤维	天然物质	合成树脂
(+)	(+)	(+)	(+)
		石棉	—
		人毛、毛皮	—
		玻璃	—
		云母	—
	羊毛		—
	尼龙		—
	人造纤维		—
铅			—
	绢		—
	木棉	棉	—
	麻		—
		木材	—
		人的皮肤	—
	玻璃纤维		—
锌	乙酸脂		—
铅			—
		纸	—
铬			—
			硬橡胶
铁			—
铜			—
镍			—
金		橡胶	聚苯乙烯
	维尼纶		—
铂			聚丙烯
	聚酯		—
	丙纶		—
			聚乙烯
	聚偏二氯乙烯	硝化纤维、象牙	—
		玻璃纸	—
			聚氯乙烯
			聚四氯乙烯
(—)	(—)	(—)	(—)

注　表中列出的两种物质相互摩擦时，处在表中上面位置的物质带正电，下面位置的带负电（属于不同种类的物质相互摩擦时，也是如此），其带电量数值与该两种物质在表中所处上下位置的间隔距离有关，即在同样条件下，两种物质所处的上下位置间隔越远，其摩擦带电量越大。

42. 容易产生和积累静电的工艺过程

产生静电电荷的多少与生产物料的性质和数量、摩擦力的大小和摩擦长度、液体和气体的分离或喷射强度、粉体粒度等因素有关。容易产生和积累静电的工艺过程主要有以下方面：

（1）固体物质在大面积的相互摩擦时、在压力下接触后而分离时、在挤出或过滤时、在粉碎或研磨时、在混合或搅拌时等工艺过程中容易产生和积累静电。

（2）高电阻液体在管道中高速（超过1m/s）流动时、在管口喷出时以及在注入容器发生冲击、冲刷或飞溅时等工艺过程中容易产生和积累静电。

（3）液化气体、压缩气体或高压蒸气在管道中流动时、在从管口喷出时等工艺过程中容易产生和积累静电。

43. 静电导体、静电亚导体和静电非导体

静电导体是指在任何条件下，体电阻率在$1\times10^{6}\Omega\cdot m$及以下的物料及表面电阻在$1\times10^{7}\Omega$及以下的固体表面；静电亚导体是指在任何条件下，体电阻率大于$1\times10^{6}\Omega\cdot m$、小于$1\times10^{10}\Omega\cdot m$的物料及表面电阻大于$1\times10^{7}\Omega$、小于$1\times10^{11}\Omega$的固体表面；静电非导体是指在任何条件下，体电阻率在$1\times10^{10}\Omega\cdot m$及以上的物料及表面电阻在$1\times10^{11}\Omega$及以上的固体表面。

44. 静电的基本防护技术措施

静电防护应采用工艺控制法限制静电，采用接地泄漏法释放静电，采用中和法消除静电，采用屏蔽法隔离静电等技术措施进行全过程防护。静电的基本防护技术措施主要有：

（1）减少静电荷产生。对接触起电的物料，应尽量选用在带电序列中位置较近的，或者产生正负电荷的物料加以适当组合，最终达到起电最低的程度。在生产工艺的设计上，对有关物料应尽量做到接触面积和压力较小、接触次数较少、运动和分离速度较慢。生产工艺设备应尽量采用静电导体或静电亚导体材料，避免采用静电非导体材料。

（2）使静电荷尽快地消失。在静电危险场所，所有属于静电导体的物体必须接地。对金属物体应采用金属导体与大地做导通性联结，对金属以外的静电导体及亚导体则应做间接接地。在生产场所内，局部环境的相对湿度应增加至50%以上（0区禁止使用）。对于高带电的物料，宜在接近排放口前的适当位置装设静电缓和器。在某些物料中可添加适量的防静电添加剂。在生产现场使用静电导体制作的操作工具应接地。

（3）对带电体应进行局部或全部静电屏蔽或利用各种形式的金属网，减少静电的积蓄。同时屏蔽体或金属网应可靠接地。

（4）在设计和制作工艺装置或装备时，应避免存在静电放电的条件（如容器内细长突出物或高速剥离）。

（5）控制气体中可燃物的浓度在爆炸下限以下（如减少泄漏或加强通风），控制高阻有机液体的流速在1m/s以下。

（6）限制静电非导体材料制品的暴露面积及宽度。

（7）在遇到分层或套叠的结构时避免使用静电非导体材料。

（8）在静电危险场所使用的软管及绳索的单位长度电阻值应在$1\times10^{3}\Omega/m\sim1\times10^{6}\Omega/m$。

（9）在气体爆炸危险场所内禁止使用金属链。

（10）使用静电消除器迅速消除静电，但应注意正负电荷极性、安装位置及防爆类型等要求。

45. 防静电的接地要求

对于存在于静电场所内的金属导体、静电导体和静电亚导体，无论静电电荷有多大，都必须进行防静电接地。易受静电感应的金属导体也必须接地。如果以上导体存在着非导体联结或者与大地绝缘，则必须采用金属导体跨接后并进行接地。静电导体与大地间的总泄漏电阻值均不应大于 $1\times10^{6}\Omega$。每组专设的静电接地体的接地电阻一般不大于 100Ω。金属导体的防静电接地可以与防雷保护接地、电气设备保护接地共用接地装置，也可以与建筑物地下的金属结构联结。

46. 防止静电非导体静电的产生

静电非导体所产生的静电是不均匀的，也不能采用接地的方法释放掉。通常采用以下办法增加静电非导体的导电率来防止所产生的静电。

（1）尽量不使用或者少使用静电非导体材料。尤其在比较危险或关键的工艺环节，应使用抗静电材料。

（2）使用防静电添加剂。在不影响物料质量的前提下，可以在物料中加入适量的防静电添加剂。

（3）采用静电消除器。可以在较多或容易产生静电的部位安装静电消除器。

（4）增加湿度。可以采用增湿器、喷水蒸汽、高湿度空气或者在静电非导体表面或周围洒水的方法，提高现场环境的湿度。

（5）在静电非导体表面涂敷或包扎导电性材料，并将导电性材料接地。

47. 静电消除器的原理、种类及使用注意事项

静电消除器是一种能将气体分子电离成消除静电所需的正负离子对的设备。当带电体附近装有静电消除器时，静电消除器所产生的离子对会向带电体方向移动，与带电体的电荷进行中和，从而消除带电体上的静电。按照离子产生的方法，静电消除器可以分为自感应式、外接电源式和放射线式三种，使用静电消除器时，应注意以下事项：

（1）必须正确选择。在爆炸危险场所应选择外接电源式防爆型静电消除器，放射线式静电消除器对人体会产生危害。

（2）必须正确安装。安装地点要靠近产生静电高电压部位，无污染、腐蚀、高温、高湿等影响。静电消除器与带电体之间的距离要小于它与静电产生源之间的距离，但当与静电产生源之间的距离不足 500mm 时，应靠近静电源一侧。静电消除器应垂直于带电体安装。多台静电消除器之间不能相互干扰。

（3）必须正确使用。应按照静电消除器的技术资料要求，制定操作规程（SOP），并对使用人员进行培训。

（4）必须及时维护。静电消除器表面应保持清洁，不能有任何机械损伤，及时检查，更换易损件。

48. 固体、液态、气态物料静电的防护技术措施

固体物料静电的防护技术措施如下：

（1）非金属静电导体或静电亚导体与金属导体相互联结时，紧密接触面积应大于 $20cm^2$。

（2）架空配管系统各组成部分应保持可靠的电气联结（室外要满足防雷规程要求）。

（3）防静电接地线不得利用电源零线，不得与防直击雷地线共用。

（4）在进行间接接地时，可在金属导体与非金属导体或静电亚导体之间加设金属箔，或者涂导电性涂料或导电膏以减少接触电阻。

（5）油罐汽车在装卸过程中应采用专用的接地导线（可卷式），夹子和接地端子将罐车和装卸设备相互联结起来。接地线的联结，应在油罐开盖以前进行；接地线的拆装应在装卸完毕，封闭罐盖以后进行。有条件时可尽量采用接地设备与启动装卸用泵相互间能连锁的装置。

（6）在振动和移动频率的器件上用的接地导体禁止用单股线及金属链，应采用 $6mm^2$ 的裸绞线或编织线。

液态物料静电的防护技术措施如下：

1）控制烃类液体罐装时的流速

$$vD \leqslant 0.8 \quad m^2/s$$

式中 v——烃类液体的流速，m/s；

D——鹤管内径，m。

大鹤管装车出口流速可以超过以上计算值，但不得大于 5m/s。罐装汽车罐车时，液体在鹤管内的容许流速 $vD \leqslant 0.5m^2/s$。

2）在输送和罐装过程中，应防止液体的飞散喷溅，从底部或上部入罐的注油管末端应设计成不易使液体飞散的倒 T 形等形状或另加导流板；或在上部罐装时，使液体沿侧壁缓慢下流。

3）对罐车等大型容器罐装烃类液体时，宜从底部进油。若必须从顶部进油时，则其注油管宜伸入罐内离罐底不大于 200mm。在注油管未浸入液面前，其流速应限制在 1m/s 以内。

4）烃类液体中应避免混入其他不相容的第二物相杂质（如水等），并应尽量减少和排除槽底和管道中的积水。当混有第二物相杂质时，其流速应限制在 1m/s 以内。

5）在贮存罐、罐车等大型容器内，可燃性液体的表面不允许存在不接地的导电性漂浮物。

6）当液体带电很高时（如在精细过滤器的出口处），可先通过缓和器后再输出进行灌装。带电液体在缓和器内的停留时间为缓和时间的 3 倍。

7）烃类液体的检尺、测温和采样等工作必须在液体静置一段时间（$10 \sim 50m^2$ 容器，$10 \sim 15min$）后进行。取样器、测温器和检尺等工具在操作中应接地或采用具有防静电功能的工具，应优先采用红外、超声等原理的装备。禁止在恶劣天气（高温、雷雨等）时进行以上操作。

8）在烃类液体中加入防静电添加剂，使导电率提高至 250ps/m 以上。其容器应是静电

导体并可靠接地，且需定期检测其导电率是否符合规定值。

9）当不能以控制流速等方法来减少静电积聚时，可以在管道的末端装设液体静电消除器。

10）当用软管输送易燃液体时，应使用导电软管或内附金属丝、网的橡胶管，且在相接时注意静电的导通性。

11）在使用小型便携式容器灌装易燃绝缘性液体时，宜用金属或导静电容器，避免采用静电非导体容器。金属容器及金属漏斗应跨接并接地。

气态粉态物料静电的防护技术措施如下：

1）在工艺设备的结构设计上应避免粉料的滞留、堆积和飞扬，同时还应配置必要的密闭、清扫和排放装置。

2）粉料的粒径越细，越易起电和点燃。无特殊要求，应尽量避免使用粒径在 75μm 以下的粉料。

3）气流粉态物料输送系统内，应防止偶然性外来金属导体混入，成为对地绝缘的导体。

4）设备、部件和管道尽量采用金属导体材料制作。采用静电非导体时，须评价其起电程度并采取相应的措施。

5）必要时可在气流输送系统的管道中央，顺其走向加设两端接地的金属线，以降低管内静电电位。也可采取专用的管道静电消除器。

6）对于强烈带电的粉料，宜先输入小体积的金属接地容器内，待静电消除后再装入大料仓。

7）大型料仓内部不应有突出的接地导体。在顶部进料时，进料口不得伸出，应与仓顶取平。

8）对于粒径在 30μm 以下及筒仓直径在 1.5m 以上的情况，要用惰性气体进行置换、密封筒仓。

9）将静电非导体粉料投入可燃性液体或混合搅拌时，应采取相应的综合防护功能。

10）收集和过滤粉料的设备，应采用导静电的容器及滤料并予以接地。

11）输送可燃性气体的管道和容器，应有防泄漏措施，并装设气体泄漏自动检测报警器。

12）高压可燃性气体对空排放时，应选择适宜的流向和处所。压力高、容量大的气体（如液氢等），宜在排放口装设专用的感应式消电器，并避免在雷雨、高温等恶劣天气时排放。

49. 人体静电的防护技术措施

（1）当气体爆炸危险场所属 0 区和 1 区，且可燃物最小点燃能量在 0.25mJ 及以下时，工作人员需穿防静电服（鞋），当相对湿度保持在 50%以上时，可穿棉工作服。

（2）静电危险场所工作人员的外露穿着物（包括鞋、衣物）应具有防静电或导电功能。各部分穿着物应存在电气连续性，地面应配有导电地面。

（3）禁止在静电危险场所穿脱衣物、帽子和类似物，并避免剧烈的身体运动。

（4）在气体危险场所的等级属 0 区和 1 区工作时，应佩戴防静电手套。

（5）防静电衣物所用材料的表面电阻小于 5×1010Ω，防静电工作服技术要求见 GB 12014—2009《防静电服》。

（6）可以采用安全有效的局部静电防护措施（如腕带），以防止静电危害的发生。

50. 防雷保护装置的运行及维护

（1）防雷保护装置的日常巡视。

防雷保护装置的日常巡视项目如下：

1）避雷器的瓷套、法兰无裂纹、破损及放电现象；内部无放电声，引出线完整，接头牢固；放电计数器有无动作。

2）避雷针有无摇晃摆动，接地是否可靠。

3）放电间隙有无击穿放电痕迹。

4）接地扁钢连接牢固，无损伤和锈蚀。

（2）避雷器的运行与维护。

1）受潮。受潮原因往往是密封不良，瓷套管上有裂纹，外部的潮气侵入内腔而使绝缘下降。

2）火花间隙绝缘老化。这是在间隙内放电时从电极产生的金属蒸发物附在绝缘物上而导致逐渐老化。

3）并联电阻的老化。

4）瓷套表面污染。这将造成表面闪络和恶化串联间隙的电压分布。

5）端子紧固不良，造成断线故障。

6）固定不好，造成故障。

7）阀片制造质量不良，造成特性变化。

51. 防雷保护装置试验及其结果分析与判断

（1）阀型避雷器试验。

阀型避雷器投入运行前要进行的试验项目，有测量绝缘电阻、测量电导电流和串联组合元件的非线性因数和测量工频放电电压。

1）绝缘电阻测量。

测量绝缘电阻除检查内部受潮、瓷套裂纹等缺陷以外，还可以检查并联电阻的接触是否良好，是否老化变质和断裂，若并联电阻的绝缘电阻升高很多，则说明并联电阻可能断裂。测量绝缘时应尽量提高测试电压，建议用 5000V 绝缘电阻表测量。对于多元件组成的避雷器，应对每个元件单独测量其对地（底座）的绝缘电阻值，如图 7-12 所示。

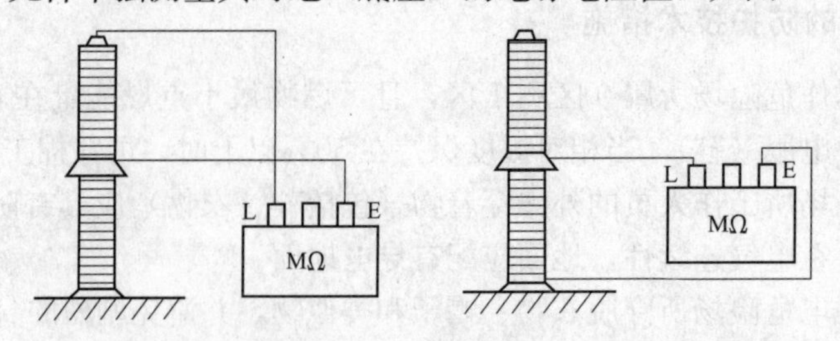

图 7-12 测量多元件组成的避雷器绝缘电阻接线图

2）测量电导电流。

在火花间隙带有并联电阻的阀型避雷器（如 FZ、FCZ、FCD 型等）进行此项试验，目的是为了检查避雷器的密封性能是否良好、电阻有无断开等情况。若密封不好，电阻元件受潮，因而电导电流急剧增大；若并联电阻断线，则电导电流显著降低。另外，避雷器在运输、安装及拆卸之后，如果测得电导电流显著升高，则可能是由于火花间隙的顶盖移动及并联电阻部分短路所致。

a. 阀型避雷器电导电流测量接线示意图如图 7-13 所示。

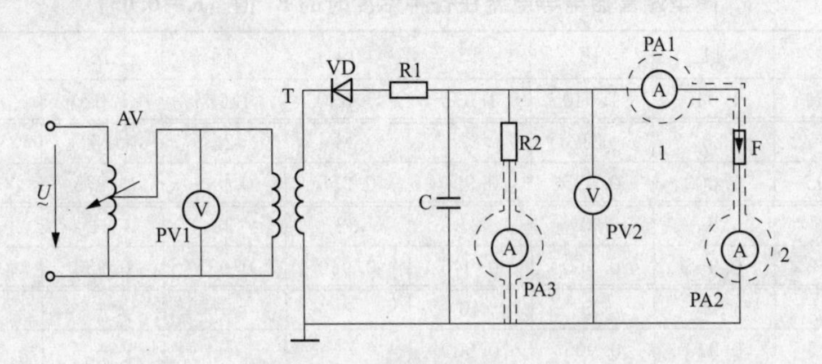

图 7-13　阀型避雷器电导电流测量试验接线示意图

PA1、PA2、PA3—电流表；AV—调压器；T—试验变压器；V—高压硅堆；
R1、R2—保护电阻；PV1—低压侧电压表；PV2—直接测量试验电压的静电电压表；
C—滤波电容器；F—避雷器（被试品）

b. 试验注意事项如下：

a）由于并联电阻的非线性，所施加的高压整流电压的脉动对测量结果影响较大，一般要求电压脉动不超过±1.5%，因此在高压整流回路中，应加电容量在 0.1nF 以上的滤波电容器。如果没有合适的电容器，可用移相电容器代替，此时电容器可按其交流额定电压的 3 倍用于直流高压回路中。

b）应在高压侧直接测量试验电压，以保证试验结果的可靠性。常采用静电电压表直接测量直流试验电压，也可用高阻器串电流表（或用电阻分压器接电压表）测量，应注意对测量系统的校验，使测量误差不大于 2%。

c）电导电流的测量，应尽量避免导线等设备的电晕电流和其他杂散电流的影响。如果避雷器接地端可以断开，则电流表在避雷器的接地端，即图 7-13 中 2 的位置；如果避雷器接地端不能断开，则电流表接在图 7-13 中 1 的位置，并从电流表至避雷器的引线需加屏蔽，读数时应注意安全，电流表准确度应大于 1.5 级。

d）阀型避雷器电导电流及串联组合元件的非线性因数值的试验电压按表 7-3 中 U_2 的值确定。

表 7-3　阀型避雷器电导电流及串联组合元件的非线性因数值的试验电压　kV

元件额定电压	3	6	10	15	20	30
试验电压 U_1	—	—	—	8	10	12
试验电压 U_2	4	6	10	16	20	24

e）电导电流的温度换算。电导电流与温度有关，试验时应记录室温。电导电流的标准是温度为 20℃时的数值，当测试温度与标准温度相差超过 5℃时，应换算至 20℃时的数值，

其温度换算式为

$$I_{20}=It[I+K(20-t)/10]=ItK_{\mathrm{t}} \tag{7-1}$$

式中 I_{20}——换算到20℃时的电导电流，μA；

t——测量时的实测室温，℃；

K——温度每变化10℃时电导电流变化的百分数，一般取K=0.05；

K_{t}——电导电流的温度换算系数，见表7-4。

表7-4　阀型避雷器电导电流在各种温度时的 K_{t} 值（K=0.05）

t（℃）	10	11	12	13	14	15	16	17	18
K_{t}	1.050	1.045	1.040	1.035	1.030	1.025	1.020	1.015	1.010
t（℃）	19	20	21	22	23	24	25	26	27
K_{t}	1.005	1.000	0.995	0.990	0.985	0.980	0.975	0.970	0.965
t（℃）	28	29	30	31	32	33	34	35	36
K_{t}	0.960	0.955	0.950	0.945	0.940	0.935	0.930	0.925	0.920
t（℃）	37	38	39	40	—	—	—	—	—
K_{t}	0.915	0.910	0.905	0.900	—	—	—	—	—

c. 试验结果的分析判断

a）在规定的试验电压下，有并联电阻的阀型避雷器的电导电流数值应在一定范围内。若电导电流明显增加，说明内部有受潮现象；若电导电流明显下降，可能是并联电阻发生断裂或开焊。发生上述情况，都应查明原因，进行处理。

b）阀型避雷器的电导电流标准由制造厂家规定，其标准随厂家、型式、出厂时间的不同而不同。交接试验标准和预防性试验规程中规定了一般参考标准。试验后，应查明标准值，除与标准值比较外，还应与历年数据比较，不应有明显变化。

3）非线性因数的测量。

阀型避雷器的阀片电阻是非线性的，之所以采用非线性电阻，是因为它在大气过电压作用时电阻很小，它能把很大的雷电引入大地，保护电气设备。当雷电流流过后，它又能呈现很高的电阻，限制工频续流的数值，从而有利于避雷器火花间隙电弧的熄灭。阀片电阻非线性的特性可表示为

$$U=CIa \tag{7-2}$$

式中 C——材料系数，与阀片的材料性质、尺寸有关；

I——工频续流；

a——阀片电阻的非线性因数，主要与阀片的本专业性质及烧制温度有关。

4）工频放电电压测量。

通过测量阀型避雷器的工频放电电压，能够反映其火花间隙结构及特性是否正常、检验其保护性能是否正常。工频放电电压不能过高，否则意味着避雷器的冲击电压太高（因为避雷器的冲击系数是一定的）。这样，当大气过电压袭来时，避雷器不能可靠动作，影响避雷器的保护性能。所以在试验规程中都规定了工频放电电压的上限值，要求工频放电电压值不能超过上限值。同时，工频放电电压也不能太低，否则灭弧电压也随之降低，以致在某些情况下不能切断工频续流，甚至引起避雷器爆炸。另外，还可能在内部过电压下出现误动（普通阀型避雷器的通流能力小，一般不允许在内部过电压下动作）。所以试验规程

中规定了工频放电电压的下限，要求工频放电电压值不得低于下限值。

此外，DL 596—1996《电力设备预防性试验》中规定，只对不带非线性并联电阻的 FS 系列阀型避雷器进行工频放电电压试验。对带有非线性电阻的阀型避雷器只在解体大修后进行工频放电电压试验。

以下工频放电电压试验接线及步骤主要针对不带非线性并联电阻的 FS 系列阀型避雷器。

a. 试验接线。阀型避雷器工频放电电压试验接线如图 7-14 所示。

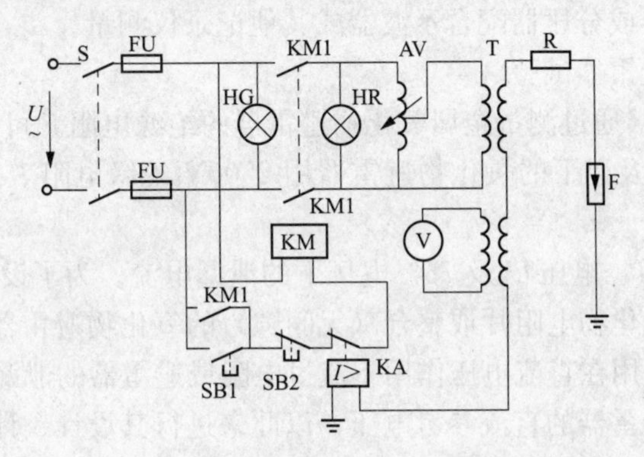

图 7-14　阀型避雷器工频放电电压试验接线图

S—电源开关；FU—熔断器；KM—交流接触器；SB1、SB2—按钮开关；HG、HR—电源指示灯；AV—单相调压器；T—试验变压器；KA—过流继电器；R—限流电阻；F—被试品

b. 试验步骤。

a）合上电源，调整单相调压器 AV 均匀升高电压，升压速度控制在从刚开始升压至避雷器放电接触器脱扣时为 3.5～7s 的时间为宜，以便于读表。

b）升压时，注意电压表指示。当电压表指向零值，且接触器脱扣时，则电压表摆向零值前的指示值，即为避雷器的工频放电电压值。

c）对每个避雷器按以上操作试验 3 次，每次试验间隔不得小于 1min，工频放电电压取三次试验的平均值。

c. 试验注意事项。

a）尽量保证试验电压波形为正弦波，消除高次谐波的影响，为此调压器的电源取线电压或在试验变压器低压侧加滤波回路。

b）保护电阻的选择。保护电阻 R 是用来限制避雷器放电时的短路电流的。对于不带并联电阻的 FS 系列阀型避雷器，一般取 0.1～0.5Ω/V 电阻不宜太大，否则间隙中建立不起电弧，使测得的工频放电电压偏高。

对有并联电阻的普通阀型避雷器，应在间隙放电后 0.5s 内切断电源，为此回路中装设了过电流速断保护装置 KA，并使通过被试品的工频电流限制在 0.2～0.7A 范围之内。由于并联电阻的泄漏电流较大，在接近放电电压时，保护电阻上压降较大，这时可以选用较低电阻或不用保护电阻。有串联间隙的金属氧化物避雷器，由于阀片电阻值较大，放电电流较小，过电流速断保护装置中的过电流继电器应调整得灵敏些，并将放电电流控制在 0.05～0.2A，放电后 0.2s 内切断电源。

c）对升压速度的要求。对于无并联电阻的 FS 系列阀型避雷器，升压速度不宜太快

（以免由于表计机械惯性引起读数误差），以 3～5kV/s 为宜。对于有并联电阻的避雷器，必须严格控制升压速度，因为并联电阻热容量在接近放电时，如果升压时间较长，会使并联电阻发热烧坏。因此，技术条件中规定，超过灭弧电压以后到避雷器放电的升压时间不得超过 0.2s，通常用改造调压装置使之达到要求。

d）工频放电电压的测量。对于不带并联电阻的 FS 系列阀型避雷器，可以采用电压互感器、静电电压表等方法直接测量，也可以在试验变压器低压侧测量，通过变比换算求得。

对于有并联电阻的避雷器，应在被试避雷器两端直接测量它的工频放电电压，可用 0.5 级及以上的电压互感器或分压器配合示波器或其他记录仪测量。

（2）金属氧化物避雷器试验。

1）绝缘电阻测量。通过测量金属氧化物避雷器的绝缘电阻，可以发现内部受潮及瓷质裂纹等缺陷。对 35kV 及以下的氧化物避雷器用 2500V 绝缘电阻表摇测每节绝缘电阻，应不低于 2500MΩ。

2）测量直流电流 I、电压 U 及 75%电压下的泄漏电流。为了设计、生产和运行监测的需要，制造厂对金属氧化物电阻片或整合（无间隙）的氧化物避雷器规定了直流参考电压。我国和许多国家大都使用在直流电压作用下流过电阻或避雷器的泄漏电流等于 I_{MA} 的电压降 U_{1MA} 作为金属氧化物避雷器的直流参考电压，以此来进行其设计、计算和性能测试。

在预防性试验中，要求测量 I 下的电压 U 和 75%电压下的泄漏电流，其试验接线及直流电压、泄漏电流的测量如图 7-13 所示。测量电导电流的导线应使用屏蔽线；若天气潮湿，可用加装屏蔽环的方法来防止由于瓷套表面受潮而影响测量的结果。

试验时，调整调压器的输出电压，使泄漏电流为 I 时，记录对应的直流试验电压 U；然后，将直流试验电压调整为 U，记录对应的泄漏电流值：①测量值不得低于 GB 11032 的规定值；②电压实测值与初始值（即交接试验或投产试验时的测量值）或制造厂规定值相比较，变化不大于±5；75%电压下的泄漏电流不应大于 50μA。

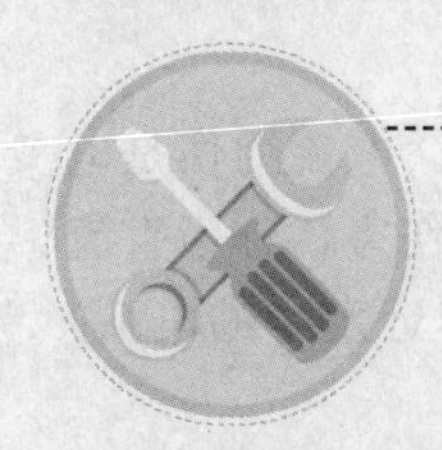

第 8 章 触电危害与救护

1. 触电事故的分类

触电事故是由电流形式的能量造成的事故。按照电流对人体的伤害形式，触电事故可划分为电击和电伤两大类。电击是指电流对人体内部组织造成的伤害。电伤是指电流对人体外表造成的伤害。

2. 电击的主要表现特征

（1）伤害在人体内部。

（2）人体外表无明显痕迹。

（3）致命电流较小。

3. 直接接触触电和间接接触触电

直接接触触电是指人体触及正常运行设备或线路的带电体所发生的触电，也称为正常状态下的触电。间接接触触电是指人体触及设备或线路在正常运行时不带电而在故障时带电的导体所发生的触电，也称为故障状态下的触电，如图 8-1 所示。

4. 电伤的主要表现特征

电伤是由电流的热效应、化学效应、机械效应等对人体造成的伤害。电伤的主要表现特征有电烧伤、皮肤金属化、电烙印、机械损伤和电光眼等。

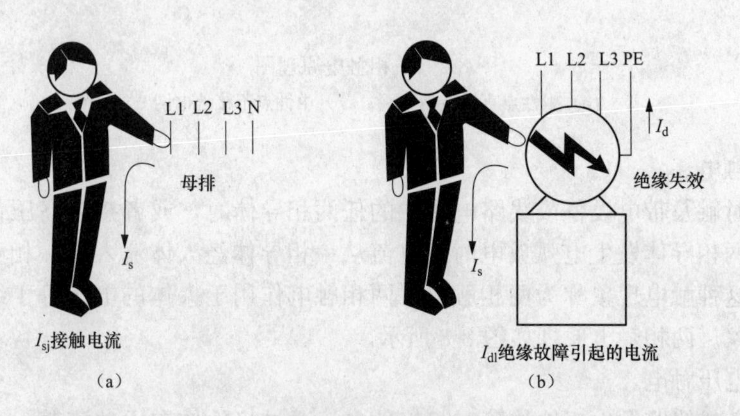

图 8-1 直接接触触电和间接接触触电

（a）直接接触；（b）间接接触

（1）电烧伤：是电流的热效应造成的伤害，分为电流灼伤和电弧烧伤。电流灼伤是电流通过人体由电能转变成热能造成的伤害。电弧烧伤是由弧光放电造成的伤害，分为直流电弧（带电体与人体之间发生的电弧）烧伤和间接电弧（带电体在人体附近发生的电弧）烧伤。直接电弧烧伤与电击同时发生。

（2）皮肤金属化：是指在电弧高温作用下，金属熔化、汽化后，其颗粒渗入皮肤，造成皮肤粗糙而张紧。皮肤金属化多与电弧烧伤同时发生。

（3）电烙印：是指在人体与带电体接触的部位所留下的永久性瘢痕。瘢痕处皮肤无弹性、无色泽、无知觉，表皮坏死。

（4）机械损伤：是指电流作用于人体而引起的机体组织断裂、骨折等伤害。

（5）电光眼：是指放电弧光对眼睛造成的伤害，表现为角膜炎或结膜炎。

5. 触电方式的种类

按照人体触及带电体的方式和电流流过人体的途径，触电可以分为单相触电、两相触电和跨步电压触电三种方式。单相触电、两相触电属于直接接触电击类型，跨步电压触电属于间接接触电压类型。

（1）单相触电。

当人体触及到带电设备或线路电源中的任一相导体时，电流便经过人体流入大地，这种触电现象称为单相触电。对于高压带电设备或线路，当人体与带电体之间的距离不足安全距离时，高电压会对人体放电，发生触电事故并引起单相接地故障，这种现象也属于单相触电。单相触电是最常见的触电现象。低压电网的单相触电原理如图 8-2 所示。

图 8-2　单相触电原理图

（a）中性点直接接地电网；（b）中性点不接地电网

（2）两相触电。

当人体同时触及带电设备或线路电源中的任两相导体时，或者接近高压带电设备或线路电源中的任两相导体发生电弧放电时，电流从一相导体经人体流入另一相导体，构成一个闭合回路，这种触电现象称为两相触电。两相触电作用于人体的电压等于线电压，是最危险的触电现象。两相触电原理如图 8-3 所示。

（3）跨步电压触电。

当电气设备或线路发生接地故障时，接地电流通过接地体向大地流散，会在地面上形成点位分布。如果人在接地短路点附近行走，则会在两脚之间产生电位差（也称为跨步电压）而引起触电，这种触电现象称为跨步电压触电。跨步电压触电多发生于高压架空线路。

跨步电压触电原理如图 8-4 所示。

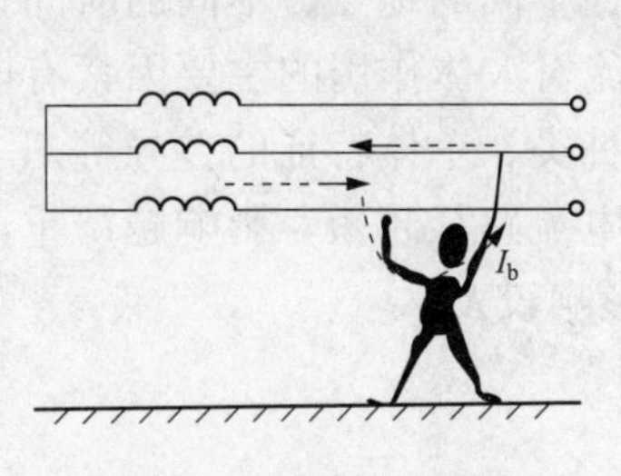

图 8-3　两相触电原理图

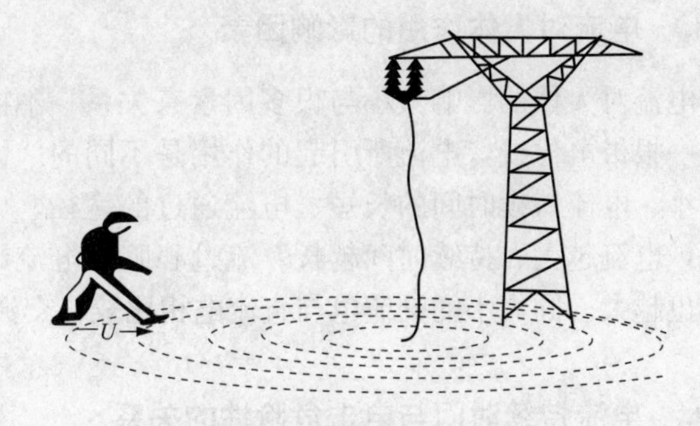

图 8-4　跨步电压触电原理图

6. 电流对人体的作用原理

电流对人体的作用主要表现在生物学效应、热效应、化学效应和机械效应等方面。当电流通过人体时，由于电流的各种效应，会破坏人体内组织细胞的正常工作，甚至导致组织细胞损坏或死亡。生物学效应表现为使人体产生刺激和兴奋行为，使机体组织发生变异，发生状态变化。热效应表现在血管、神经、心脏、大脑等器官因受热而导致功能障碍。化学效应表现在使人体内液体物质发生电离、分解等而破坏。机械效应表现在使人体各种组织发生剥离、断裂等严重破坏。

7. 电流对人体的作用症状

当电流通过人体时，会引起人体发麻、针刺、压迫、打击、痉挛、疼痛、呼吸困难、血压异常、昏迷、心律不齐、窒息、心室颤动等症状。当电流较大时，还会引起严重的烧伤。电流通过人体引起的生理效应如图 8-5 所示。

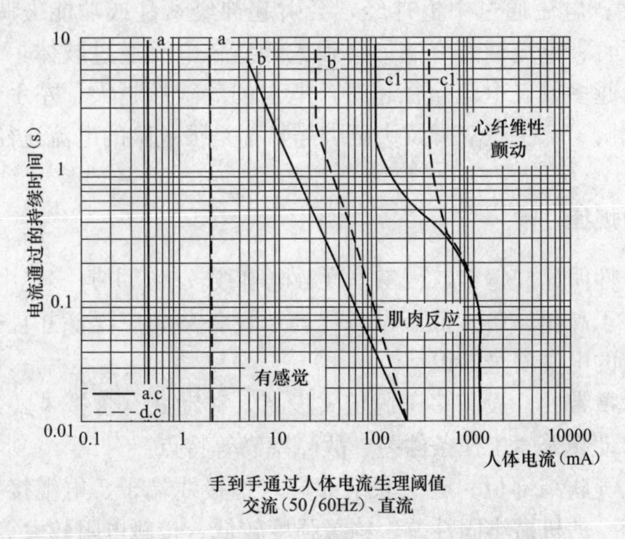

图 8-5　电流通过人体引起的生理效应

a、b、c—分界线

8. 电流对人体作用的影响因素

电流对人体的影响大小与很多因素有关系。不同的人、不同的地点、不同的时间接触到同一根带电导线，电流所引起的作用是不同的。影响电流对人体作用的主要因素有电流的大小、电流持续时间的长短、电流通过的途径、电流的种类、个体特征的差异等。一般来说，电流越大、持续时间越长、流过心脏的电流越多或电流路径越短，影响越严重，危险性也越大。同大小的交流电与直流电相比较，交流电的影响较大。

9. 电流持续时间与电击危险性的关系

触电者遭受电击电流的持续时间越长，电击的危险性就越大。因为电流持续时间越长，触电者体内积累的电能越多，心脏越容易受到伤害、人体阻抗会明显下降、中枢神经反射越强烈，所以电击的危险性就越大。连续工频电流对人体作用的最小电流值见表 8-1。

表 8-1　连续工频电流对人体作用的最小电流值

作用症状	电流途径	最小电流（mA）
感觉	手—手	0.5
	双手—足	0.5
肌肉反应	手—手	5
	双手—足	10
心颤动	手—手	100
	双手—足	40

10. 电流途径与电击危险性的关系

电流通过人体的途径有多种，其作用效果也是不同的。电流通过心脏，会引起心室颤动或者心脏停止跳动；电流通过中枢神经，会引起神经紊乱或功能失调；电流通过头部，会引起大脑损伤或死亡；电流通过脊髓，会致人瘫痪；电流通过肢体，会引起神经强烈反应。当通过心脏电流越多或者电流途径越短，电击的危险性越大。左手至前胸、右手至前胸、单手至单脚或双脚、双手至双脚及头至脚等，都是很危险的电流途径。

11. 触电事故的规律

（1）发生的季节性明显。每年二、三季度触电事故较多，并且多集中在 6～9 月。

（2）低压设备多于高压设备。低压设备比高压设备分布广泛，并且接触机会也多，接触的人员也缺乏相应的电气安全知识。

（3）移动式（含携带式）设备多于固定式设备。移动式（含携带式）设备的运行在人的掌控之中，具有移动频繁、工作条件差、故障率高等特点。

（4）易发生在电气联结部位。电气联结部位（如接线端子、电缆接头、灯头灯座、插头插座、控制开关等）的机械牢固性差、绝缘强度较低、接触电阻较大等。

（5）多因违章操作或违章作业而发生。由于安全教育不够、安全意识不强、安全制度不严、安全措施不完善、操作者和作业者素质不高等原因引起。

（6）不同行业有所差别。冶金、矿业、建筑、机械等行业触电事故相对较多。

（7）不同年龄人群不相同。中青年工人、非专业电工触电事故较多。

（8）不同地区有所区别。同时段，农村触电事故次数约为城市触电事故次数的3倍。

12. 触电救护的处置原则

触电急救必须分秒必争，应首先使触电者尽快脱离电源，然后就地迅速用心肺复苏法对触电人员进行抢救，坚持不间断，不能擅自判定伤员死亡而放弃救治，同时及早与医疗部门取得联系，争取医务人员接替救治。

13. 使触电者脱离电源应注意的事项

一旦发现有人触电，应使触电者迅速脱离电源。在触电者未脱离电源前，救护人员不得接触触电者。使触电者脱离电源时，应注意以下事项：

（1）救护者要注意保护自己，戴绝缘手套、穿绝缘鞋（靴），使用绝缘工具，保持安全距离，在保证自己安全的前提下进行施救。

（2）救护人员应迅速就近设法切断电源，拉开电源开关或拔下电源插头。附近无电源开关或插座时，救护人员可站在绝缘物上，采用绝缘柄钳子或干木把斧子等将电线逐根剪断。

（3）无法迅速切断电源时，救护人员可以使用绝缘工具、干燥木棒、干净绳索等，也可抓住触电者干燥而不贴身的衣服，将触电者与带电体分开，不可直接用手直接接触触电者的身体。

（4）触电者处于高空位置时，救护人员要采取防止高空坠落的预防措施。

（5）若属架空线路触电，对于低压线路，救护人员可采用切断线路电源的方法进行救护。对于高压线路，无法切断电源时，救护人员可抛挂合适的金属短路线，迫使电源开关跳闸。无论是救护人员，还是触电者，都要注意防止高空坠落的危险。

（6）若属高压架空线路断落发生的触电，救护人员需注意防止跨步电压触电。在不能确认线路无电和无安全措施的情况下，不能接近断线点至8～10m的范围内。触电者脱离带电导线后，应迅速将触电者带至8～10m的范围以外后立即进行急救。

14. 触电伤员脱离电源后的应急处置

触电伤员脱离电源后，应及时对其进行以下应急处置：

（1）如神志清醒，可使其就地躺平，不要站立或走动，并严密观察。

（2）如神志不清，应使其就地躺平，保持其呼吸气道畅通，并反复呼喊其姓名或拍打其肩部，判断其是否丧失意识。

（3）如丧失意识，应在10s内用看胸部起伏、听呼气声音、试脉搏跳动等方法判断其呼吸及心跳是否正常。

（4）若呼吸、心跳停止，应立即就地正确施救，并联系医护人员接替救治。

15. 触电伤员意识的判定

使触电伤员脱离电源后，应立即对伤员的意识进行判定。判定方法如下：

（1）轻轻拍打伤员的肩部，高声呼叫“喂！你怎么啦?”，如果认识伤员，可直接呼叫其姓名。

（2）若伤员有意识，则立即送往医院。

（3）若伤员无意识，则立即用手指掐压人中穴、合谷穴约 5s。

（4）以上动作应在 10s 内完成，时间不能太长。拍打和掐压不能用力太重，若伤员有所反应，应立即停止，并送往医院。

16. 触电伤员呼吸与心跳的判定

触电伤员因触电情况不同，会表现出不同的症状。有的只是暂时昏迷、神志不清或丧失意识，有的呼吸停止、心跳停止或者两者兼有。对于丧失意识者，应立即判定其呼吸和心跳是否停止。判定呼吸，可以用手指触摸鼻孔处有无气流、用耳朵贴近口鼻处有无声音或者用眼睛观察胸腹处有无起伏。判定心跳，可直接用两手指触摸其喉结凹陷处的颈动脉，感觉其有无脉搏。既无呼吸，又无脉搏，则说明心肺功能已经停止。

17. 心肺复苏法

心肺复苏法是指对呼吸和心跳均已停止的触电伤员进行施救，恢复其心肺功能，重建呼吸和心跳的方法。心肺复苏法主要包括开放气道、口对口（鼻）人工呼吸和胸外按压三项基本措施。

18. 打开触电伤员的气道

应首先检查触电伤员的口腔内有无异物。如果有，可将其身体和头部同时侧转，迅速用手指从口角处插入取出异物，不可将异物推到咽喉深部。其次，要保持触电伤员的气道畅通。打开气道可采用仰头抬颌法或托下颌法。仰头抬颌法，是将一只手放在触电者的前额，另一只手将其下颌骨向上抬起，两手协同将其头部向后仰推，舌根即可抬起，使气道通畅，如图 8-6 所示。

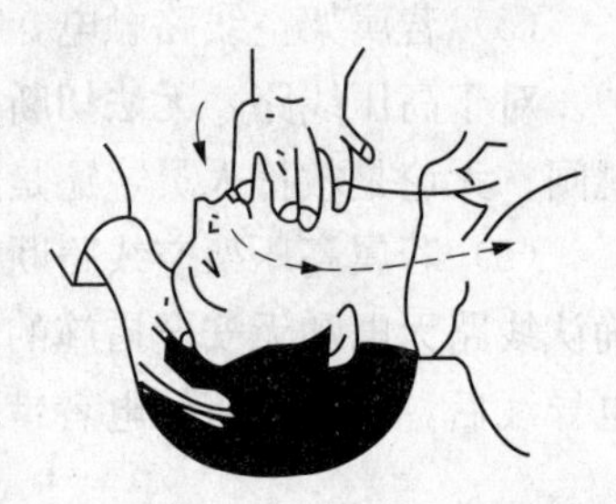
图 8-6　仰头抬颌法打开气道

19. 正确进行人工呼吸

人工呼吸是使触电者重建呼吸的必要手段。人工呼吸分为口对口呼吸和口对鼻呼吸两种方法。对触电者进行人工呼吸前，首先必须使触电者的气道保持通畅。进行口对口人工呼吸时，救护人员应先深吸一口气，一只手托住伤员的下颌部，另一只手捏住伤员的鼻翼，与伤员口对口紧合，在不漏气的情况下，先连续大口吹气两次，每次 1～1.5s；然后可以保持正常的吹气量，每 5s 吹气 1 次，即 12 次/min。在吹气和放松时，要注意观察伤员胸部的起伏变化情况，动作应与之配合，吹气、放松反复进行。如伤员胸部起伏不明显，则有可能是气道不通畅，应将其头部再向后仰一点。如图 8-7 所示。如果伤员的牙关紧闭，无法进行口对口人工呼吸时，应采用口对鼻人工呼吸。采用口对鼻人工呼吸时，应注意要将

伤员嘴唇紧闭，防止吹进的气漏气。

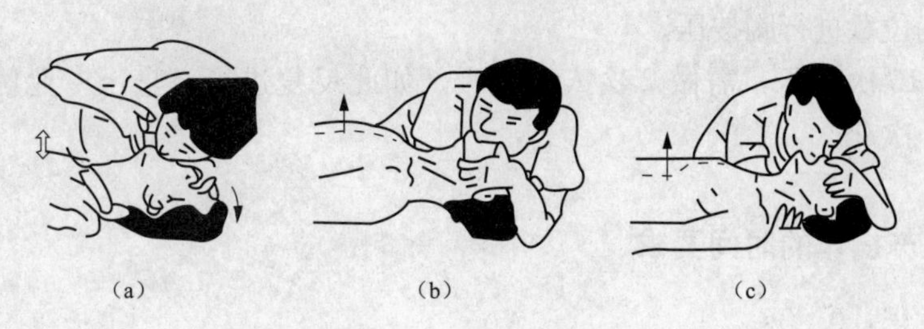

图 8-7　口对口人工呼吸

（a）仰头抬颌体位；（b）托下颌体位；（c）仰天抬颌体位

20. 正确施行胸外按压

当触电者的心跳已经停止时，应立即进行胸外按压施救。必要时必须与人工呼吸同时交替进行。进行胸外按压时，按压位置和按压姿势要正确，按压力量和按压频率要适中。按压位置应确定在胸骨与肋骨接合处（剑突底部）的胸骨上，如图 8-8 所示。

救护人员应跪在伤员（平躺在平硬的地方上）一侧肩旁，两肩位于伤员胸骨的正上方，两臂伸直，肘关节固定不屈，两手掌重叠，手指翘起，以髋关节为支点，利用上身的重力，垂直按压伤员胸骨下陷 3～5cm 后立即放松，手掌不宜离开胸壁，如图 8-9 所示。按压、放松应交替反复进行，按压的速度要均匀，100 次/min 左右，按压与放松的时间应相等。

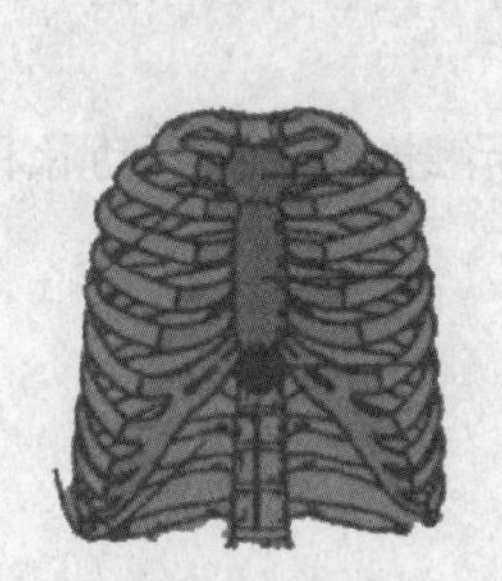

图 8-8　胸外按压位置

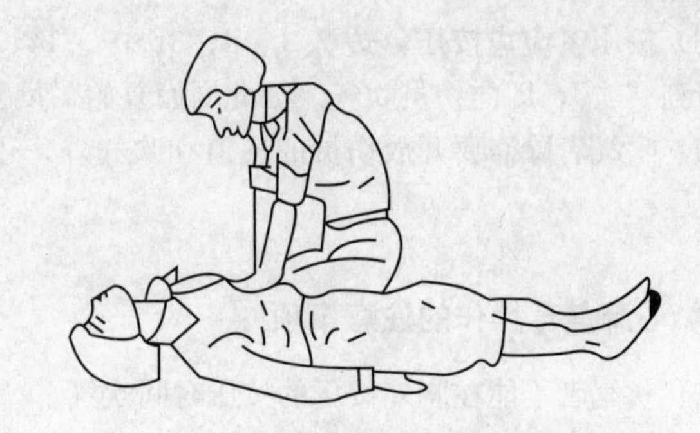

图 8-9　胸外按压姿势

21. 心肺复苏操作的过程步骤

（1）判断伤员有无意识。

（2）若伤员无意识，应立即大喊“来人啊！救命啊”进行呼救。

（3）迅速将伤员放置于仰卧位，并放在地上或硬板上。

（4）采用仰头抬颌法打开伤员的气道。

（5）通过看、听、试等方法判断伤员有无呼吸。

（6）若伤员无呼吸，应立即口对口吹 2 次气。

（7）保持伤员头部后仰，用手检查其颈动脉有无搏动。

（8）若伤员有脉搏，可对其仅做人工呼吸，频率为 12～16 次/min。若伤员无脉搏，应在其胸外正确按压位置进行 1～2 次叩击。

(9) 叩击后再判断有无脉搏。若有脉搏，说明心跳恢复，可对其仅做人工呼吸；若无脉搏，应在正确位置进行胸按压。

(10) 每做 15 次按压，需做 2 次人工呼吸。如此反复进行，直至专业医务人员赶来。按压频率为 100 次/min。

22. 心肺复苏操作的时间要求

(1) 判断意识，0～5s。

(2) 呼救并放好伤员体位，5～10s。

(3) 开放气道，判断有无呼吸，10～15s。

(4) 口对口呼吸 2 次，15～20s。

(5) 判断有无脉搏，20～30s。

(6) 进行胸外按压 15 次、人工呼吸 2 次，30～50s。

(7) 以上程序尽可能在 50s 以内完成，最长不宜超过 1min。

23. 心肺复苏双人操作要求

(1) 两人要相互配合、协调一致，吹气应在胸外按压的松弛时间内进行。

(2) 胸外按压频率为 100 次/min，按压与呼吸次数比例为 15/2，即每按压 15 次，可进行 2 次人工呼吸。

(3) 按压者应边按压，边数 1、2、3、…、14、吹。当吹气者听到“14”时，做好准备，听到“吹”，即向伤员吹气。如此周而复始，反复进行。

(4) 吹气者除需要开放伤员的气道和吹气外，还应不断触摸伤员的颈动脉和检查伤员的瞳孔。

24. 心肺复苏操作的注意事项

(1) 吹气者不能在胸外按压的按压时间吹气。

(2) 按压者的按压速度和数数速度要一致，并且要均匀，不能忽快忽慢。

(3) 操作者要位于伤员的侧面，便于操作。单人救治时，要站在伤员的肩部位置；双人救治时，吹气者应站在伤员的头部侧面，按压者应站在伤员的胸部侧面，并与吹气者相对。

(4) 吹气者和按压者可以互换位置，但中断时间不能超过 5s。

(5) 第二个抢救者赶到现场，应先检查伤员的颈动脉搏动，然后进行人工呼吸。若按压无效脉搏仍未恢复，应检查按压者的方法及位置是否正确。

(6) 有多人在现场时，可以轮换操作，以保持精力充沛、姿势正确、抢救有效。

25. 心肺复苏效果的判定

心肺复苏的效果取决于心肺复苏操作方法是否正确。判定心肺复苏是否有效，可以从以下方面对伤员进行观察：

(1) 面色（口唇）。伤员的面色由紫绀色转为红润色，说明复苏有效。若面色变为灰白

色，则说明复苏无效。

（2）瞳孔。伤员的瞳孔由大变小，说明复苏有效。若瞳孔由小变大、固定不变、角膜混浊，则说明复苏无效。

（3）颈动脉。每按压一次，颈动脉搏动一次，说明按压有效。若停止按压后，颈动脉停止搏动，应继续进行按压。若停止按压后，颈动脉仍然搏动，说明伤员心跳已经恢复。

（4）神志。伤员眼球有活动，睫毛反射与对光反射出现，甚至手脚开始抽动，肌张力增加，说明复苏有效。

（5）呼吸。伤员自主呼吸出现，说明复苏有效。如果自主呼吸微弱，仍应坚持口对口人工呼吸。

26. 电流对人体的危害

（1）作用机理和征象。

1）作用机理。电流通过人体时破坏人体内细胞的正常工作，主要表现为生物学效应。电流作用于人体还包含有热效应、化学效应和机械效应。

电流的生物学效应主要表现为使人体产生刺激和兴奋行为，使人体活的组织发生变异，从一种状态变为另外一种状态。电流通过肌肉组织，引起肌肉收缩。由于电流刺激神经细胞，产生脉冲形式的神经兴奋波，当此兴奋波迅速地传到中枢神经系统后，后者即发出不同的指令，使人体各部做相应的反应，因此，当人体触及带电体时，一些没有电流通过的部位也可能受到刺激，发生强烈的反应，重要器官的工作可能受到破坏。

在活的机体上，特别是肌肉和神经系统，有微弱的生物电存在，如果引入局外电流，生物电的正常规律将受到破坏，人体也将受到不同程度的伤害。

电流通过人体还有热作用。电流所经过的血管、神经、心脏、大脑等器官将因为热量增加而导致功能障碍。

电流通过人体，会引起机体内液体物质发生离解、分解导致破坏。

电流通过人体，还会使机体各种组织产生蒸汽，乃至发生剥离、断裂等严重破坏。

2）作用征象。小电流通过人体，会引起麻感、针刺感、压迫感、打击感、痉挛、疼痛、呼吸困难、血压异常、昏迷、心律不齐、窒息、心室颤动等症状。数安以上的电流通过人体，还可能导致严重的烧伤。

人体工频试验的典型资料见表 8-2。

表 8-2　　单手—双脚电流途径的实验资料　　mA

感觉情况	被试者百分数		
	5%	50%	95%
手表面有感觉	0.9	2.2	3.5
手表面有麻痹似的针刺感	1.8	3.4	5.0
手关节有轻度压迫感、有强烈的连续针刺感	2.9	4.8	6.7
前肢有受压迫感	4.0	6.0	8.0
前肢有受压迫感、足掌开始有连续针刺感	5.3	7.6	10.0
手关节有轻度痉挛，手动作困难	5.5	8.5	11.5
上肢有连续针刺感，胸部特别是手关节有强烈痉挛	6.5	9.5	12.5

续表

感觉情况	被试者百分数		
	5%	50%	95%
肩部以下有强度连续针刺感，肘部以下僵直，还可以摆脱带电体	7.5	11.0	14.5
手指关节、踝骨、足跟有压迫感，手的大拇指全部痉挛	8.8	12.3	15.8
只有尽最大努力才可能摆脱带电体	10.0	14.0	18.0

小电流电击使人致命的最主要原因是引起心室颤动。麻痹和中止呼吸、电休克虽然也可能导致死亡，但其危险性比引起心室颤动要小得多。发生心室颤动时的心电图和血压图如图 8-10 所示。发生心室颤动时，心脏颤动 1000 次/min 以上，但幅值很小，而且没有规则，血液实际上中止循环。图 8-10 表明，心室颤动是在心电图上 T 波的前半部发生的。心室颤动能够持续的时间不会太长，在心室颤动状态下，如不及时抢救，心脏很快将停止跳动，并导致生物性死亡。

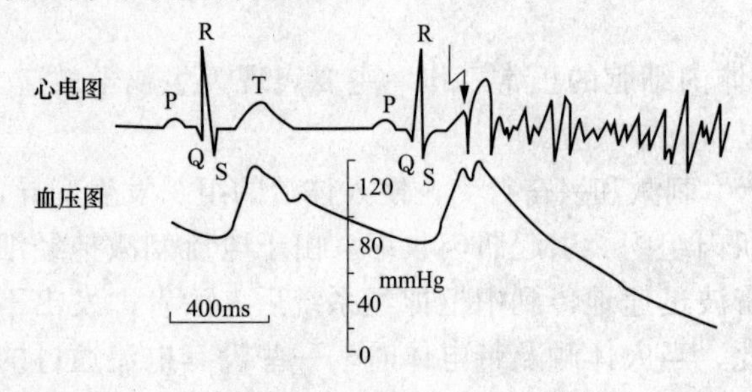

图 8-10　心电图和血压图

当人体遭受电击时，如果有电流通过心脏，可能直接作用于心肌，引起心室颤动；如果没有电流通过心脏，也可能经中枢神经系统反射作用心肌，引起心室颤动。

由于电流的瞬时作用而发生心室颤动时，呼吸可能持续 2～3min。在其丧失知觉之前，有时还能叫喊几声，有的还能走几步。但是，由于其心脏进入心室颤动状态，血液已中止循环，大脑和全身迅速缺氧，病情将急剧恶化。如不及时抢救，很快将导致生物性死亡。

人体遭受电击时，如有电流作用于心肌，还将使胸肌发生痉挛，使人感到呼吸困难。电流越大，感觉越明显。如果时间较长，将发生憋气、窒息等呼吸障碍。窒息后，意识、感觉、生理反射相继消失，继而呼吸中止。稍后，即发生心室颤动或心脏停止跳动。在这种情况下，心室颤动或心脏停止跳动不是由电流通过心脏引起的，而是由机体缺氧和中枢神经系统反射引起的。

电休克是机体受到电流的强刺激后，发生强烈的神经系统反射，使血液循环、呼吸及其他新陈代谢都发生障碍，以致神经系统受到抑制，出现血压急剧下降、脉搏减弱、呼吸衰竭、神志昏迷的现象。电休克状态可以延续数十分钟到数天，其后果可能是得到有效的治疗而痊愈，也可能是由于重要生命机能完全丧失而死亡。

(2) 作用影响因素。

不同的人在不同的时间、不同的地点与同一根带电导线接触，后果将是千差万别的。这是因为电流对人体的作用受很多因素的影响。

1) 电流大小的影响。通过人体的电流越大，人的生理反应和病理反应越明显，引起心室颤动所用的时间越短，致命的危险性越大。按照人体呈现的状态，可将预期通过人体的电流分为三个级别。

a. 感知电流。在一定概率下，通过人体引起人有任何感觉的最小电流（有效值）称为该概率下的感知电流。概率为 50%时，成年男子平均感知电流约为 0.7mA。

感知电流一般不会对人体构成伤害，但当电流增大时，感觉增强，反应加剧，可能导致坠落等二次事故。

b. 摆脱电流。当通过人体的电流超过感知电流时，肌肉收缩增加，刺痛感觉增强，感觉部位扩展。当电流增大到一定程度时，由于中枢神经反射和肌肉收缩、痉挛，触电人将不能自行摆脱带电体。在一定概率下，人触电后能自行摆脱带电体的最大电流称为该概率下的摆脱电流。

摆脱电流的概率曲线如图8-11所示。概率为50%时，成年男子和成年女子的摆脱电流分别约为16mA和10.5mA；概率为99.5%时，成年男子和成年女子的摆脱电流约为9mA和6mA。

摆脱电流是人体可以忍受但一般尚不致造成不良后果的电流。电流超过摆脱电流以后，会感到异常痛苦、恐慌和难以忍受；如时间过长，则可能昏迷、窒息，甚至死亡。因此，可以认为摆脱电流是有较大危险的界限。

c. 室颤电流。通过人体引起心室发生纤维性颤动的最小电流称为室颤电流。电击致死的原因是比较复杂的。例如，高压触电事故中，可能因为强电弧或很大的电流导致的烧伤使人致命；低压触电事故中，正如前面说过的，可能因为心室颤动，也可能因为窒息时间过长使人致命，一旦发生心室颤动，数分钟内即可导致死亡。在小电流（不超过数百毫安）的作用下，电击致命的主要原因，是电流引起的心室颤动。因此，可以认为室颤电流是短时间作用的最小致命电流。

实验表明，室颤电流与电流持续时间有很大关系。如图8-12所示，室颤电流与时间的关系符合Z形曲线的规律。当电流持续时间超过心脏搏动周期时，人的室颤电流约为50mA；当电流持续时间短于心脏搏动周期时，人的室颤电流约为数百毫安。当电流持续时间在0.1s以下时，如电击发生在心脏易损期，500mA以上乃至数安的电流可引起心室颤动；在同样电流下，如果电流持续时间超过心脏搏动周期，则可能导致心脏停止跳动。

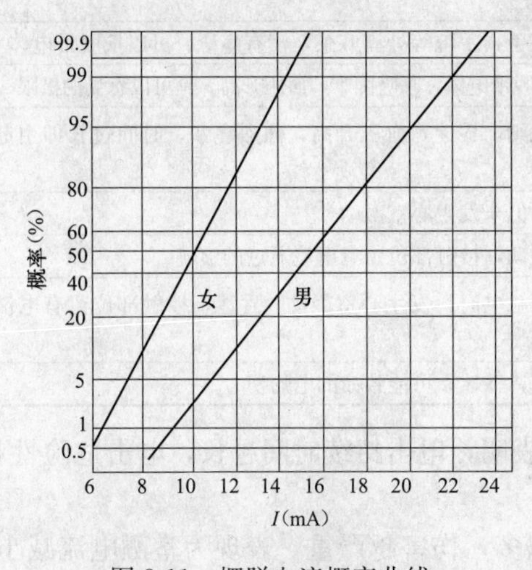

图8-11 摆脱电流概率曲线

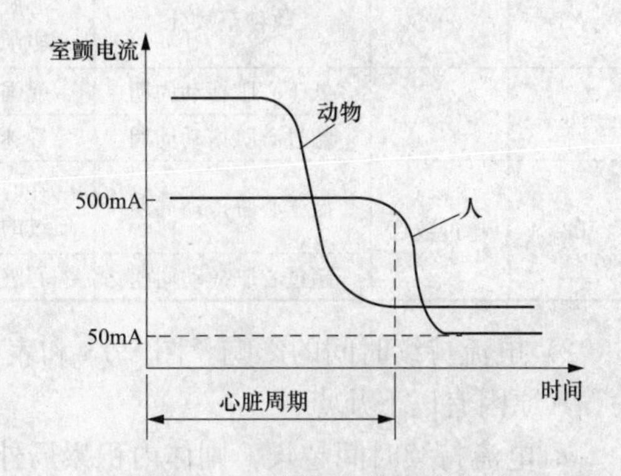

图8-12 室颤电流的Z形曲线

对于从左手到双脚的电流途径，可按图8-13划分电流对人体作用的带域。

图8-13中，a以下的AC-1区通常是无生理效应，即没有感觉的带域；a线与b线之间的AC-2区通常是有感觉但没有有害的生理效应的带域；b线与c1线之间的AC-3区通常是

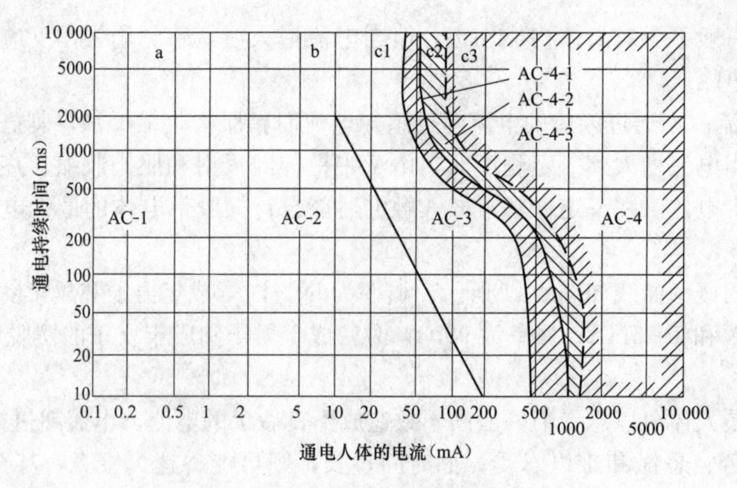

图 8-13　电流对人体作用带域划分图

没有肌体损伤，不发生心室颤动，但可能引起肌肉收缩和呼吸困难，可能引起心脏组织和心脏脉冲传导障碍，还可能引起心房颤动以及转变为心脏停止跳动等可复性病理效应的带域；c1 线以上的 AC-4 区是除 AC-3 区各项效应外，还有心室颤动危险的带域。c1 线上 500mA、100ms 点相应于心室颤动的概率为 0.14%；c2 线相应于心室颤动的概率为 5%；c3 线相应于心室颤动的概率为 50%。c1 线的特征：当电击持续时间从 10ms 升至 100ms 时，室颤电流从 500mA 降至 40mA；当电击持续时间从 1s 升至 3s 时，室颤电流从 50mA 降至 40mA；两段之间用平滑曲线连接起来。

工频电流对人体的作用可参考表 8-3 确定。

表 8-3　　工频电流对人体的作用

电流范围	电流（mA）	电流持续时间	生理效应
0	0～0.5	连续通电	没有感觉
A1	0.5～5	连续通电	开始有感觉，手指手腕等处有麻感，没有痉挛，可以摆脱带电体
A2	5～30	数分钟以内	痉挛，不能摆脱带电体，呼吸困难，血压升高，是可以忍受的极限
A3	30～50	数秒至数分	心脏跳动不规则，昏迷，血压升高，强烈痉挛，时间过长即引起心室颤动
B1	50～数百	低于心脏搏动周期	受强烈刺激，但未发生心室颤动
		超过心脏搏动周期	昏迷，心室颤动，接触部位留有电流通过的痕迹
B2	超过数百	低于心脏搏动周期	在心脏易损期触电时，发生心室颤动，昏迷，接触部位留有电流通过的痕迹
		超过心脏搏动周期	心脏停止跳动，昏迷，可能致命的电灼伤

2）电流持续时间的影响。图 8-13 和表 8-3 都表明，电击持续时间越长，电击危险性越大。其原因有以下几点：

a. 电流持续时间越长，则体内积累局外电能越多，伤害越严重，表现为室颤电流减小。

b. 心电图上心脏收缩与舒张之间约 0.2s 的 T 波（特别是 T 波的前半部，参见图 8-10）是对电流最为敏感的心脏易损期（易激期）。电击持续时间延长，必然重合心脏易损期，电击危险性增大。

c. 随着电击持续时间的延长，人体电阻由于出汗、击穿、电解而下降，如接触电压不

变，流经人体的电流必然增加，电击危险性随之增大。

d. 电击持续时间越长，中枢神经反射越强烈，电击危险性越大。

3）电流途径的影响。人在电流的作用下，没有绝对安全的途径。电流通过心脏会引起心室颤动及至心脏停止跳动而导致死亡；电流通过中枢神经及有关部位，会引起中枢神经强烈失调而导致死亡；电流通过头部，严重损伤大脑，也可能使人昏迷不醒而死亡；电流通过脊髓会使人截瘫；电流通过人的局部肢体也可能引起中枢神经强烈反射而导致严重后果。

流过心脏的电流越多，电流路线越短，电击危险性越大。

可用心脏电流因数粗略衡量不同电流途径的危险程度。心脏电流因数是表明电流途径影响的无量纲系数。如通过人体左手至脚途径的电流与通过人体某一途径的电流引起心室颤动的危险性相同，则该途径的心脏电流因数为不同途径的心脏电流因数，见表8-4。

表8-4　　心脏电流因数

电流途径	心脏电流因数
左手—左脚、右脚或双脚	1.0
双手—双脚	1.0
右手—左脚、右脚或双脚	0.8
左手—右手	0.4
背—左手	0.7
背—右手	0.3
胸—左手	1.5
胸—右手	1.3
臀部—左手、右手或双手	0.7

可以看出，左手至前胸是最危险的电流途径；右手至前胸、单手至单脚、单手至双脚、双手至双脚等也都是很危险的电流途径。除表中所列各途径外，头至手、头至脚也是很危险的电流途径；左脚至右脚的电流途径也有相当的危险，而且这条途径还可能使人站立不稳而导致电流通过全身，大幅度增加电击的危险性。局部肢体电流途径的危险性较小，但可能引起中枢神经强烈反射而导致严重后果或造成其他二次事故。

各种电流途径发生的概率也是不一样的。例如，左手至右手的概率为40%，右手至双脚的概率为20%，左手至双脚的概率为17%。

4）电流种类的影响。不同种类电流对人体伤害的构成不同，危险程度也不同，但各种电流对人体都有致命危险。

a. 直流电流的作用。在接通和断开瞬间，直流平均感知电流约为2mA。300mA以下的直流电流没有确定的摆脱电流值；300mA以上的直流电流将导致不能摆脱或数秒至数分钟以后才能摆脱带电体。电流持续时间超过心脏搏动周期时，直流室颤电流为交流的数倍；电流持续时间200ms以下时，直流室颤电流与交流大致相同。

b. 100Hz以上电流的作用。通常用频率因数评价高频电流电击的危险性。频率因数是通过人体的某种频率电流与有相应生理效应的工频电流之比。100Hz以上电流的频率因数都大于1。当频率超过50Hz时，频率因数由慢至快，逐渐增大。

感知电流、摆脱电流与频率的关系可按图8-14确定。

图 8-14 中，1、2、3 为感知电流曲线，1 线感知概率为 0.5%，2 线感知概率为 50%，3 线感知概率为 99.5%；4、5、6 为摆脱电流曲线，摆脱概率分别为 99.5%、50% 和 99.5%。

c. 冲击电流的作用。冲击电流是指作用时间不超过 0.1～10ms 的电流，包括方脉冲波电流、正脉冲波电流和电容放电脉冲波电流。冲击电流对人体的作用有感知界限、疼痛界限和室颤界限，没有摆脱界限。冲击电流的疼痛界限常用比能量 I^2t 表示。在电流流经四肢、接触面积较大的情况下，疼痛界限为 10×10^{-6}～$50\times10^{-6}\,A^2s$。对于左手-双脚的电流途径，冲击电流的室颤界限如图 8-15 所示。图中，c1 以下是不发生室颤的区域；c1 与 c2 之间是低度（概率 5%以下）室颤危险的区域；c2 与 c3 之间是中等（概率 50%）室颤危险的区域；c3 以上是高度（50%以上）室颤危险的区域。

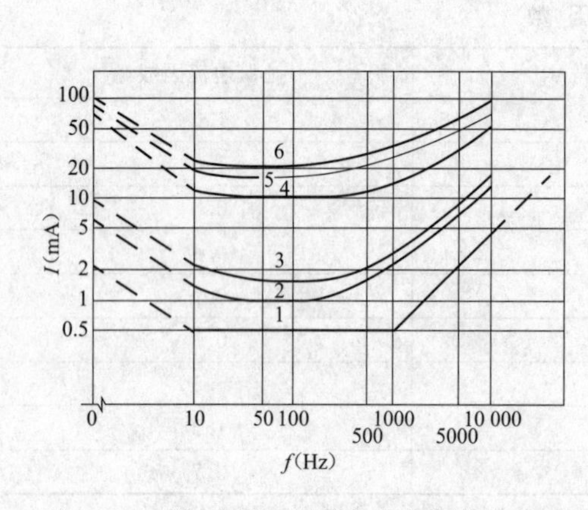

图 8-14　感知电流、摆脱电流与频率的关系

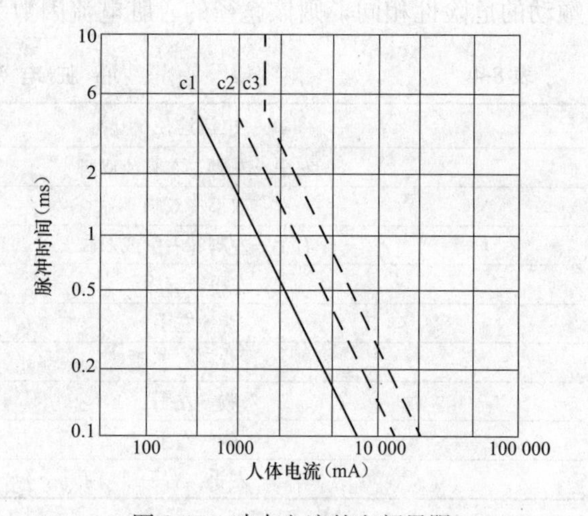

图 8-15　冲击电流的室颤界限

5）个体特征的影响。身体健康、肌肉发达者摆脱电流较大；室颤电流与心脏质量约成正比。患有心脏病、中枢神经系统疾病、肺病的人电击后的危险性较大。精神状态和心理因素对电击后果也有影响。女性的感知电流和摆脱电流约为男性的 2/3。儿童遭受电击后的危险性较大。

（3）人体阻抗。人体阻抗是确定和限制人体电流的参数之一。因此，它是处理很多电气安全问题必须考虑的基本因素。人体阻抗是包括皮肤、血液、肌肉、细胞组织及其结合部在内的含有电阻和电容的阻抗。

1）人体电阻组成和分布。人体不是纯电阻，其等值电路如图 8-16 所示。

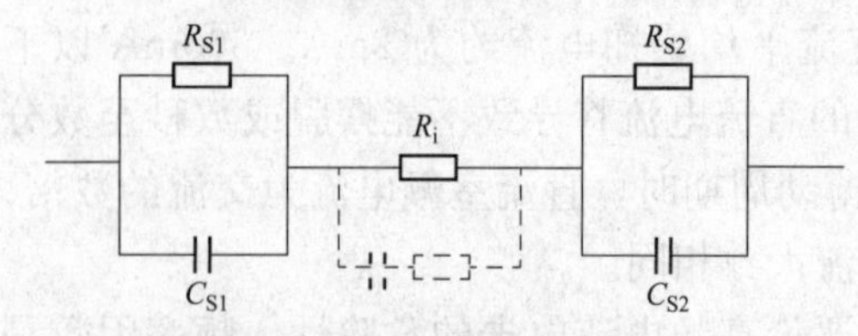

图 8-16　人体阻抗等值电路

图中，R_{S1} 和 R_{S2} 是皮肤电阻，C_{S1} 和 C_{S2} 是皮肤电容，R_i 及其并联的虚线支路是体内阻抗。但是，人体电容很小，工频条件不可忽略不计，从而可将人体阻抗看作是纯电阻。

皮肤表面厚 0.05～0.2mm 的角质层的电阻值很高。在干燥和干净的状态下，其电阻率可达 10^5～$10^6\,\Omega\cdot m$。但因其不是一张完整的薄膜，又很容易受到破坏，计算人体电阻时一般不予考虑。皮肤电阻在人体电阻中占有较大的比例。皮肤破坏后，人体电阻急剧下降。

体内电阻是除去表皮之后的人体电阻，主要决定于电流途径和接触面积。

人体电阻是皮肤电阻与体内电阻之和。接触电压大致在 50V 以下时，由于皮肤电阻的变化，人体电阻也在较大范围内变化；而在接触电压较高时，人体电阻与皮肤电阻的关系不大，而且皮肤击穿后，近似于体内电阻。

2）人体电阻变化范围。在干燥、电流途径从左手到右手、接触面积为 50～100cm^2 的条件下，人体电阻见表 8-5。

表 8-5　　人 体 电 阻　　Ω

接触电阻（V）	最低百分数		
	5%	50%	95%
25	1750	3250	6100
50	1450	2625	4375
75	1250	2200	3500
100	1200	1875	3200
125	1125	1625	2875
220	1000	1350	2125
700	750	1100	1550
1000	700	1050	1500
渐近值	650	750	850

电流途径为从左手到右手，或单手到单脚时的人体电阻曲线如图 8-17 所示。

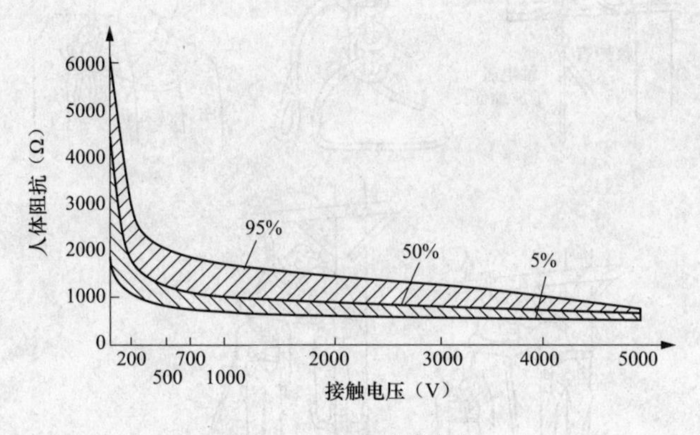

图 8-17　人体阻抗曲线

皮肤状态对人体电阻的影响很大。干燥条件下，人体电阻为 1000～3000Ω。皮肤蘸水、皮肤损伤、皮肤表面沾有导电性粉尘等都会使人体电阻下降。当接触电压在 50V 以下时，如将皮肤与电极接触的表面用干净的水浸湿后测量，所得人体电阻比干燥条件下的低 15%～25%；如改用导电性溶液浸湿，则人体电阻锐减为干燥条件下的 1/2；如皮肤长时间湿润，则角质层变得松软而饱含水分，皮肤电阻几乎完全消失。当然，如大量出汗，皮肤电阻也将明显下降。

图 8-17 表明，随着接触电压升高，人体电阻急剧降低。角质层的击穿强度只有 500～2000V/m，数十伏的电压即可击穿角质层，使人体电阻大大降低。随着电流的增加，皮肤局部发热增加，使汗腺增多，人体电阻下降。

电流持续时间越长，人体电阻会由于出汗等原因而下降。在 20～30V 电压下的试验表明，电流持续1～2min后，人体电阻下降10%～20%。

接触压力增加、接触面积增大也会降低人体电阻。

此外，女子的人体电阻比男子的小，儿童的比成人的小，青年人的比中年人的小。

27. 杆上或高处触电急救

发现杆上或高处有人触电，应争取时间及早在杆上或高处开始进行抢救。救护人员登高时应随身携带必要的工具和牢固的绳索等，并紧急呼救。

救护人员应在确认触电者已与电源隔离，且救护人员本身所涉环境安全距离内无危险电源时，方能接触伤员进行抢救，并应注意防止发生高空坠落的可能性。

高处抢救步骤如下：

a. 触电伤员脱离电源后，应将伤员扶卧在自己的安全带上（或在适当地方躺平），并注意保持伤员气道通畅。

b. 救护人员迅速判定反应、呼吸和循环情况。

c. 如伤员呼吸停止，立即口对口（鼻）吹气2次，再测试颈动脉，如有搏动，则每5s继续吹气一次，如无搏动，可用空心拳头叩击心前区2次，促使心脏复跳。

d. 高处发生触电，为使抢救更为有效，应及早设法将伤员送至地面，如图8-18所示。

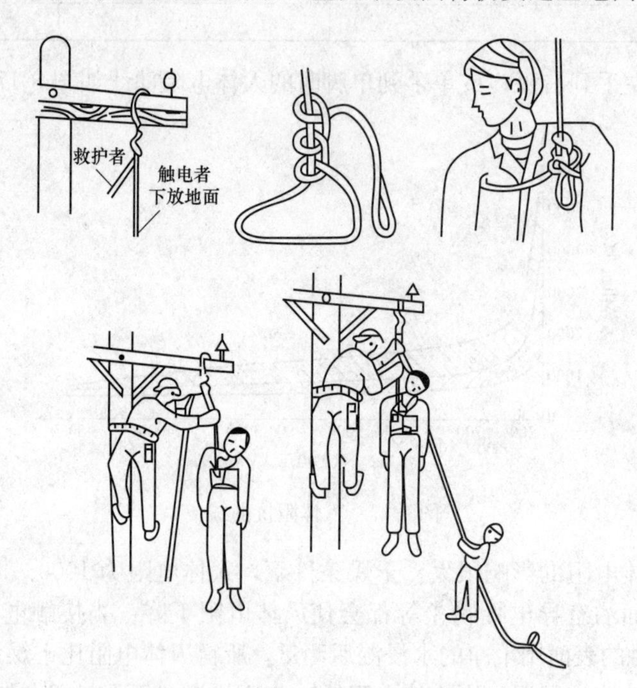

图8-18 杆上或高处触电下放方法

e. 在将伤员由高处送至地面后，应再口对口（鼻）吹气4次。

f. 触电伤员送至地面后，应立即继续按心肺复苏法坚持抢救。

现场触电抢救，对肾上腺素等药物应持慎重态度。如没有必要的诊断设备条件和足够的把握，不得乱用。在医院内抢救触电者时，由医务人员经医疗仪器设备诊断，根据诊断结果决定是否采用。

第 9 章 电气事故案例

案例一 中性线断线造成的触电死亡事故

事故经过：

×××是某粮库招用的劳务工人。某日晚上，×××和其他工人一起将火车上的粮食搬运到粮场，×××负责在火车上将粮包抬到皮带输送机上，由于天气太热，×××脱掉衣服光着膀子干，当×××一手扶住货车门框，另一只手触到皮带运输机架子时，突然触电，摔下火车死亡。

原因分析：

×××是触电死亡。经检查皮带输送机的电气线路和电动机绝缘情况良好，保护接零也无问题，工作现场没有其他可触及的电气设备，那么电是从何处来的呢?

在工作现场附近有一照明灯。当照明灯的开关合上后，灯不亮，与大地绝缘的皮带输送机的金属部分带电电压值等于相对地电压。根据此情况判断，皮带输送机带电的原因是中性点上某处断线造成的。经过沿线寻找，在距事故地点150m处的干线上发现由铜线过渡到铝线时，接头处严重氧化腐蚀、接触不良，使中性线处于断线状态。这样当照明灯合上开关后电路不通，但电压沿着中性线和皮带输送机的保护中性线加到皮带输送机的金属结构上，当×××手摸皮带机时，另一手把住货车门框，电流通过两手，货车和道轨入地回到电源，形成通路，使×××触电死亡。

对策措施：

（1）中性线断线特别是零干线断线，是一种严重的故障状态。由于零干线断线，造成中性点位移，三相电压不平衡，使单相电气设备烧损，特别是居民供电区域内，将使大量的家电烧毁。更严重的是将使断线处以下所有采取保护接零设备的金属外壳上带电，危及人身安全。尽管可以采取重复接地的补救措施，但不能解决根本问题，所以保证中性线的连接可靠、接触良好是很重要的。

（2）由于铜铝接触时产生电化学作用，加快接触处的氧化、腐蚀，使之接触不良。为保证中性线的安全可靠性，一般不应该采用铜、铝线两种金属材料连接。在必须这样做时，应采用过渡性连接材料或其他措施，并应定期进行检查。

案例二 相线与中性线接线颠倒造成的触电死亡事故

事故经过：

某建筑工地正在紧张施工，搅拌机和好了水泥后停下来，一位工人推车过来接水泥，正当搅拌机向外倒水泥时，手扶推车把手的工人突然感到麻电，大喊“有电!”，于是停止工作，找来电工修理。电工×××来后，用验电笔测搅拌机外壳果然有电，就把搅拌机上的开关拉开，再测仍然有电，便跑到前一级开关箱，拉开了控制搅拌机回路的隔离开关。

这时，他认为不会再有电，没再验电，就伸手抓住搅拌机动力箱的铁门，只听“啊!”的一声，×××就倒下了，在场的人员立即扯着他的裤角，将他拉出，送到医院抢救无效死亡。

原因分析：

控制搅拌机开关箱的电源是从总的配电箱配出的，总配电箱里控制搅拌机回路开关的三相导线中有一相是黑色的，而没经开关的保护线是灰色的。就在搅拌机和好水泥后，工地“二包”队伍的一位电工，要为本队临时接一照明灯，他把开关断开，负荷线撤掉，接好照明，再恢复原负荷，他认为黑色线应该是保护线，就把黑线和原来的保护线互换了位置，把原来的保护线接到电流的相线上，相线接在搅拌机外壳上，当电工×××拉开两极开关时，由于三相开关并不能切断接在外壳上的相线，所以搅拌机仍然带电，导致电工×××触电死亡。

首先，原接线中总开关箱内的相序并没有按标准规定把黑色线作为保护线，埋下了造成事故的隐患。其次，“二包”队伍的电工在恢复原接线时，主观地把相序倒过，使搅拌机外壳带电，是造成事故的直接原因。电工×××在检修中虽断开二级开关，但并没有切断接在外壳上的相线，又没有认真地验电，也是事故发生的原因。

对策措施：

(1) 接线时要规范，黑色线或绿黄双色线要接外壳，不要把相线错接在外壳上。

(2) 检修开始前一定要全面验电，不能认为电已经停了，验不验电无所谓。

案例三 某厂运输车间高压线下作业导致司机触电死亡事故

事故经过：

某日下午，某厂运输车间运送水泥构件，汽车吊扒上升到距10kV高压线约100mm处，因承重摆动扒杆而碰触高压线，致使扶钢丝绳的汽车司机触电死亡。

原因分析：

这次作业违反了“在10kV高压线下作业，安全间距不应小于2m”的安全规定，且由非司机开车，导致悲剧的发生。

对策措施：

(1) 重视吊装作业人员的安全培训和教育，强化安全意识。

(2) 禁止在高压设备和线路附近作业，必要时必须保证安全距离或采取封闭措施。

(3) 严格遵守国家对特种作业人员的相关规定，杜绝无证上岗和违章作业。

案例四 某厂俱乐部未使用电源插座造成触电死亡事故

事故经过：

某日中午，某厂俱乐部放映员张某手持话筒触电死亡在舞台上。原来因为上级领导部门下午要借用该厂俱乐部，召开“市级先进人物汇报报告会”，张某接到厂有关部门通知，让他中午准备好俱乐部的音响设备。该俱乐部才建成刚投入使用，扩音设备布置在舞台侧面的二层阁楼上。阁楼采用金属构架构成，金属构架直接接地。扩音机使用单相220V电源供电，扩音机的电源线为三芯橡套线，其中一芯接地线芯直接接压扩音机的金属外壳上。由于无电源插头，张某就将电缆线另一端的三芯线头中的两个线头拧在一起，将三个接线

头变为两个接线头，直接插进配电盘上的单相两孔插座里。接好扩音机的电源后，他从阁楼下到舞台，走到会桌前，想试验话筒的音响效果。他右手拿起话筒，边走边试验，准备到阁楼上调试扩音机。当他左手刚一接触到阁楼的铁梯子时，遭电击摔倒在梯子上，后经抢救无效而死亡。

原因分析：

后经调查发现，张某在接线时没有严格区分相线、中性线和接地线，将相线与接地线拧在了一起，使扩音机的外壳直接带电。话筒的金属屏蔽线与扩音机外壳相连通，话筒的外壳也带电。由于张某脚穿绝缘鞋站在木质地板上，有一定的绝缘性能，因此他未感觉到身上有电。当他右手触摸到铁梯时，电流经话筒、左手、右手、铁梯流入大地，导致他触电死亡。经检测，话筒对铁梯的电压为 220V。

对策措施：

（1）加强电工作业人员的安全教育和培训，并经考核合格取证后方可上岗，禁止无证上岗。

（2）各种用电设备电源线的安装和使用必须符合规范要求，必须安装开关和插座，插头与插座必须配套使用。必要时安装剩余电流动作保护装置。

（3）严格区分电源线芯，分清相线、中性线和接地线，不能弄混和错接。

（4）应对金属构架的阁楼进行必要的改造，采用非导电材料，或者使其与大地绝缘，或者做等电位联结。

案例五　某校办工厂水沟内焊接管道引起的触电死亡事故

事故经过：

某日上午，某厂职工子弟中学校办工厂，在承包工程的室外地沟里进行对接管道作业的青年管工拉着焊机二次回路线，在焊管上搭接时触电，倒地后将回路线压在身下触电死亡。

原因分析：

该管工在雨后有积水的管沟内摆对接管时，脚上穿的塑料底布鞋、手上戴的帆布手套均已湿透。当右手拉电焊机回路线往钢管上搭接时，裸露的线头触到戴手套的左手掌上，使电流在回线-人体-手把线（已放在地上）之间形成回路，电流通过心脏。电焊机空载二次电压在 70V 左右，通过人体的电流超过了致命电流（50mA），导致死亡。

对策措施：

（1）强化作业人员安全用电知识的教育培训和考核，增强安全防范意识。

（2）禁止在危险的、恶劣的环境中作业，必要时需采取有效的安全技术措施。

案例六　保护接零不规范造成的触电死亡事故

事故经过：

某年 7 月 18 日，某疗养院安装了 6 台 K-220 型全自动电热开水器。为使电热开水器抬高而进行了加垒水泥台的改造。某日早上，泥瓦工×××进入疗养大楼 3 楼开水间，准备从事泥瓦工作业时，手触电热开水器，即被电热开水器漏电击倒，且热水器压在其身上，后面进门民工立即抢救并呼叫，经两小时全力抢救无效死亡。

原因分析如下。

在安装电热开水器过程中：

(1) 违反有关接零、接地保护的规定，无接零保护，接地保护不符合要求，导致人体触电。

(2) 接地装置不允许接在可能被经常打开和卸下的门板上。

(3) 接地装置使用多种金属，特别是铜铝的接触，将产生严重的电化学腐蚀，使接地保护失效。

(4) 接地螺钉应是单独的，不可与其他安装螺钉混用。

(5) 产品本身无电源插座和接地线，安装时现到自由市场上购买了插头和电线，且接地线太细。利用自来水管接地是错误的。

(6) 发生漏电的这台全自动电热开水器中有一个电加热管被击穿，造成漏电。

对策措施：

(1) 按规定正确安装保护接零，接地电阻要小于4Ω。

(2) 要正确使用电源插座和保护线，单相电源插座要使用三孔插座。

(3) 安装剩余电流动作保护器。

案例七 在电力线路附近作业触电死亡事故

事故经过：

某区新建热电厂开始实施集中供热。区房管处为某厂的宿舍楼安装暖气。某日下午开始给丙家安装。丙家五楼窗外有一个花台，安装用的一些材料从外面用绳索直接吊上去。工人甲、乙和协助安装的丙站在花台上，下面的几位工人捆好一根6.13m长的铁管，上面的三人合力向上拽拉。当拉到花台边缘时，需将竖直方向纱铁管改为水平方向进入窗户，于是三人用力将铁管上端向下压，铁管的另一端碰触到10kV高压线路上，顿时一声响，一团火花，三人同时被击倒，身子压住铁管，弧光放电将三人多处烧焦，长达20多分钟，甲、乙从花台上坠落，丙倒在花台上，三人同时惨死。

原因分析：

由于6.13m长的铁管很难从楼梯搬上去，于是决定用绳索吊上去。施工时施工负责人没有注意到离丙家花台外面2.4m处有一根10kV的电力线路，也没有向参加施工的人员交代，更谈不上采取措施保证安全。虽然有的工人看到电力线路，但认为不会碰到它，所以没有加以注意。

对策措施：

这起事故的原因一目了然，施工中违反有关规定，从窗户向楼内吊运安装材料，事故引起的教训很深刻。在事故发生前，电力线路就架设在眼前，谁也没有注意到它是一只会吃人的“电老虎”，待到事故发生后追悔莫及。

据某市统计，仅从2001～2010年的10年中，在电力线路附近进行建筑作业、起重吊装、地质钻探、架设安装、搬运长大物体等作业时触及电力线路就死亡46人。

预防这类事故，既不需要尖端技术，也不需要耗费太多财物，更不需要贵重设备，只需要加强管理，采取以下适当措施：

(1) 经常在电力线路附近作业的单位，应制定相应的规章制度，根据情况提出在电力线路附近的作业方法。

（2）在电力线路附近作业时，必须有确保安全的组织措施和技术措施。

（3）组织措施是指领导亲临现场，制定施工方案，安排有经验的专业人员现场指挥，设立专人、专职进行现场监护。作业前在现场对全体参加作业的人员进行安全教育，做好安全技术措施交底和落实工作。

（4）技术措施是指作业时设备和人员与电力线路应保持足够的安全距离。如果达不到安全距离要求，应采取可靠的安全技术措施，如停电措施或设置绝缘墙、篱笆墙、尼龙安全网等。

（5）在易触及地区的配电线路应尽量采用绝缘导线或电缆供电。

案例八　某钢铁厂钢丝分厂接线不正确造成的触电死亡事故

事故经过：

某日下午，某钢铁厂钢丝分厂热处理工段的起重机操作工李某，上班后在班长指挥下，将钢丝盘吊入炉内进行热处理，然后将吊车开回停车位置休息。至 18 时 45 分，热处理完毕，班长招呼大家出炉。李某登上桥吊驾驶室。班长走到另一头的炉前，发现吊车迟迟不见动静，就走近吊车呼喊。仍不见有反应，班长就登上吊车，看到李某倚靠在驾驶室角上，脸色苍白。伸手去摸李某，感觉有电麻感，就喊人切断桥吊电源，并将李某送厂医院进行抢救，4h 后李某死亡。

原因分析：

该桥吊驾驶室内使用一台控制变压器供电，变压比 380/220/12V。室内照明、桥下灯和排风扇电源电压 220V，12V 回路未接负荷。220V 和 12V 的共用接地端子直接接在控制变压器的金属外壳上，而控制变压器安装在木质板上，与吊车的金属构件绝缘。从变压器接线端子引出的导线在配电盘内的接线端子处接地，与吊车金属构件相连。由于吊车在运动中受到振动等原因，从变压器接线端子至配电盘接线端子处的联结导线断开。李某登上吊车，合上照明开关，手握凸轮控制器把手时，220V 的电源电压经过照明开关、变压器及外壳、人体、吊车金属构件形成回路，造成触电死亡事故。

对策措施：

（1）采用控制变压器供电时，二次侧一端必须接地，以防止绕组绝缘击穿后高电压的窜入。

（2）吊车上的变压器应采用安全隔离变压器，二次侧绕组应作悬浮状态，不宜接地。

（3）控制变压器的接地线必须直接接地或与接地干线相连，不能通过导线与配电盘的接地线相连。

（4）工作零线（中性线）应与外壳接地线（保护线）分开敷设，分别接至主干线上。

（5）应定期检查和维护配电线路，尤其是经常开启和活动位置处的联结导线，发现异常及时处理。

案例九　某厂拆除低压线路遭电击从高处坠落身亡事故

事故经过：

某日上午，某厂动力外线班班长与徒弟一起执行拆除动力线任务。班长骑跨在天窗端墙沿上解横担上第二根动力线时，随着身体的移动，其头部进入上方10kV高压线间发生电击，击倒并从11.5m高墙沿上坠落至地面，因颅内出血抢救无效死亡。

原因分析：

该动力线距10kV高压线才0.7m，远小于1.2m安全距离的规定。作业时没有断开上方10kV高压电；作业者又不系安全带；下方监护人员是一名上班才两个月的徒工，不具备工作监护资格。

对策措施：

(1) 加强电工作业人员安全技术知识的教育和培训，增强安全防范意识。

(2) 禁止在高压线路附近作业，必要时应停电或采取有效的安全技术措施。

(3) 严格遵守高处作业规定，使用安全用具（安全带、安全帽等），防止坠落。

(4) 监护人员必须具有相应的资质，有一定的工作经历和丰富的实践经验。

案例十 违章使用铁架触及高压线造成的触电死亡事故

事故经过：

某日上午8时上班后，防腐公司经理王××安排班长赵××带领周××等7人去粉刷化肥厂压缩工段厂房外墙，墙太高（约8.5m），站在地上无法粉刷，王××就让他们将防腐公司院内专用人字架去掉架上木板或架子木，站在上面粉刷。但赵××等人为减少搬运麻烦，就近到化肥厂电修车间，借用维修路灯用铁架（该铁架高6.2m）。8时10分左右，赵××等4人将铁架移到配电室东35kV高压线路附近时，碰到高压线上（触电地点高压线离地6m），造成赵××、周××、王××三人当场死亡，于××也被电击伤。

原因分析：

(1) 现场工作人员忽视了高压线的危险，没有设专人指挥及监护，再加上事发前一天晚上刚下过雨，地面潮湿松软，在搬运过程中因铁架下的铁轮转向不灵活，使铁架移动路线发生了偏转滑入高压线下（此处高压线高于铁架），在转向移动时，铁架碰上了高压线（此处高压线离地6m），是造成此次事故的直接原因。

(2) 防腐公司使用的一线工人以临时工为主，文化程度不高，进厂后又没有进行过严格的安全生产知识培训，职工安全意识淡薄，思想麻痹，冒险蛮干，是事故发生的主要原因。

(3) 防腐公司安全规章制度不健全，安全生产教育不全面，不彻底，对职工未进行系统、严格的三级安全知识教育，未建立每人一证一卡等教育档案。集团公司对所属公司及部门安全生产监督管理不严格，也是这次事故发生的原因之一。

(4) 按照国家有关规定，在厂区内35kV架空线路与地面允许的最少距离是弧垂最大时垂直距离7m，但事故现场触电点离地面高度只有6m，而向东延伸其离地面距离不足6m。

对策措施：

(1) 在有危险场所严禁使用铁、铝梯子，应使用木制梯子。

(2) 在危险场所工作，应该专人指挥和监护。对工作人员要进行现场安全教育，并指出注意事项及防范措施。

(3) 加强安全管理，严格执行三级安全教育，建立健全安全规章制度。

案例十一　某厂某变电站接地保护线烧伤人身事故

事故经过：

某日下午 3 时许，某厂某变电站运行值班员接班后，312 油断路器大修负责人提出申请要结束检修工作，而值班长临时提出要试合一下 312 油断路器上方的 3121 隔离开关，检查该隔离开关贴合情况。于是，值班长在没有拆开 312 油断路器与 3121 隔离开关之间的接地保护线的情况下，擅自摘下了 3121 隔离开关操作把柄上的“已接地!”警告牌和挂锁，进行合闸操作。突然“轰!”的一声巨响，强烈的弧光迎面扑向蹲在 312 油断路器的大修负责人和实习值班员，2 人被弧光严重灼伤。

原因分析：

本来 3121 隔离开关高出人头约 2m，而且有铁柜遮挡，其弧光不应烧着人，可为什么却把人烧伤了呢？原来，烧伤人的电弧光不是 3121 隔离开关的电弧光，而是两根接地线烧坏时产生的电弧光。两根接地线是裸露铜丝绞合线，操作员用卡钳卡住联结在设备上时，致使一股线接触不良，另一股绞合线断了几根铜丝。所以，当违章操作时，强大的电流造成短路，不但烧坏了 3121 隔离开关，而且其中一股接地线接触不良处震动脱落发生强烈的电弧光，另一股绞合线铜丝断开处发生强烈电弧光，两股接地线瞬间弧光特别强烈，严重烧伤近处的 2 人。造成这起事故的原因是临时增加工作内容并擅自操作，违反基本操作规程。

对策措施：

(1) 加强电工作业人员的电业安全操作规程的教育和培训，增强安全防范意识。

(2) 值班电工在交接班时以及交接班前后 15min 内一般不要进行重要操作。

(3) 将警示牌“已接地!”换成更明确的表述：“已接地，严禁合闸!”。应严格遵守规章制度，绝对禁止带地线合闸。

(4) 接地保护线的作用就在于，当发生触电事故时起到接地短路作用，从而保障人不受到伤害。所以，接地线质量要好，截面容量要足够，联结要牢靠。

案例十二　地坑照明未采用安全电压造成的触电死亡事故

事故经过：

某日，某单位烧成车间，石膏破碎组在开破碎机打石膏时提升机托链条脱离托轮，需要修复，因提升机底托轮坑离地面 2.5m 左右深，下边比较暗，需要照明才能修理。

本组工人于××叫生××去拿个照明灯，此时生××下到石膏破碎机坑内（下去的时候灯泡是亮的）。于××突然发现坑内没有亮光了，叫了几声生××，没有回音，随即下到坑内，用打火机照，看见生××躺在破碎机北侧坑内（此坑深 1.7m 左右，面积 $4m^2$ 左右）。

于××立即叫来肖××、刘××等到坑内抢救，随即抬出坑内，设电科值班电工赵××巡回检查经过事故现场，马上对生××进行人工按摩抢救，4～5min 后，抬往保健院，途中抢救无效死亡。

原因分析：

(1) 所使用的照明不符合安全电压的要求（应为 36V 以下）。

（2）领导对安全措施落实不到位。对违纪规章制度及安全操作规程的现象，未能彻底纠正及严肃处理。

（3）车间领导对生产任务抓得紧，安全工作抓得松，没有将安全工作落实到每一个岗位。

对策措施：

（1）各生产车间所有坑洞照明，全部改为24V电压，其他需要维修的机械和临时工作场地照明改为36V隔离变压器供电。动作电流为30mA，动作时间为0.1s。

（2）行灯加防护罩。

（3）安装剩余电流动作保护器。

案例十三　某厂带负荷拉隔离开关引发的事故

事故经过：

某日上午8时40分，某厂空气压缩机值班员何某接分厂调度员指令：启动4号机组；停运1号机组或5号机组中的一组。何某到电气值班室，与电气值班员王某（副班长）和吴某商定：启动4号机组后停运1号或5号中的一组。王某就随何某去现场操作，吴某留守监盘。9时，4号机组被现场启动，然后5号机组现场停运。这时，配电室发出油断路器跳闸的声音。电气值班室的吴某判断5号机组已经停运，于是，独自去高压配电室打算拉开5号油断路器上方的隔离开关。但是，她错误地拉开了正在运行的1号机组的隔离开关，“嘭”的一声巨响，隔离开关处弧光短路，使得314线路全线停电。

原因分析：

造成这起误操作事故的原因首先是违反“监护制”。电气值班室吴某在无人批准的情况下，擅自离开监护岗位，违反“一人操作、一人监护”的规定，独自一人去高压配电室操作，没有看清楚动力柜编号，没有查看动力柜现场指示信号，也没有按照规程进行检查，就错误地拉开了正在运行的1号机组的隔离开关，是事故的直接原因。另外，副班长王某没有将工作任务给在场人员交代清楚，商定“启动4号机组后停运1号或5号中的一组”，最终没有确定是1号还是5号；副班长王某离开监护岗位去现场，没有把吴某的工作职责做出明确交代，在现场操作后又没有及时通知吴某负有领导责任。

对策措施：

（1）加强对电工作业人员电业安全规程的教育和培训，提高安全防范意识。

（2）在操作之前，应仔细检查和核对设备和线路所处的实际状态，并认真填写操作票，明确操作任务。

（3）严格执行倒闸操作规定，在断开隔离开关之前须首先断开油断路器，禁止带负荷拉闸。

（4）操作过程中，须由两人进行，一人操作，另一人监护。监护人应全程监护，不得擅自离场。必须离开时，监护人必须将监护任务移交给另一人。

案例十四　某热电厂误合隔离开关引发的事故

事故经过：

某日上午，在某热电厂高压配电室检修508号油断路器过程中，电工曲某下蹲时，臀

部无意中碰到了508号油断路器上面编号为5081的隔离开关的传力拐臂杆，导致5081隔离开关动、静触头接触，隔离开关被误合，使该工厂电力系统502、500油断路器由于“过电流保护”装置动作而跳闸，6kV高压Ⅱ段母线和部分380V母线均失电，2、3号锅炉停止工作约40min，1号发电机停止工作1h。

原因分析：

油断路器检修时断路器必须是断开的，断路器上面的隔离开关是拉开的，还必须在油断路器与隔离开关之间的部件上可靠联结接地保护短路线，要求隔离开关的传力拐臂杆上插入插销，而且要加销（防止被误动）。造成这起事故的原因是，工作人员违反规定没有装入插销，更不用说上销，所以曲某臂部无意之中碰上了5081隔离开关的传力拐臂杆，导致5081隔离开关动、静触头接触，静触头与母线联结带电，于是，强大的电流通过隔离开关动、静触头，再流经接地保护短路线，输入大地，形成短路放电，导致该系统的502、500油断路器由于过电流保护装置动作而跳闸。好在由于接地保护短路线质量好，所以，误合隔离开关后没有造成人身伤害，但是，造成的经济损失巨大。

对策措施：

（1）加强对电工作业人员电业安全规程的教育和培训，提高安全防范意识。

（2）值班人员应严格遵守倒闸操作规定，对于停电检修的设备应做好完善的安全技术措施，按照要求停电、验电、挂接地线、挂标识牌、设围栏，必要时投入联锁装置或加防护锁。

（3）工作许可后，检修负责人应对作业现场进行认真检查，安全技术措施不完善不得动工，对作业人员进行现场培训，交代相关注意事项。

（4）检修过程中，由专职监护人进行全过程监护，不得离场。

案例十五　某公司无绝缘保护而发生的触电死亡事故

事故经过：

某日上午9时30分左右，某公司运输处驾驶员丁某脚穿拖鞋，使用电动高压水泵冲刷车辆。丁某在冲刷完自己驾驶的车辆后，在帮助同事冲刷车辆时，因电线漏电，触电倒地。事故发生后，运输处、卫生室等人员迅速组织现场抢救，并及时送至医院抢救，终因抢救无效而死亡。

原因分析：

该高压水泵的接线是临时线路，使用时散放在地面上，拉动时与地面摩擦，并浸泡在水中，驾驶员有时驾车从线路上碾过，将绝缘层轧破而造成漏电。由于地面积水，而且丁某又是脚穿破底的拖鞋，造成触电死亡事故。

对策措施：

（1）加强驾驶员的用电安全知识培训和教育，增强安全防范意识。

（2）严格加强用电线路管理，线路安装要符合相关规范。对高压水泵的临时线进行整改，线路架高敷设或埋地敷设。

（3）高压水泵的电源回路安装剩余电流动作保护装置，防止发生线路漏电故障。

（4）使用高压水枪必须手戴绝缘手套和水靴，严禁光手、光脚或穿短裤、短袖衬衫。

（5）定期检查水泵及其电源线路，发现问题及时纠正。

案例十六 某公司架空线路管理不善造成的触电死亡事故

事故经过：

某日下午 1 时 30 分左右，某房地产开发公司工程指挥部下属的巡逻值班员接到报告：在施工现场的四号线上有一儿童触电并送往医院。指挥部负责人同相关人员立即赶往市电业局，当即拉闸停电并派人保护出事现场。据目击人员表述，中午时分一儿童田某独自在施工现场的线杆处玩耍，不料触及带电的拉线被电击。随后呼叫“120”急救车，将儿童送往医院，抢救无效死亡。

原因分析：

经现场调查发现，水泥杆拉线的安装不符合规范要求，在规定部位没有安装绝缘子，因电缆漏电造成拉线带电，儿童触及拉线后而触电。电缆漏电是由于在安装时施工人员损坏了绝缘皮，绑扎线接触到了导体，绑扎线的端部又搭在瓷壶的 U 形卡上，卡子固定在横担上，而拉线直接压在横担上，故使拉线也带电。

对策措施：

（1）加强对电工作业人员电业安全规程的教育和培训，提高安全防范意识。

（2）严格按照安装规范标准进行电力线路的施工，检查和消除各种缺陷和隐患。

（3）加强施工现场管理，严禁非施工人员进入施工现场。

（4）在线杆处应设立安全警示标志，防止闲杂人员在此逗留或靠近。

案例十七 临时线安装不规范造成的触电死亡事故

事故经过：

某日，某厂 FDY 车间在卷绕间南墙上安装两台轴流风机，在安装过程中，因风机安装不正，车间保全工尹某、汪某去现场调整，后汪某去取工具，尹某在风机左侧用力推风机，但调整不到位，在现场的车间主任高某即上前协助，从尹某右侧用左手抓住风筒支撑角铁，右手抓墙上一段扁铁。由于安装风机打洞时将照明线震落，恰巧有一用绝缘黑色胶布包扎的接头落在扁铁上，高某向上攀登时用手抓扁铁，同时抓住线头，使绝缘胶布松动，芯线裸露发生触电。此时，尹某听到声音回头看到高某眼睛和嘴唇紧闭，误认为高某撞在头顶角铁上，用手摸其头有触电感，立即跑去将照明开关电源切断，返回现场时发现高某已从废丝箱掉下来。此时车间副主任腾某、电工窦某等闻讯后，立即上前对其做人工呼吸抢救，当时高某尚有微弱呼吸，但已昏迷，车间立即组织人员，在几分钟之内将其送往医院，抢救无效死亡。

原因分析：

某日，FDY 生产线投产时，卷绕间南墙安装三盏荧光灯，位置在废丝箱上方 50cm 处，敷设照明线是 RVV$2\times1.5\text{mm}^2$ 护套线，采用塑料固定卡子固定，由于生产过程中产生的废丝，经常缠丝在照明灯及荧光灯管上，在改造中因原有照明线短了，车间电气人员接上一段 RV 软线，接头用绝缘胶布包缠。

车间在风机安装过程中，未能及时安排电气人员到现场，照明线脱落至扁铁上，没有及时发现，造成触电事故。

对策措施：

（1）对全体职工进行一次全员安全用电教育，对新上岗管理人员和中层干部进行安全培训，提高全员安全意识和自我保护意识，真正做到不伤害自己，不被他人伤害，不伤害他人，树立安全第一的思想，做到防患于未然。

（2）深刻吸取触电死亡事故教训，加强用电管理，进行安全用电全面检查，整改隐患，杜绝类似事故的发生。

（3）举一反三，对其他存在不安全因素的设备，进行一次全面检查，对不安全因素全部整改。

（4）认真落实逐级安全责任制，保证安全工作处处有人抓，事事有人管，使安全工作落到实处。

案例十八 某厂架梯登高作业引起的触电坠落身亡事故

事故经过：

某日，某厂电试班，在变压器室工作，6032隔离开关带电，班长独自架梯登高作业。班长被6032隔离开关电击，从1.2m高处坠落撞击变压器。终因开放性颅骨骨折、肋骨排列性骨折、双上肢电灼伤等，抢救无效死亡。

原因分析：

作为一名老电工，该班长忽视了人体与10kV带电体间的最小安全距离应不小于0.7m的规定，而且一人作业，无工作监护，未戴安全帽，未系安全带，违章作业导致自己丧命。

对策措施：

（1）注重老员工的作业安全教育和培训，强化安全意识，提高防范技能。

（2）检修作业时，人体与带电体须保持足够的安全距离，必要时加装隔离装置。

（3）检修作业人员必须脚穿绝缘鞋、头戴绝缘帽。

（4）登高检修作业时，作业人员应系安全带，戴安全帽，并由专人监护。

案例十九 某厂未经验电进行设备检修造成的触电身亡事故

事故经过：

某日上午，某厂动力车间变电班，在对三分厂变电站进行小修定保时，拉下10kV高压负荷开关，听到变压器的声响停止，以为已经断电，作业者爬上高压侧准备清扫母排，当即被电击倒在3根高压铝排上丧命。

原因分析：

经调查发现，原来该高压负荷开关B相熔断器管爆裂，上支座被烧坏，变电班副班长和车间电力调度在现场商议决定由副班长用导线将熔断器管的下支座与高压铝排直接连通，事后既没有向车间汇报，也未做正规处理，此次作业，虽拉下高压负荷开关，但经B相仍形成通路，以致作业人员被10kV高压电电死。

对策措施：

（1）应加强电工作业人员的安全防范意识，进行经常性的电业安全作业规程培训和教育。

（2）及时消除电气设备及线路存在的缺陷，处理方法须符合要求。对于临时的应急处理措施必须经过申请和批准，并如实告知相关的电工作业人员。

（3）对于待检修的设备，必须断开回路的隔离开关、负荷开关和断路器，并做好相应的安全措施（如接地线和标志牌等）。

（4）在检修前，检修人员应对停电设备进行验电、放电，确认待检修设备已经断电。

案例二十　某热电厂误登带电断路器造成人身触电死亡事故

事故经过：

某日，某热电厂变电站电气变电班班长安排工作负责人王某及成员沈某、李某对用户李的断路器（35kV）进行小修，主要内容是擦洗断路器套管并涂硅油、检修操动机构、清理A相油渍，并强调了该项工作的安全措施，工作负责人王某与运行值班人员一道办理了工作许可手续后又回到班上。当他们换好工作服后，李某要求擦油渍，王某表示同意，李某即去做准备。王某对沈某说："你检修机构，我擦套管。"，随即他俩准备去检修现场。此时，班长见他们未带砂布，即对他们说："带上砂布，把辅助触点砂一下。"沈某即返回库房取砂布，之后向检修现场方向去追王某。发现王某已到与用户李的断路器相邻正在运行的A断路器（35kV）南侧准备攀登，沈某就急忙赶上去，把手里拿的东西放在A断路器的操动机构箱上。当打开操动机构箱准备工作时，突然听到一声沉闷的声音，紧接着发现王某已经头朝东、脚朝西摔趴在地上，沈某便大声呼救。此时其他同志在班里也听到了放电声，便迅速跑到变电站。发现王某躺在A断路器西侧，人已失去知觉，就马上开始对王进行胸外按压抢救。约10min后，王某苏醒，便立即将其送往医院继续抢救。但因伤势过重，经抢救无效死亡。从王某的受伤部位分析得知，王某的左手触及到了带电的A断路器（35kV）上，触电电流途经左手-左腿内侧，触电后从1.85m高处摔下，将王某戴的安全帽摔裂，其头骨、胸椎等多处受伤。

原因分析：

工作负责人王某和沈某到达带电的A断路器处，既未看见临时遮栏，也未看见"在此工作"标志牌，更未发现断路器西侧有接地线。对自己将要工作的断路器根本未进行核对，该断路器到底是不是在20min前和电气值班员共同履行工作许可手续的那台断路器，就贸然开始检修工作，表现出安全意识非常淡薄。

对策措施：

（1）应加强对电工从业人员安全技术知识的教育和培训，增强安全防范意识。

（2）严格执行工作票制度。工作前，工作许可人、工作负责人和工作监护人必须到达现场对检修设备进行认真核对，并检查和落实相应的安全技术措施。

（3）工作组人员必须明确自己的工作任务、工作内容和工作范围。在工作负责人、工作监护人没有交代清楚现场安全措施、带电部位和其他注意事项和没有允许开工的情况下，不得擅自开始工作。

（4）工作组每一位工作人员都应认真执行《电力安全工作规程》和现场安全措施等要求，互相关心、互相监督、互相提醒，做到"三不伤害"（不伤害自己、不伤害别人、不被别人伤害）。

案例二十一　某厂女工程师独自查看设备被高压击穿，瞬间成火人

事故经过：

某日上午，某厂变电站值班人员反映1号主变压器A相电流互感器油位不到位。主管工程师便到110kV降压站，把111护栏的门锁（未锁）拿下来，进去看A相电流互感器的油位。只听到瞬间一声闷响，该工程师被高压击穿，其胸部、上肢、下肢60%被电弧Ⅱ、Ⅲ度烧伤致残。

原因分析：

变电站主管工程师未办任何手续，也未经值班负责人同意在无人监护下只身进入护栏内察看油标，超越了安全距离而引起放电，导致自身被烧伤致残。

对策措施：

（1）对于工程师等技术人员的安全培训不能忽视，应与普通电工人员的重视程度相同。

（2）制定和执行电气设备的巡视检查管理制度，对带电高压设备的巡视检查进行申请和审批，禁止独自一人对高压带电设备进行巡视检查。

（3）巡视检查人员应穿戴好绝缘防护用品，并有专人监护，按照制定路线行走，与带电设备之间应保持足够的安全距离。

案例二十二　某建筑工地违规用电酿成惨剧

事故经过：

某日，在某市建安集团公司承建的银行大厦工地，操作工陈某发现潜水泵开动后剩余电流动作保护开关动作，便要求电工把潜水泵电源线不经剩余电流动作保护开关接上电源，起初电工不肯，但在陈某的多次要求下照办。潜水泵再次起动后，陈某拿一条钢筋欲挑起潜水泵检查是否沉入泥里，当陈某挑起潜水泵时，即触电倒地，经抢救无效死亡。

原因分析：

操作工陈某由于不懂电气安全知识，在电工劝阻的情况下仍要求将潜水泵电源线直接接到电源，同时，在明知漏电的情况下用钢筋挑动潜水泵，违章作业，是造成事故的直接原因。电工在陈某的多次要求下违章接线，明知故犯，留下严重的事故隐患，是事故发生的重要原因。

对策措施：

（1）强化员工的安全用电知识培训，增强安全防范意识。

（2）要求电工作业人员严格遵守用电规范，不能违规操作。

（3）及时排除用电设备和线路的故障及隐患，消除缺陷，禁止设备和线路带病运行。

案例二十三　某化工厂线路安装不合格引起的触电事故

事故经过：

某日上午，某化工厂发生一起触电事故。临时工韩某（21岁）与其他3名工人从事化工产品的包装作业。到10时，班长让韩某去取塑料编织袋，韩某回来时一脚踏上盘在地上的电缆的接线头线上，被电击跳起1m左右，重重摔倒。在场的其他工人急忙拽断电缆线，断开开关，一边在韩某胸部乱按，一边报告领导打 120 急救电话。待急救车赶到开始抢救时，韩某出现昏迷、呼吸困难、脸及嘴唇发紫、血压忽高忽低等症状。现场抢救 20min，待稍有好转后送去医院继续抢救，所幸保住了性命。

原因分析如下。

安全管理人员得到通知后，立即赶到现场，并对事故现场进行了保护。现场调查发现：

(1) 缝包机的电缆线长约 20m，由 3 种不同规格的电缆线拼接而成，而且线头包裹不好。检查电缆线的质量，均属伪劣产品。

(2) 事故现场未安装剩余电流动作保护器。

(3) 当时因阴雨连绵，加上该化工产品吸水性较强，电缆潮湿，又由于韩某脚上布鞋被水浸透，布鞋的对地电阻实际等于零。

对策措施：

(1) 对缝包机的电缆线进行了更换，并安装了剩余电流动作保护器。

(2) 加强领导和员工的用电安全知识以及现场急救方法的教育培训，增强全员的用电安全防范意识。

(3) 严格遵守电气设备和线路安装与使用规范，确保用电设备和线路安全运行，消除安全隐患。

(4) 总结经验教训，举一反三，对全厂所有用电线路进行认真检查，对发现的类似问题制定和落实整改措施。

案例二十四 某热电厂安全距离不够，导致检修人员被灼伤事故

某日 14 时 38 分，某热电变电班检修人员孙某等二人在检查设备漏油点过程中，发现 6314 断路器（110kV）C 相外壳下部有油迹，怀疑该断路器 C 相灭弧室的放油门漏油。孙某在登上该开关支架（2m 左右）进一步检查时，人身与带电设备的距离小于安全距离造成感应电击。经医院及时抢救后，该人员右上臂上段施行截肢，构成人身重伤。

原因分析：

(1) 变电站的管理措施存在漏洞。检修人员在未经运行值班人员同意的情况下，擅自进入变电站。

(2) 在检修设备前，检修人员没有对现场危险点进行检查、分析，并采取有效的安全技术措施。在布置工作时未对孙某及工作人员交代安全注意事项，致使孙某安全意识淡薄，为事故的发生埋下隐患。

(3) 孙某在登上支架检查设备时，没有与带电设备之间保持足够的安全距离，被感应电击伤致残，是造成事故的直接原因。

(4) 监护人未真正起到监护作用。当孙某想要登上支架检查开关时，监护人未及时发现并制止。当听到孙某的叫声时，监护人才发现孙某触电。

对策措施：

(1) 加强对电工作业人员《电力安全工作规程》（变电站和发电厂电气部分）的教育和培训，增强安全防范意识，提高自我防范能力。

(2) 建立、完善变电站人员出入管理制度，并严格执行。检修人员要进入变电站，必须得到运行值班人员的同意，遵守运行值班人员的相关要求，不能擅自进入和随意走动。

(3) 严格执行工作票制度。检修人员在检查、修理设备时，必须认真填写工作票。在运行值班人员做好各种安全技术措施，并许可工作后方可开始检修。

(4) 在工作前，负责人对检修人员要进行现场培训，交代危险点和注意事项。在工作中，检修人员应与带电设备保持足够的安全距离，当不能保证时，必须对带电设备停电。

(5) 严格遵守监护制度。检修过程中，负责人要指定专人进行监护，监护人不得擅自离场。

案例二十五 某电业局变电站主变压器保护误动作事故

事故经过：

某日，某电业局一座110kV变电站1号主变压器两侧断路器因故动作跳闸。根据值班人员反映，当时是由于某10kV线路速断保护动作跳闸，重合成功后1号主变压器保护动作，跳开主变压器两侧断路器。后经该局技术人员现场调试、检查时发现：

(1) 1号主变压器110kV复合电压闭锁过电流保护回路的A相电流继电器（1kV，DL-21C）触点卡滞不能返回。

(2) 110kV复合电压闭锁回路的电压继电器有一线圈断线，从而引起110kV复合电压继电器失电压，动断触点闭合，启动了110kV复合电压闭锁中间继电器，使到中间继电器的动合触点闭合，从而启动跳闸回路。

另外，中央信号系统回路中的正电源熔断器熔断导致断路器跳闸时事故信号装置扬声器不响。

通过更换110kV复合电压闭锁过电流保护的电流、电压继电器及处理中央信号系统的电源熔断器后系统正常。经过试验合格，并送电成功。

原因分析：

通过该局技术人员的调试和综合事故现场的检查情况分析，该局技术人员一致认为造成主变压器复合电压过电流保护误动作的原因：电压继电器线圈断线致其动、断触点闭合，使启动回路处于预备状态，10kV线路故障引起电流继电器动作，由于电流继电器动作不能返回而使整个跳闸回路导通，经整定时间1s后，跳主变压器两侧断路器。

(1) 造成电流继电器不能返回的原因。电流继电器动、静触点间有些错位（检验规程要求动断触点闭合时，动触点距静触点边缘不小于1.5mm），加上机械弹簧反作用力不足，造成继电器动作不能返回而导通跳闸回路。

(2) 造成电压继电器断线的原因在于继电器线圈的导线较细，而且，又处于长期带电运行状态，较容易引起断线。

对策措施：

(1) 强化试验人员对预防性试验工作的责任心。对于每年的预防性试验工作，必须认真仔细，不但要重视对单只继电器的技术数据及整组进行试验，还要认真对继电器的机械部分进行详细检查。检查继电器的舌片与电磁铁的间隙，舌片初始位置时的角度应在77°～88°范围内。调整弹簧，弹簧的平面要求应与轴严格垂直，弹簧由起始角转至刻度盘最大位置时，层间间隙应均匀。检查并调整触点，触点应清洁，无受熏或烧焦等现象。动断触点闭合时，触点应正对动触点距静触点边缘不小于1.5mm，限制片与接触片的间隙不大于0.3mm。

（2）重视消除继电保护装置及其接线存在的缺陷。继电器的接线力求简单、可靠，利用的触点数量越少越好，并避免继电器长期带电运行的情况。

（3）运行值班人员对运行中的闭锁回路继电器与出口中间继电器的位置情况要进行定期检查，发现异常，立即处理，使事故防患于未然。

（4）建议对继电保护装置进行技改，宜采用微机保护装置，以减少因触点分、合不良而发生误动作现象。

案例二十六　某化肥厂违章停电引起的电弧烧伤事故

事故经过：

某日上午，某化肥厂合成氨车间碳化工段的氨水泵房1号碳化泵电动机烧坏。工段维修工按照工段长安排，通知值班电工到工段切断电源，拆除电线，并把电动机抬下基础运到电动机维修班抢修。16时30分左右，电动机修好后运回泵房。维修组组长林某找来铁锤、扳手、垫铁，准备磨平基础，安放电动机。当他正要在基础前蹲下作业时，一道弧光将他击倒。同伴见状，急忙将他拖出现场，送往医院治疗。这次事故使林某左手臂、左大腿皮肤被电弧烧伤，深及Ⅱ度。

原因分析如下。

事故发生后，厂安全部门即组织电气、设备相关技术人员到现场检查，确认事故原因有以下几方面：

（1）电工断电拆线不彻底是发生事故的主要原因。电工断电后没有严格执行操作规程，将熔丝拔除，将线头包扎，并挂牌示警。

（2）碳化工段当班操作工在开停碳化泵时，误按开关按钮，使线端带电，是本次事故的诱发因素。

（3）电气车间管理混乱，对电气作业人员落实规程缺乏检查，使电工作业不规范，险些酿成大祸，这是事故发生的间接原因。

（4）个别电工业务素质不高。

对策措施：

（1）将事故处理意见通报全厂。在全厂掀起学规程、懂规程、严格执行规程的技术大练兵活动，提高职工的业务素质，为防范类似事故创造条件。

（2）制定和完善相应的安全管理制度，规范员工的工作行为，加强安全检查，对电气作业中断电不彻底、不挂牌的违章行为，一经发现，予以50～100元的罚款，并到厂安全部门学习1周。

（3）建议厂职教部门在职工教育中，注意维修工的“充电”问题，以增强他们的自我保护能力。

案例二十七　某供电公司拆除线路引起的人身触电死亡事故

事故经过：

某日上午，某供电公司所属某分局进行10kV某分支线路更新工作。主要工作任务：更换某分支32号4～5段导线，立32-4号杆并安装32-3、32-7号变压器台及架设变压器台两

侧低压线。

7时30分，工作负责人张某（检修班长）带队进入工作现场并宣读工作票及安全组织措施，同时将工作班人员分为5个小组。开工后，工作负责人张某在进行现场巡视检查时发现，负责立杆、放线的第5组在放线过程中需要跨越市砂轮厂专线。该线路已废弃多年，三相导线已绕在一起，并固定在绝缘子上，故认为该线路已无电。为方便施工，张某临时决定将该段线路拆除，并将拆除地点选择在交叉跨越点北侧耐张分支杆处。该耐张分支杆南北侧导线已断开，南侧导线为废弃导线，北侧与东侧分支导线相联结并带电。8时20分左右，工作负责人张某带领工人李某进行该段导线的拆除工作。由于二人对该耐张分支的实际情况不清楚，特别是将带电的北侧、东侧导线误认为是同一条废弃线路。李某登杆进行验电挂地线，负责人张某在地面监护。对该杆南侧导线（为废弃线路）验明无电后，准备挂接地线。在张某寻找合适的地线接地点时，杆上的李某在移动中触及带电导体，触电死亡。

原因分析：

（1）没有认真执行“工作票制度”。《电力安全工作规程（电力线路部分）》规定，填用第一种工作票的工作为“在停电线路（或在双回线路中的一回停电线路）上的工作”。也就是说，上述事故中拆除废弃线路的工作，即使工作人员对线路情况判断正确，而拆除线路的工作属于“在停电线路上的工作”范畴，也必须填用第一种工作票方为正确。事实上，他们的判断既不正确，也没有填用工作票。工作负责人和工作班人员，一个是违章指挥，一个是盲目执行。

（2）没有认真执行“工作许可制度”。《电力安全工作规程》规定：“填用第一种工作票进行工作，工作负责人必须在得到值班调度员或工区值班员的许可后，方可开始工作”。此次工作，是一项应填用第一种工作票的工作，事故当事人不但没有填用工作票，而且没有办理工作许可手续。工作负责人张某，擅自临时决定拆除废弃线路前，没有将拆除废弃线路的工作向工作许可人（当值调度员或工区值班员）提出申请并通过工作许可，直接指挥工作人员进行工作，这又是一个严重违反现行《电力安全工作规程》的行为。

（3）没有真正执行好“工作监护制度”。《电力安全工作规程》中明确“……工作负责人（监护人）必须始终在工作现场，对工作班人员的安全认真监护，及时纠正不安全的动作”。实际工作中，监护人张某虽然在现场，但没有起到监护人的作用。工作人员李某至少有两处违章，监护人都没有发现：

1）《电力安全工作规程》中规定“作业人员登杆塔前核对标记无误，验明线路确已停电并挂好地线后，方可登杆”。在没有做好安全措施前，李某攀登线杆，监护人没有制止。

2）《电力安全工作规程》中规定“……同杆塔架设的多层电力线路进行验电时，先验低压，后验高压；先验下层，后验上层”。当时工作杆上有南、北、东三侧线路，而且南北两侧线路是断开的，其中的南北线路虽属同层，但不属于同一线路，而东侧的线路与南北侧线路则不在同一层。工作过程中，工作人员对三侧线路都有可能接触，因而，三侧线路均应验电、挂地线。否则，应将另两侧（北侧和东侧）线路视为带电设备而保持足够的安全距离。而李某验电时，只对南侧（废弃）线路进行了验电，对其他两侧线路没有进行验电，工作人员的这一违章行为也没得到工作负责人的纠正，违反了《电力安全工作规程》中“任何工作人员发现有违反本规程，并足以危及人身和设备安全者，应立即制止”。

（4）工作负责人和工作班成员安全意识淡薄，没有尽到本身应有的安全责任，这也是造成这次事故的原因之一。

对策措施：

（1）应加强电工作业人员的安全技术知识的教育培训，增强安全防范意识，克服麻痹思想。

（2）严格遵守《电力安全工作规程》中的相关要求。在作业时，必须认真落实各项安全组织措施和技术措施。做到各项措施不落实，不得开始作业。

（3）作业人员要认真检查作业现场存在的各种危险源，并对危险源进行分析、评估，制定和采取相应的对策，确认无任何风险时，方可进行作业。

（4）工作负责人（监护人）应不断学习和提高自身的专业知识技能和水平，履行好工作职责，杜绝违章指挥和失职渎职行为。

（5）工作班人员也应提高自身业务素质，拒绝违章指挥和违章作业，勇于、善于保护自己。在作业过程中，有权监督他人的工作行为，纠正违章行为，力争做到“不伤害自己、不伤害他人、不被他人伤害”。

案例二十八　某石化厂高压触电引起的烧伤事故

事故经过：

某日8时40分，某石化厂变电站站长刘某安排值班电工宁某、杜某修理直流控制屏指示灯，宁某、杜某在换指示灯灯泡时发现，直流接线端子排熔断器熔断。这时车间主管电气的副主任于某也来到变电站，并和值班电工一起查找熔断器故障的原因。当宁某和于某检查到高压配电间后，发现2号主受柜直流控制线路部分损坏，造成熔断器熔断，直接影响了直流系统的正常运行。接着宁某和于某就开始检修损坏线路。

不一会儿，他们听到有轻微的电焊机似的响声。当宁某站起来抬头看时，在2号进线主受柜前站着刘某，背朝外，主受柜门敞开，他判断是刘某触电了。宁某当机立断，一把揪住刘某的工作服后襟，使劲往外一拉，将他拉倒在主受柜前地面的绝缘胶板上，接着用耳朵贴在刘某胸前，没有听到心脏的跳动声，宁某马上做人工呼吸。

这时于某已跑出门，去找救护车和卫生所大夫。经过十几分钟的现场抢救。刘某的心脏恢复了跳动，神志很快也清醒了。闻讯赶来的职工把刘某抬上了车，送到市区医院救治。经医生观察诊断，刘某右手腕内侧和手背、右肩胛外侧（电流放电点）三度烧伤，烧伤面积为3%。

后经了解得知，刘某在宁某和于某检修直流线路时，他看到2号进线主受柜里有少许灰尘，就到值班室拿来了笤帚（用高粱穗做的），他右手拿着笤帚，刚一打扫，当笤帚接近少油断路器下部时就发生了触电，右肩胛外侧不由自主地靠在柜子上了。

原因分析：

（1）刘某违章操作。刘某对高压设备检修的规章制度是清楚的，他本应当带头遵守这些规章制度，遵守电器安全作业的有关规定，但是，刘某在没有办理任何作业票证和采取安全技术措施的情况下，擅自进入高压间打扫高压设备卫生，这是严重的违章操作，也是造成这次触电事故的直接原因。刘某是事故直接责任者。

（2）刘某对业务不熟。当时工厂竣工时，设计的双路电源只施工了1号电源，2号电源

的输电线路没有架设，但是总变电站却是按双路电源设计施工的。这样，2号电源所带的设备全由1号电源通过1号电源联络柜供电到2号电源联络柜，再转供到其他设备上，其中有1条线从2号计量柜后边连到2号主受柜内少油断路器的下部。竣工投产以来，2号电源的电压互感器、主受柜、计量柜一直没用，其高压隔离开关、少油断路器全部打开，从未合过。

刘某担任变电站站长工作已经两年多，由于他本人没有认真钻研变电站技术业务，对本应熟练掌握的配电线路没有全面了解掌握（在总变电站的墙上有配电模拟盘，上面反映出触电部位带电），反而被表面现象所迷惑，因此，把本来有电的2号进线主受柜少油断路器下部误认为没有电，所以敢于大胆地、无所顾忌地去打扫灰尘。业务不熟是造成这次事故的主要原因。

（3）刘某缺乏安全意识和自我保护意识。5月21日，总变电站已经按计划停电一天进行了大修，总变电站一切检修工作都已完成。时过3日，他又去高压设备做卫生。按规定，要打扫，也要办理相关的票证、采取了安全措施后才可以施工检修。他全然不顾这些，更不去想自己的行为将带来什么样的后果，不把自身的行为和安全联系起来考虑，足见缺乏安全意识和自我保护意识。

（4）车间和有关部门的领导负有管理责任。车间主管领导和电气主管部门的有关人员，由于工作不够深入，缺乏严格的管理和必要的考核，对职工业务技术水平了解不够全面，对职工进行技术业务的培训学习和具体的工作指导不够，是造成这起事故的重要原因。

对策措施：

（1）全厂要开展一次有关安全生产法律法规的教育和培训，提高职工学习和执行“操作规程”“安全规程”的自觉性，杜绝违章行为，保证安全生产。要求每位职工要认真对待这次事故，认真分析事故原因，从中吸取深刻教训，规范自身工作行为。

（2）全厂要开展一次电气安全大检查活动。特别是在电气管理、电气设施、电气设备、电气线路等方面，认真查找隐患，并及时整改，杜绝此类触电事故重复发生。

（3）加强职工队伍建设，尤其是领导干部队伍的建设。通过严格考核和选拔，确实把懂业务、会管理、素质高的职工提拔到领导岗位上来，带动和影响其他职工，使职工队伍的整体素质不断提高，保证生产安全。

（4）要进一步落实安全生产责任制，将责任层层分解到每一位员工。力求做到各级管理人员和每一位员工的安全责任落实明确，切实做到从上至下认真管理，从下至上认真负责，人人都有高度的政治责任心和工作事业心，保证安全生产的顺利进行。

案例二十九　某电业局工程队带电检修伤人未遂事故

事故经过：

某日，某工程队电工班在2401轨道巷检修设备，班长安排赵某对排水设备进行检修。赵某到达工作面后对泵房设备检修，发现一台BQD10-200开关启动不灵敏，就对此开关进行处理。由于水量过大，水仓容量小，检修时间不能过长，加上上方馈电距离检修点太远，于是赵某就为了省事没有停电，而是将200开关手柄打到零位后就进行检修。在检修中发现按钮开关过偏，就用螺钉旋具拨正，螺钉旋具碰到了接线柱，只听“嘭”的一声，一道电弧光，所幸没有造成人员伤亡。

原因分析：

(1) 赵某安全意识淡薄，图省事，带电检修电气开关，导致短路，是造成事故的直接原因。

(2) 该队排水点在水量比较大的情况下，没有设置备用排水设备，是造成事故的间接原因。

(3) 班长现场安全管理不到位，没有派人现场监护，以便及时发现和纠正赵某的违章行为。

对策措施：

(1) 强化电工人员的安全教育，增强安全意识，杜绝违章作业。

(2) 检修设备必须遵守停送电相关规定。检修前，须对检修设备进行停电、验电，并且悬挂“有人作业，禁止送电”的停电牌，防止误操作事故发生。

(3) 禁止电工独自一人进行操作或检修，现场必须有人监护。尤其是在危险区域内作业，还要落实相关安全技术措施。

案例三十 某热电有限公司380V低压变压器中性点母排漏接而引发的事故

事故经过：

某日，某热电有限公司安排2号变压器年度预试、继保定校工作。在测量变压器直流电阻和绝缘时工作人员拆下变压器低压侧三相套管上母排和中性点零母排，但在工作票结束后该中性点零母排漏接，2号变压器于15：20工作结束后就投入运行。在复役操作中和2号变压器投运后主控室内的电流、电压表（线电压）未发现异常现象。16：50左右，由2号变压器供电的1、2号汽轮机和3、4号锅炉所有单相电源供电的热工仪表、锅炉电脑及电动执行机构纷纷开始失控，发出异常响声和烧焦味，但汽轮机、锅炉的三相用电设备，如射水泵、送风机等，均正常运转。由于热工仪表指失均失灵，故不得不紧急停机停炉，发电机解列，供热中断。在接到报告后估计为中性点零点漂移而引起单相电压升高，立即赶赴炉控室测量单相插座内电压，发现电压已升高到接近380V，即通知电气主控室人员投入备用电源，停用2号变压器并采取隔离措施。经现场查看发现，2号变压器低压侧中性点母排搭在变压器低压侧中性点套管旁边的起吊环上，没有接到变压器本体至中性点上。

原因分析：

事故的直接原因是工作人员责任心不强以致中性点零母排漏接，加上复役前检查不仔细，未发现零母排在起吊环上。诸多热工仪表、电脑及电动执行机构等损坏造成直接经济损失十几万元，而停机停炉造成的间接损失则更大。2号变压器零母排不接，刚复役时三相负荷十分均衡，变压器中性点为零电位，零点不漂移，16：00前后由于主厂房单相照明逐步开启引起低压侧三相负荷开始不平衡，这样中性点产生电位漂移；三相负荷不平衡度越大，中心点电位漂越严重，直到事故发生时测得单相220V电压已上升到线电压380V左右，如此高的电压必然使单相用电设备的绝缘击穿并引起大面积烧毁。同时由于主控室内2号变压器低压侧一般安装1只监测母线线电压的电压表，对单相电压异常无法监视，致使在锅炉、汽轮机的热工仪表及电脑大面积烧坏时主控室还未发现这种异常情况。

对策措施：

(1) 加强对电工作业人员《电力安全工作规程》的教育和培训，增强安全防范意识。

（2）提高工作人员强烈的工作责任心，重申“谁拆线，谁接线”的原则，人员变动时工作必须交代清楚。同时切实提高工作票终结和复役操作前后检查的质量，以便及时发现检修中存在的差错。

（3）建议采取可靠的技术防范手段来发现安全隐患并将其消灭于萌芽状态。应当在2号变压器低压侧设置并安装三相电压平衡失控和单相220V电压异常等故障检测报警装置，及时报警或适时切断变压器的高压侧电源，避免单相用电设备大面积烧毁的现象。

（4）建议在锅炉、汽轮机热工仪表的总电源处安装一台容量1000VA的UPS逆变电源，防止在主供电源中断时热工仪表因突然断电而损坏，确保维修人员有充裕的时间来处理热工仪表所用的单相电压发生异常的现象。

案例三十一　某电站10kV配电室触电死亡事故

事故经过：

某日，某项目部进行了电站1B主变压器的检修，1B主变压器差动保护动作，主变压器高压侧断路器跳闸。电站现场运行负责人林某当即召集人员进行检查，并要求项目部人员协助查找原因。在检查1号机10kV开关室内时，林某要求项目部人员检查1号机出口断路器的主变压器差动电流互感器的二次侧端子（在发电机出口开关柜内的电流互感器上）。经双方口头核实安全措施以后，邓某便进去检查，邓某钻进去检查电流互感器接线端子是否松动，随即柜内出现强烈的电弧光，邓某触电，当场被电击伤太阳穴、手掌等部位。停机后，现场人员将邓某移出开关柜。项目部安全委员会立即向上级汇报了事故情况，并及时与当地医院取得了联系，并将邓某送往县医院抢救，终因伤势过重抢救无效而死亡。

原因分析：

（1）主变压器1B保护动作后，1F出口断路器跳闸，机组自动转入有励空载运行，出口断路器下端带电，邓某钻入实际上是有电的10kV开关柜内工作。

（2）检修工作没有办理工作票、操作票，没有按程序做好安全技术措施，没有进行“停电—验电—装设接地线等”工作，也没执行作业监护制度，严重违章。

（3）检修人员在进入开关柜检查前，没有事先合上开关柜内的接地开关，违章操作。

（4）项目部参加检修人员安全操作意识淡薄，在进入高压设备前，未对设备接地状态进行最基本的检查，未能对其所说的机组停机、设备无电进行确认，缺乏自我保护意识。

（5）对员工的安全教育不够，检查监督不力。

对策措施：

（1）加强电工从业人员的安全技术教育和培训，增强安全防范意识和预控能力。

（2）严格执行《电力安全工作规程》，加强安全监督管理工作。在已有投入运行设备的电站进行施工，一定坚持执行“两票三制”制度，规范施工人员的工作行为。

（3）在电气施工工作前，必须严格落实停电、验电、挂接地、悬挂标志牌、设置围栏或遮栏等安全技术措施。确认无问题后，检修人员才可以进行工作。工作过程中严格执行操作监护制度。

（4）定期开展安全教育活动，组织全体职工经常性地学习安全操作规程、反习惯性违章等，加强安全意识教育。

（5）签订建设方与施工方的安全责任合同，明确双方的职责范围，并监督执行。做好建设方与施工方工作协调关系，认真落实各项安全技术措施，确保施工过程的安全。

案例三十二　某电厂多种经营公司检修电焊机触电死亡事故

事故经过：

某日，某电厂多种经营公司检修班职工刁某带领张某检修 380V 直流焊机。电焊机修完后进行通电试验良好，并将电焊机开关断开。刁某安排工作组成员张某拆除电焊机二次线，自己拆除电焊机一次线。约 17 时 15 分，刁某蹲着身子拆除电焊机电源线中间接头，在拆完一相后，拆除第二相的过程中意外触电，后经抢救无效死亡。

原因分析：

(1) 刁某已参加工作 10 余年，一直从事电气作业并获得高级维修电工资格证书；在本次作业中刁某安全意识淡薄，工作前未进行安全风险分析，在拆除电焊机电源线中间接头时，未检查确认电焊机的电源是否已断开，在电源线带电又无绝缘防护的情况下作业，导致触电。刁某低级违章作业是此次事故的直接原因。

(2) 工作组成员张某虽为工作班成员，在工作中未有效地进行安全监督、提醒，未及时制止刁某的违章行为，是此次事故的原因之一。

(3) 该公司于 2001 年制定并下发了电动、气动工器具使用规定，包括电气设备接线和 15 种设备的使用规定。并且，该规定下发后组织学习并进行了考试。但刁某在工作中不执行规章制度，疏忽大意，凭经验、凭资历违章作业。

(4) 该公司领导对“安全第一，预防为主”的安全生产方针认识不足，存在轻安全重经营的思想，负有直接管理责任。

对策措施：

(1) 公司领导要树立“安全第一，预防为主，防治结合”的思想理念，加强对电工从业人员的安全技术培训，配备安全防护用品，增强安全意识，杜绝违章作业。

(2) 严格执行《电力安全工作规程》，加强对现场工作人员执行规章制度情况的监督、检查和落实，采取有力措施，严处违章违纪现象。

(3) 建立、完善设备检修的停送电管理制度，制定设备停送电检查卡，认真履行申请、审核、批准、执行等程序。检修前，必须进行验电。检修过程要有专人监护，防止意外发生。

(4) 严格执行工作票制度，所有工作必须执行安全风险分析制度，并填写安全分析卡，安全分析卡保存 3 个月。在安全分析卡上处标明工作中可能发生的危险危害，还应当注明所采取的安全技术措施。

案例三十三　某煤电公司连续违章导致触电死亡事故

事故经过：

某日中班，某煤电公司某矿综采队杨某在综采面安装回柱绞车，搭接电源时粗心大意地将第二个接线盒的地线和零线接反了，电源电缆连接好后，刚送电，移动变压器剩余电流动作保护装置就跳闸了。面对移动变压器的突然跳闸，杨某没有深刻反思自己的作业过程，只是简单地检查了一下回柱绞车的专用电缆和专用防爆开关后，又一次送电，结果仍然跳闸。杨某在查找移动变压电源跳闸的过程中，为了尽快试车、正常生产，按自己一贯

的做法，贸然拆除了剩余电流动作保护装置的脱扣弹簧，使保护装置不跳闸。杨某在拆除脱扣弹簧后，继续查找跳闸原因，并将防爆开关电源接地线与外壳断开用导线直接联结。送电时，因防爆开关外壳带电，杨某当即触电身亡。

原因分析：

煤矿井下作业环境十分复杂，用电设备的各种安全保护措施必须设置完善。案例中，杨某有三个违章行为：①将电源线中的零线与接地线接反，埋下事故隐患；②拆除了剩余电流动作保护装置的脱扣弹簧，致使剩余电流动作保护装置保护功能失效；③开关外壳未接地，导致送电时防爆开关外壳带电。

对策措施：

（1）强化电工作业人员的电气安全技术知识的教育和培训，做到持证上岗，克服麻痹思想，增强安全意识和工作责任心。

（2）严格遵守煤矿安全规定，杜绝违章作业。禁止带电作业。认真执行停电、放电、验电、挂牌等作业制度。电气设备及其接线，必须按照相关规范要求安装、使用和维修。

（3）采取科学有效的技术措施，确保作业人员生命安全。煤矿井下的配电系统中，禁止将变压器中性点直接接地，并且要设置和使用好剩余电流动作保护装置和保护接地装置。

（4）完善电工作业人员的安全防护用品。操作高压电气设备，为了预防可能出现危险的接触电压，操作人员必须戴绝缘手套，穿绝缘的专用电工靴。

案例三十四　某化工公司触电死亡事故

事故经过：

某年6月23日，某化工公司在原北大门传达室西墙外发生一起触电事故，死亡1人。6月22日夜下了一场雨。23日5时，该公司复合肥车间按照预定计划停车进行设备清理和改造。8时，当班人员王某和韩某接班后，按照班里的安排，负责清理成品筛下料仓积存残料。约8时20分，王某离开了车间。8时30分左右，韩某出来，到车间北面找工具时，发现在车间外东北角的原北大门传达室西墙外趴着1人，头朝东南面向西，脚担在一个南北放置的铁梯子上，离传达室西墙约2m。接着韩某忙跑到车间办公室汇报，公司和车间领导等一齐跑到现场发现，从传达室西窗户上有垂下的电线着地。车间主任于某急喊拉电闸，副经理杜某急忙用手机联系并跑去找车辆。当拉下复合肥电源总闸后，车间职工李某手扶离王某不远的架棒管去拉王某时，又被电击倒（立即被跟在后面的维修工尹某拉起）。车间主任于某发现不是复合肥车间的电，就急忙跑到公司配电室，在电工班长张某的配合下，迅速拉下公司东路电源总闸。这时，联系好车辆又跑到现场的杜某和闻讯赶到的2名电工立即将王某翻过身来，由电工李某对其实施人工呼吸进行抢救，大家一起把王某抬到已开到现场的车上，立即送往县医院抢救。在送医院途中，2名电工一起给王某做人工呼吸。送到医院时间为8时40分左右，王某经抢救无效死亡。

原因分析：

事故发生后，通过组织人员对现场勘察和调查分析认为，漏电电线是多年前老厂从办公楼引向原北大门传达室和原编织袋厂办公室的照明线，电线外表及线头处非常陈旧。该公司整体收购原某化肥厂后始终未用过该线路。原企业电工不知何时在改造撤线时，未将线头清除干净，盘在原北大门传达室窗户上面（因公司在此地计划建一工棚。21日之前连续四五天，施工人员多次在此丈量、挖地基、打预埋、灌混凝土，并有10多人在此扎架子，焊钢梁，施工人员就在此窗户周围施工和休息，扎好的架棒管也伸到了窗户南侧，始终没有发现此地有线头落地)。6月22日夜10时至23日早5时，大雨一直未停并伴有4～5级大风，将盘挂的电源线刮落地面。死者王某到事故发生地寻找工具（在传达室西墙边竖着一根直径30mm、长约1.4m的铁棍）当脚踏平放的铁梯子时不慎摔倒（梯子距地面约25cm，其中一头担在铁架子上)，面部触及裸露的电源线头，发生触电事故（尸体面部左侧有3×5cm^{2}的烧伤疤痕)。在实施抢救过程中发生二次触电，原因是王某的身体、铁梯子、铁架棒形成带电回路所致。

对策措施：

事故发生后，该公司多次召开会议，举一反三，采取了如下措施。

(1) 按照“四不放过”的原则，公司领导组织召开全体职工大会，用发生在身边的事故案例对职工进行安全生产知识教育，以增强职工的安全意识。

(2) 公司组成检查组，由领导亲自带队，对公司生产及生活区进行了全面的安全生产大检查，发现问题及时整改。

(3) 由县供电局和公司电修人员，对公司的高压线路和低压线路进行了一次彻底的规范整改。

(4) 公司制定并实施了具体的安全生产教育计划，每天由车间负责利用班前班后会对职工进行30min的安全生产知识教育。

(5) 对事故有关责任人进行处理。

案例三十五 某总厂电气分厂停电措施不完善而引发的全厂停电事故

事故经过：

某日12时，某总厂电气分厂自动保护班班长文某接到分厂通知，前方监控系统出现故障，上位机无法读到现场数据，需立即前往处理。12时27分自动保护班班长文某和检修工沈某、张某到达前方中控室并办理了缺陷检查工作票。检查中发现监控界面上的所有数据均出现错误，而各就地单元工作正常，因此判断网线存在问题，需进行消缺处理。于是又重新开了缺陷处理工作票交给值长（工作票签发人文某、工作负责人沈某、工作班成员张某)。13时，运行值班人员按工作票所列措施将1、2号机调速器切换至手动状态，并在1F、3F微机调速器旁安排监盘人员后办理了工作许可手续。接到许可通知后，检修人员便从LCU1开始顺序检查网线与设备的联结部分。因该厂微机监控系统网络采用50Ω同轴电缆通过T形头联结的总线结构，带电插拔T形头联结部分极易损坏设备。为防止带电插拔T形接头损坏控制器接口，检修人员先将现场单元电源切掉后进行检查，检查中发现在LCU1处T形接头所接的终端电阻开路，经更换新终端电阻并将网线恢复后，监控通信正常。电话咨询中控室运行值班人员，回答监控数据已经能够读到。于是运行值班人员立即通知1F电调旁运行监盘人员可以将电动机调速器切换到自动状态。运行人员请示值长同意后刚要将电动机调速器切换到自动状态就听到开关跳闸的声音。1F、3F相继出现转速上升，机组甩负荷过速落门停机，造成全厂停电事故。

原因分析：

后经现场检查分析，造成停电的原因有以下几方面。

（1）检修方法不得当。不具备多台设备同时检修条件的情况下，检修什么设备就在什么设备处布置安全措施，不检修的设备即便有故障，也应暂时搁置。一台设备检修结束恢复后，再进行下一台设备的检修工作。

（2）系统停电时间太长。插拔T形头联结部分没有采取短时停电的方法进行，监控系统长时间停电给安全带来隐患。

（3）检修工作人员多处作业。检修工作人员总计3人，只能在一处作业，所以在LCU1处T形接头所接的终端电阻更换时，没有及时投入LCU2～LCU5的网络接线。

（4）监控系统存在缺陷。监控系统联结方式薄弱，可靠性、稳定性自然不高，运行值班负责人和检修工作负责人对运行方式的特殊性缺乏足够的认识。

对策措施：

（1）应制定和执行防止全厂停电的安全技术保证措施。因故改变系统的正常运行方式时，应事先申请、审批，制定安全技术措施，并要求运行值班负责人和检修工作负责人认真学习，熟练掌握。

（2）对于类似工作，在插拔T形头联结部分时应采取短时停电的方法进行。需要检修的部分解除与监控系统的联结后，即刻恢复其他部分与监控系统的正常运行。

（3）建议对监控系统进行升级改造，确保系统的通信联络，以提高系统运行的可靠性。

（4）结合实际进行关键性、危险点工作分析，做好预控工作。对于工作牵扯面较大的继电保护预防性工作，要制定继电保护措施票，严格按照逐级审查会签的原则实行层层把关。

案例三十六　某发电厂220kV母线全停事故

事故经过：

某发电厂为220kV电压等级，双母线带旁路接线方式，其结构上又分为Ⅰ站和Ⅱ站两部分，之间没有电气联系，事故前该厂系统运行正常。

某日11时35分，220kVⅡ站母差保护动作，母联2245乙断路器及220kV 4号乙母线上所有运行设备跳闸（包括3条220kV环网线路和2台200MW汽轮发电机组，另有1路备用的厂用高压变压器断路器）。网控发出“母差保护动作”“录波器动作”“机组跳闸”等光字报警信号。事故发生后，现场运行人员一面调整跳闸机组的参数，一面对220kV 4号乙母线及设备进行检查。11时39分，现场报中调220kV 4号乙母线及设备外观检查无问题，同时申请将跳闸的机组改由220kV 5号母线并网，中调予以同意。11时47分，现场自行恢复Ⅱ站厂用电方式过程中，拉开厂用高压变压器2200乙-4隔离开关，在合上厂用高压变压器2200乙-5隔离开关时，220kVⅡ站母线差动再次动作，该厂220kV乙母线全停。11时50分，现场运行人员拉开2200乙-5隔离开关，检查发现隔离开关A相有烧蚀现象。12时01分开始，现场运行人员根据中调指令，用220kV环网线路开关分别给Ⅱ站2条母线充电正常，之后逐步合上各路跳闸的线路断路器，并将跳闸机组并入电网，220kVⅡ站恢复正常运行方式。

原因分析：

事故发生后，根据事故现象和报警信号分析，判断为2200乙断路器A相内部故障，并对断路器进行了检查试验。该断路器A相在交流51kV时放电击穿。第2日，对2200乙断路器A相解体检查发现，断路器静触头侧罐体下方有放电烧伤痕迹，静触头侧支撑绝缘子有明显对端盖贯穿性放电痕迹，均压环、屏蔽环有电弧杀伤的孔洞。经讨论认定，该断路器静触头侧绝缘子存在局部缺陷，在长期运行中受环境影响绝缘水平不断下降，最终发展为对地闪络放电，引发此次事故。事故发生后，作为判断故障点重要依据的"高压厂用变压器差动保护动作"信号没有装设在网控室，而是装设在单元控制室，使现场负责事故处理的网控值班人员得不到这一重要信息，在未判断并隔离故障点的情况下进行倒闸操作，使事故进一步扩大。

现场值班人员在事故处理中也存在问题。220kV 4 号乙母线跳闸后，网控值班人员积极按现场规程及反事故预案要求对 4 号乙母线及所属断路器、隔离开关、支持绝缘子等进行了核查，对网控二次设备的信号进行了核查，但对始终处于备用状态的 2200 乙断路器没有给以充分注意；另一方面，单元控制室的运行值班人员没有主动与网控室沟通情况，通报"高压厂用变压器差动保护动作"信号指示灯亮的情况，导致网控值班人员在故障点不明的情况下，为保Ⅱ站机组的厂用电，将故障点合到运行母线上，致使 220kVⅡ站母线全停。

对策措施：

(1) 立即组织人员对 2200 乙断路器进行检修。对 A 相罐体整体更换，对原 A 相套管、TA 彻底清洗，对 2200 乙断路器 B、C 相进行交流耐压试验。

(2) 针对网控室没有 2200 乙用高压变压器保护信号的问题，制定措施进行整改，同时检查其他重要电气设备是否存在类似问题。

(3) 加强相关岗位间联系汇报制度，发生异常时各岗位应及时沟通设备的运行情况及相关保护、装置动作信号。

(4) 加强运行值班人员的培训工作，提高运行值班人员对异常情况的分析能力和事故处理能力，保证运行值班人员对规程、规定充分理解，在事故情况下能够做到全面分析，冷静处理。

案例三十七 某发电厂擅自解除闭锁带电合接地开关事故

事故经过：

某日 15 时 18 分，某发电厂在 112-4 隔离开关准备做合拉试验时，运行操作人员未认真核对设备名称、编号和位置，走错位置，又未经许可擅自解除闭锁，造成一起带电合接地开关的恶性误操作事故。112-4 隔离开关消缺工作应该在 112 断路器检修工作结束（工作票全部终结），并将 112 系统内接地线全部拆除后，重新办理工作票。在 112-4 隔离开关准备做合拉试验时，运行操作人员未认真核对设备名称、编号和位置，错误地走到 112-7 接地开关位置，不经值长许可，擅自解除闭锁，将 112-7 接地开关合上，造成带电合接地开关的恶性误操作事故。

原因分析：

(1) 安全生产疏于管理，习惯性违章长期得不到有效遏制。在本次操作中，操作人、监护人不认真核对设备的名称、编号和位置，在执行拉开 112-2-7 接地开关的操作中，错误地走到了与 112-2-7 接地开关在同一架构上的 112-7 接地开关位置，将在分闸位的 112-7 接地开关错误地合上，是事故发生的直接原因。

(2) 操作监护制度流于形式，监护人未起到监护作用。监护人、操作人在操作时走错位置，操作人执行拉开接地开关操作时变成了合闸操作，监护人未能及时发现错误，以致

铸成大错。

(3) 电磁锁及其解锁钥匙的管理不完善，存在漏洞。按照规定，电磁锁解锁操作需经当值值长批准。但在本次操作中，在值长不在场的情况下，电气运行班长没有执行规定，未经值长批准，未填写“解除闭锁申请单”致使操作人在盲目操作的情况下，强行解除闭锁合上了112-7接地开关。

(4) 值长电网安全意识淡薄，没有履行好自身职责。在操作人执行操作时，值长没有站在保护电网安全的高度来指挥全厂生产工作。

(5) 电磁锁是防止电气误操作的重要设备，各级领导和管理人员对电磁锁的管理长期不重视，存在严重漏洞。电磁锁时常出现正常操作时电磁锁打不开的缺陷和故障，影响了正常的操作，某些运行人员在操作中同时携带两把电磁锁钥匙，其中一把为正常操作的大钥匙，一把为解除闭锁的小钥匙，以备正常操作电磁锁打不开时用小钥匙解除闭锁。由于操作人员随身携带着解除闭锁的钥匙，并且不履行审批手续，致使误操作事故随时都有可能发生。

(6) 电磁锁发生缺陷后，运行人员不填写缺陷通知单，检修人员的巡视检查也走了过场。各级领导和管理人员对电磁锁的运行状况无人检查，对缺陷情况不掌握，致使电磁锁缺陷长期存在。

对策措施：

(1) 加强全员安全生产管理，建立和完善落实安全生产责任制及安全责任考核奖惩制度，关键要加大对管理者和各级员工的考核力度，严格执行安全的工作条件来保障运行人员的生命安全，并督促其对安全生产及其设备的管理。

(2) 加强领导和员工的安全教育和业务技能的学习和培训，提高员工安全责任感，严格执行电气倒闸操作票制度，定期举办机械闭锁和电气闭锁专业知识讲座，防止发生电气误操作事故。

(3) 值班负责人或运行班长是值班现场的安全生产第一责任人，应切实履行好自身的安全职责。要树立全局安全观念，安全生产工作要全面考虑，制订周密的操作计划，落实安全技术措施。对于一些重大的操作，要实行申请、审核和审批制度，并力争亲临现场指挥操作。

(4) 加强对操作监护人、操作负责人专业技能和业务素质的提高。操作监护人应由具有多年操作实际工作经验、熟悉系统运行状况、很好履行安全监护职责的员工担任，操作人也应熟悉操作设备的名称、编号和位置，严格执行操作票上的操作内容，不得随意更改。

(5) 充分利用MIS网络技术对设备缺陷进行闭环管理。应尽快编制、完善、实施和落实电气防误闭锁管理制度，从技术上、制度上等方面实行超前防范。对电磁锁等设备存在的缺陷要及时进行处理，并严格按时考核，提高设备的健康水平，禁止设备带病运行。

(6) 加强系统运行倒闸操作危险点分析与预控管理工作。对危险点要进行具体分析、科学评估，有针对性地提出可操作性的防范措施。

案例三十八 某矿区电弧灼伤事故

事故经过：

某日16时30分，某矿区（综合放炮）正常生产。22时40分，矿区内某移动变电站附近6kV电缆放炮，造成N1采区变电站全部停电。综合放炮队值班电工于某立即向矿调度员苗某汇报，矿调度员苗某通知N1变电站当班运行工刘某，在综合放炮队未处理完电缆故障之前不得送电。然后通知综合放炮队电工于某、刘某处理电缆放炮故障。

当时N1采区变电站内除综合放炮工作面两条6kV供电电源开关无电外，其他地点均正常供电。23时30分，地面高压变电站发现8号和16号断路器出现漏电显示，经选号确定为从中央变电站至N1采区变电站7号线路存在问题，因此，矿调度通知中央变电站只得送19号回路。由于单回路供电，要实现N1采区变电站除综合放炮面停电外其他线路正常供电，必须合联络断路器。零时25分，经矿调度通知N1采区变电站值班运行员刘某合联络断路器，刘某误将综合放炮工作面12号断路器合闸送电，在处理电缆接头作业的综合放炮队电工刘某当场被电弧灼伤。

原因分析：

（1）采区变电站运行工刘某业务素质低下，精力不集中，导致误操作。

（2）综合放炮队电工在处理高压电缆接头故障前未挂“停电”标志牌，也没有将断路器内三相短路接地或将高压开关内小车拉出。

（3）电工陶某、陈某和孙某在以前处理综合放炮6kV高压电缆接头时，施工质量存在缺陷，引起电缆放炮。

对策措施：

（1）加强对运行岗位人员的业务知识和技能的培训，增强安全防范意识，避免违章操作和误操作。

（2）严格执行操作票制度和工作票制度，建立、完善和执行停、送电相关管理制度和程序，并加强对制度、程序执行的监督和考核力度。

（3）加强对施工人员业务水平和素质的培训，按规范要求安装和维修电气设备和线路，确保施工质量，并建立和完善竣工验收的相关制度和程序，消除安全缺陷和事故隐患。

（4）加强对电气设备和线路的日常检查和维护保养工作，按要求定期对其进行耐压、过流等保护试验。

案例三十九　某电业局220kV变电站误操作事故

事故经过：

某日上午，某电业局因2479线220kV线正母线隔离开关（新扩建设备）与副母线隔离开关连线进行搭接工作需要，220kV旁路断路器代2479线断路器运行。下午16时25分工作结束，16时46分省调正令“2479断路器由开关检修改为副母线运行，220kV旁路断路器由代2479副母线运行改为副母线对旁路母线充电”。16时50分，监护人高某和操作人董某开始操作，当操作至“放上1号主变压器220kV纵差TA联结片，取下短接片”时，误将1号主变压器保护屏上处于联结位置的1号主变压器220kV纵差旁路TA端子当作1号主变压器220kV纵差TA端子，在未进行认真确认的情况下即认为1号主变压器220kV纵差TA端子即已处于联结位置无需操作，并将操作票上该步骤打勾。17时41分，当操作至放上1号主变压器差动保护投入联结片2XB时，1号主变压器差动保护动作，2479线断路器及主变压器110kV和35kV侧断路器跳闸。18时10分变电站110kV母线由1139线送电恢复运行，事故损失电量4.8万kWh。

原因分析：

（1）当值操作人员工作责任心差、安全意识不强，未严格执行倒闸操作相关要求，操作中未认真核对设备状态，漏项操作，是造成此次事故的主要原因。

（2）当值操作人员对主变压器纵差保护的接线原理以及差流的概念模糊不清，在操作到“检查1号主变压器差动保护差流正常”时，发现C相差流为1.3A，没有引起重视并及时查明原因，在放上主变压器差动投入联结片时，差动保护动作出口跳闸。这是导致这一事故发生的重要原因。

（3）保护屏设计不合理，反事故措施不到位。主变压器纵差旁路TA切换端子在主变压器保护屏和旁路保护屏上重复配置，且主变压器保护屏上“1号主变压器220kV纵差旁路TA”两组端子在屏底排列，并且主变压器保护屏上“1号主变压器220kV纵差旁路TA”端子未做好防范措施，给操作留下了安全隐患。

（4）电业局变电运行工区对变电运行人员在培训管理和操作管理方面还存在问题。具体反映在：

1）当值操作人员现场设备不熟悉，主变压器保护屏上“1号主变压器220kV纵差TA”和“1号主变压器220kV纵差旁路TA”两组端子在屏底排列，而“1号主变压器220kV纵差旁路TA”端子正常时规定联结片就应在放上位置（靠220kV纵差旁路TA保护屏上的1号主变压器220kV纵差旁路TA端子进行正常切换操作），对此运行人员不了解。

2）1号主变压器差动保护差流正常值到底为多少，操作人员心中不清楚，操作票上也未说明。

对策措施：

（1）从本次事故中吸取教训，举一反三，认真开展熟悉现场设备和危险点分析及预控活动，进一步完善各项管理制度，落实安全技术措施和安全组织措施。

（2）加强对电工作业人员专业技术知识的教育培训，电工作业人员应完全了解本单位系统构成和设备状况，提高业务素质和技能水平。

（3）加强对电工作业人员的工作责任心和安全意识教育，树立“安全第一，预防为主”的思想，严格执行“两票三制”（两票是指工作票、操作票；三制是指交接班制、巡回检查制、设备定期试验与轮换制）和“六要八步”[所有电气设备及其辅助设备的倒闸操作，必须具备下列六个基本要求：①调度操作命令必须由有权发布调度命令的值班调度员（所属调度单位发文公布）发布；操作人和监护人必须由工区批准并公布的合格人员担任；②现场一、二次设备应有明显标志；包括命名、编号、转动方向、切换装置的特殊标记以及区别相位的相色漆；③要有与现场设备一致的一次系统模拟图、现场运行规程、继电保护整定单等；④除事故处理外，要有正确的调度指令和合格的操作票（经审核批准的典型操作票仅作参考）；⑤要有统一、确切的调度术语和操作术语；⑥要有合格的操作工具、安全用具和设施。倒闸操作步骤执行（即八步）：①操作人员按调度预先下达的操作任务（操作步骤）正确填写操作票；②经审票并预演正确或经技术措施审票正确；③操作前明确操作目的，做好危险点分析和预控；④调度正式发布批准指令及发令时间；⑤操作人员检查核对设备命名、编号和状态；⑥按操作票逐项唱票、复诵、监视、操作，操作设备状态变位并勾票；⑦向调度汇报操作结束及时间；⑧做好记录并使系统模拟图与设备状态一致后先销操作票。]操作管理规定及现场安全工作规程。

（4）组织人员定期检查系统及设备的运行状况，对发现的故障和缺陷要及时进行处理。确保系统和设备管理到位，运行安全，操作方便。

（5）制定倒闸操作演练方案，并定期组织演练。通过演练，可以锻炼员工队伍的实战能力，也可以从中发现问题，找出不足，加以改进，不断提高。

案例四十　某建筑工地一起违章指挥无证操作事故

事故经过：

某日上午，某建筑工地因坑槽内积水，施工班长赵某安排人用水泵将水抽排出来。当水抽出近一半时水泵出现故障。赵某决定调换另一台水泵继续抽水，遂让人将备用泵抬来，并安排曾在村里当过电工的王某换接水泵线。王某到配电柜处检查，看到水泵闸刀已经拉下，便回到出现故障的水泵旁拆卸电源线，班长赵某也帮王某打开后备用泵接线盒。王某在赵某身后剥线头准备接线，突然王某大叫了一声，并一头栽在身旁的土坑内，双手冒烟，脸色灰青。班长赵某马上意识到有人把水泵线的闸刀合上了，就向配电柜方向边跑边喊："快拉闸！"。原来焊工班的陈某、万某要焊一个断裂的模板，误把水泵闸刀给合上了（就在前一天，焊工班有人曾把电焊机线接在该闸刀上临时焊接过东西）。此时陈某慌忙拉下闸刀，赵某又把总闸也拉了下来，便立刻跑回王某身边。只见王某已有气无力地坐在地上，双手已被电击伤。王某被立即送往市医院烧伤科进行治疗，经医生诊断其右手掌皮肤呈黑色，深至肌腱，左手拇指、食指皮肤烧焦，有两个黄豆大的黑洞（电流放电点），双手中度烧伤，深度为3°。

原因分析：

（1）王某是无证操作。民工王某虽然在村里干过电工，但并没有电工作业操作证，受班长指派，还是冒险违章无证作业。

（2）焊工陈某盲目合闸。陈某对周围工作环境不加以观察和判断，没有查明电焊机线路是否接在配电柜闸刀中和其他人员是否安全的情况下，未通过当班管理人员的许可，工作中粗心大意，安全意识不强，仅凭前一天本班组在此进行过焊接作业，就盲目合闸，结果错合闸刀，造成王某被电击伤。

（3）班长赵某违章指挥。身为班长的赵某明知王某没有电工作业操作证，却安排王某去换接水泵电缆线，结果有人错合闸刀，造成王某被电击伤。

（4）施工现场用电管理混乱。施工现场安全管理存在漏洞，安全生产责任制落实不到位。施工现场用电标识不明确，各种作业人员无序用电，造成了此次事故的发生。

对策措施：

（1）加强对全体职工进行安全生产知识教育和培训，增强安全意识，提高自身安全素质。特别要加强用电安全教育，提高自身防护能力，变"要我安全"为"我要安全"，做到"不伤害自己、不伤害他人、不被他人伤害"。

（2）牢固树立"安全第一"的思想，杜绝盲目作业，消除麻痹大意和侥幸心理，做到警钟长鸣。对发生的事故严格按照"四不放过"的原则进行处理，以此为戒，引起广泛的重视，避免类似事故再次发生。

（3）从业人员要坚决拒绝违章指挥，学会用法律武器保护自己，维护正常的生产秩序，从而有效地防止生产事故发生，保护自身的人身安全。

（4）必须严格按照《中华人民共和国安全生产法》的规定，对特种作业人员加强管理，经过培训合格，取得特种作业操作资格证书，方可上岗作业。坚决杜绝无证上岗作业。

（5）施工现场用电要严格按照建筑施工现场临时用电安全技术规范，实行一机、一箱、一漏、一闸，严禁一个闸刀接用多台设备和供应多个作业组使用。

（6）维修、更换设备、设施时，开关把手上都要悬挂“禁止合闸，有人工作!”的安全警示标牌，必要时加装闭锁保护装置，在配电柜与施工机具相距较远时要设专人看护，以免施工现场环境复杂、人员众多，造成事故发生。

（7）施工现场所有用电设备，除作保护接零外，必须在设备负荷的首端处设置剩余电流动作保护装置，并按规定进行检测试验，确保其灵敏性、可靠性，一旦出现触电事故能真正起到继电保护的作用。

（8）坚持以人为本，全面加强施工现场安全管理，层层分解安全生产责任制，逐级把关、逐级负责，形成人人懂安全、人人管安全、人人要安全的良性循环和发展。

案例四十一　不懂电气安全常识导致触电事故

事故经过：

某建筑工地新装一台搅拌机。上午电工接上线就走了。下午工地开始使用搅拌机时，发现转向错了。工地没有电工，工地负责人×××就自己去摆弄电门。他边摆弄边说：“这事很简单，把两根线一倒就行了”。于是他把三相隔离开关断开，伸手去抓开关电源侧的导线。结果手握导线触电死亡。

原因分析：

这位工地的负责人认为将隔离开关拉下，不管开关的哪一侧都没有电了，于是就伸手去抓导线，导致其死亡。

对策措施：

一些不懂电气安全常识的人认为：开关断开后就没有电了，不去区分开关的电源侧和负荷侧，就去摆弄开关，还有人断开了电灯的单相开关后，认为灯都不亮了，哪里还有电？

在触电死亡的人员中，有许多不是电工，不懂电气安全常识，却去为电气设备接线和维护、操作电气设备，导致触电事故的发生。如某人，拿用电器的两根线去接电，接上一根后，用手去修理另一根接线头。他认为两根线都接上才有电，没想到电已经从用电器传到另一个线头上，结果触电死亡。

为了防止这类事故发生：①要严格执行电气安全操作规程，不是电工，不得安装、维修电气设备；②要开展全员电气安全教育。

案例四十二　违章操作和麻痹大意遭电击伤亡事故

事故经过：

某日，某电修厂高压电车间发生一起触电伤亡事故，由于违章操作和麻痹大意，一名有 30 多年工龄的老电工遭电击身亡。

某日上午，某电修厂高压电车间三班班长安排刘××一组 3 人清扫 2 号 400kVA 变压器高压开关柜及母线桥。3 人在现场看到，与 2 号柜相邻的 3 号 400kVA 变压器高压开关柜小车已经被人拉走，柜门处也没有警示标志，3人对此没有在意。刘××建议把3号柜顺便清理一下，同组的邢××和杨××认为不妥，刘××便让两人清擦2号柜小车面，自己走到3号高压柜前观察。邢××和杨××刚擦了两三下，便听到“嘭”的一声响，只见刘××一头摔倒在3号高压开关柜边上，接着听到总配电室主机开关柜接地报警。现场人员和电修厂领导迅速将刘××送往医院抢救，临床确认刘××心脏被击穿，心肌积血，抢救无效死亡。

原因分析：

事故发生后，在对事故的调查分析中查明，高压电车间副值班工赵××在未停电的情况下，拉走3号高压开关柜小车，并且既未在柜口悬挂警示牌，也没把带电部位用红绳围好划出警戒线，严重违反安全操作规程，留下严重的事故隐患。刘××作为清理项目负责人，在未办理“停电检修安全工作票”手续和验电的情况下，贸然进入带负荷的3号高压柜内，由于不慎，左手食指第三节触及带电母线W相，遭到电击。造成这起事故的直接原因是刘××麻痹大意，严重违章操作。造成事故的间接原因是赵××违章行为所留下的事故隐患。

对策措施：

这起事故的发生，有两个环节值得特别注意，一个是前因后果环节，另一个是自身安全防范环节。在这起事故中，前者违章操作埋下事故隐患，后者疏于防范导致事故发生。如果在这两个环节中，其中有一个环节能保证安全，这起事故就有可能避免。电气作业与其他作业有所不同，存在着极大的危险性，为了保证作业者和设备设施的安全，应制定详细、具体的规定，例如从保证作业者安全的角度，制定有工作票签发人规定、工作负责人（监护人）规定、工作许可人和工作班成员规定。各种规定只是一种行为规范，是一种约束，在实施工作中作业者是否遵守，主要还是看自身的安全意识和安全防范能力。

应采取的防范措施，①加强对特种行业人员的安全教育，增强安全意识，提高遵章守纪的自觉性，提高防范事故、自我保护的能力。②认真吸取事故教训，对电气作业规章制度进行检查分析，对事故暴露出来的问题进行整改。

案例四十三 某化工厂违章作业，多人触电

事故经过：

某日，某化工厂储运处盐库发生一起重大触电伤亡责任事故，造成6人触电，3人死亡。当天上午，该化工厂储运处盐库10人准备上盐，但是10m长的皮带运输机所处位置不利上盐，他们在组长冯××的指挥下将该机由西北向东移动。稍停后，感觉还不合适，仍需向东调整。当再次调整时，因设备上操作电源箱里三相电源的B相发生单相接地，致使设备外壳带电，导致事故发生。

原因分析：

（1）在移动设备时，未切断操作箱上的进线电源。

（2）移动式皮带机未按规定安装接地或接零，也未安装剩余电流动作保护装置。设备额定电压为380V，应该用四芯电缆；而安装该机时，却使用三芯电缆。电源线在操作箱（铁制）的入口处没有按规定用卡子固定牢，而是简单地用缝盐包的麻绳缠绕，并且很松动。操作箱内原为3个15A螺旋熔断器，后因多次更换熔断器，除后边一相仍为螺旋熔断器外，左边、中间两相用熔丝上下缠绕勾连。中间相熔断器底座应用两个螺钉固定牢，实际只有一个，未固定牢致使在移动皮带机过程中，电源线松动，牵动了操作箱内螺旋熔断

器底座向左滑动，造成了中间一相电源线头与熔丝和操作箱铁底板接触，使整个设备带电。

(3) 对员工管理混乱。入厂的员工，劳资科未办手续，安全科未备案，只是经私人介绍，仓库就同意到盐库干活，又没有按规定签订用工合同，也没有进行岗前安全教育，更没有员工管理制度。

对策措施：

(1) 严格按照单位各项安全生产规章制度办事，特种作业岗位必须严格坚持持证上岗制度，做到“上岗必有证，无证不上岗”。

(2) 单位各级领导，特别是安全生产工作的主管领导必须认真负责，规章制度、操作规程是总结以往的经验教训得出的，应该严格遵守。对不按规章制度办事的行为应当制止，把事故消灭在萌芽状态。

(3) 加强职工安全生产管理，将临时工、农民工等纳入安全培训和管理之中，完成与正式职工相同的职业技能培训和安全培训，切实提高此类职工的安全意识。

案例四十四　某殡仪馆车库工地触电事故

事故经过：

某日，某殡仪馆车库工地发生一起触电事故，造成1人死亡。

建设单位某建筑集团有限公司（法人代表：刘××，企业资质：一级），未纳入监理，未办理施工许可，未纳入监管。

某日，工程进行到屋面钢筋绑扎阶段，当时钢筋班人员冯××等正在车库屋面东部进行作业，实习人员周××到工地钢筋班跟班作业时，为会同钢筋班人员一起作业，由车库西部从外脚手架上爬上屋顶，看到钢筋班人员正在车库东侧绑扎钢筋，于是就从屋面由西向东走去，行走中周××的颈部触碰到南北向与距屋面垂直高度约1.5m的10kV高压外线，遭电击倒地，屋顶其他作业人员听到响声后，才发觉有人倒在屋面结构支撑的模板上，于是在现场采取相应的救护措施后，迅速将其抬下送医院急救，后于当日11时转送医院继续抢救治疗。终因伤势过重，于次日13时40分死亡。

原因分析：

(1) 违章作业。东西走向的某殡仪馆车库工程，高压外电南北向从车库中间跨越，距屋面高度只有1.5m左右，达不到安全距离6m的规定。某殡仪馆车库工程项目部违反有关规范要求，违章施工。

(2) 施工现场管理不善，作业人员安全生产意识差。该工程未按规范进行管理，致使施工现场通道堵塞，对高压外电的防护不完善，现场管理人员未对现场进行有效的管理，使明显的违章行为得不到及时的指出和制止。未对新进场的人员进行安全教育，导致作业人员安全生产意识差，特别是对到现场实习的周××，没有按规定进行三级安全教育就上岗跟班作业，导致其触电身亡。

案例四十五　某供电公司35kV某变电站恶性电气误操作，造成人员严重电弧灼伤事故

事故经过：

某日，某供电公司操作小班宋某在执行35kV某变电站13水厂从运行改为开关线路检

修（编号为00575）任务时，由于一系列严重违章，发生带电挂接地线恶性电气误操作事故，并造成人员严重电弧灼伤。

当日上午9时，操作小班宋某接班。根据调度布置的工作任务，到该变电站执行13水厂从运行改为开关线路检修（编号为00575）操作。到该变电站后12时02分接到调度命令开始执行操作，操作人为潘某，监护人为宋某（事故受伤者）。两人先到控制室，在模拟图板上操作预演后，即在模拟图上进行复归［该站采用微机“五防”（①防止误分、合断路器；②防止带负荷分、合隔离开关；③防止带电合接地线；④防止带接地线合断路器；⑤防止误入带电间隔），可通过模拟操作预演和按钮复归，达到不回送电脑钥匙操作步骤事先设置好设备状态的目的］并到现场开始操作。操作时两人取出私藏的“五防”解锁钥匙，边录音边解锁操作。在一起执行完“取下13水厂重合闸联结片、断开13水厂断路器、断开13水厂线路隔离开关”操作步骤后，两人分开。操作人潘某在13水厂线闸刀仓打开网门挂接地线，监护人宋某则径直走到13水厂母线闸刀仓，在没有断开13水厂母线闸刀的情况下解锁打开母线闸刀仓网门，又未经验电直接在断路器母线闸刀侧挂接地线，造成10kV二段母线相间短路，引起2号主变压器过电流跳闸，监护人宋某被电弧严重灼伤。后送医院抢救，经医院初步诊断为深Ⅱ度70%面积烧伤。

原因分析：

（1）操作人员安全意识淡薄，不顾公司三令五申，仍我行我素私藏解锁钥匙，且工作严重违反调度操作规程、安全规程，野蛮操作，在整个操作过程中不使用操作票、私自解锁操作、跳项操作、失去监护操作，不经验电就挂接地线。

（2）此次事故中暴露出的一系列触目惊心的违章，充分反映出技术、纪律和规章制度的执行极其松懈，行政管理、监督不到位，各级人员在落实安全责任制、贯彻执行制度、措施、要求时，存在落实不到位、检查不细致、管理有漏洞的现象。

对策措施：

（1）事故发生后，该供电公司于当日15时，召开了事故现场会，该供电公司各基层单位经理、生产副经理、调度所长、安监部主任参加了会议。会上该供电公司总经理、副总经理分析了事故发生的原因，并提出了以下要求：

1）迅速将事故情况传达到每一位职工，迅速开展检查，务必用严、细、实的工作作风来落实要求，确保安全生产。要求各公司、各分公司在落实要求进行针对性检查的同时，近几天适当调整操作工作量并做好稳定民心的工作。

2）为了使职工吸取教训，在该公司随后进行的《安全生产工作规程》考试中要求职工对该事故案例进行分析，找出问题所在，从而使全员职工再一次看到私藏“五防”解锁钥匙的危害，更进一步了解“五防”解锁有关管理规定。

3）结合安全生产双月活动，组织进行防误操作、防人身专项检查，重点就操作班、装接班等流动性强的班组进行针对性检查。

4）调整安全生产考核机制，出台补充考核规定，改变以往考核上重结果轻过程的方式，做到安全生产重结果更重过程，使安全管理防线前移。

（2）公司要求各单位收到该快报后，迅速将事故情况传达到每一个职工，认真组织学习，举一反三。并要求各单位：

1）结合实际情况，开展防人身事故、防误操作事故专项检查。特别强调要严肃“三大

纪律”（劳动纪律、安全纪律、技术纪律），切实落实“四项保证”（思想保证、制度保证、能力保证、技术保证），加强生产现场的安全管理和监督检查，尤其对于流动性强、小班组、分散作业人员要有针对性的措施。

2）要加大反违章工作力度，加大违章处罚的力度，强化各级人员责任心，确保各级安全责任制的落实。

3）在迎峰度夏各类工程施工、新设备启动投运、调度操作以及运行工作的高峰期，要从“一把手”做起，始终把安全放在第一位，落实责任，落实措施，确保一方平安。

案例四十六　某供电公司监护人员严重失职，造成触电死亡事故

事故经过：

某日，某供电公司检修班对10kV A线进行停电登杆检查和清扫绝缘子，并拆除B线侧的警告红旗（A线和B线是同杆塔架设的双回路，A线停电，B线带电运行）。工作负责人孙某（运行班长）在驶往工作地点的车上，向全体作业人员宣读了工作票，并划分了工作组，指定了各小组负责人。赵某与王某（小组负责人）负责86～99号杆塔的检查和清扫。首先由赵某登99号杆，王某监护。赵某登杆时，既不戴安全帽，又不系安全带，并说：“A、B线明年就要改造，用不着清扫了，只要上杆后看一下，把B线的警告红旗拆下来了事”。而监护人王某对赵某的一系列违章行为和工作态度并未制止和批评。当赵某登上杆塔后，发现绝缘子很脏污，便告诉王某，王某说：“下一基就得擦一擦”。随后，王某就没再对赵某进行监护，而在杆下整理安全帽，系安全带，准备去登98号杆。此时，赵某将B线下线的红旗拆下后，踩着下横担向带电的B线的中线导线侧移动。当赵某距中线0.5m处准备抓导线擦绝缘子时，导线对人体放电，赵某触电，身体失去平衡，从塔上15.3m处坠落地面，经抢救无效死亡。

原因分析：

（1）作业人员赵某在既不戴安全帽，又未系安全带的严重违章情况下就登杆作业，无视《电力安全工作规程》中规定的“在杆塔上工作，必须使用安全带和戴安全帽”；赵某还对工作任务不清楚，思想不集中，对本来就带电运行还挂有警告红旗的B线，竟然在拆下警告红旗后，马上就去清扫绝缘子，造成误碰带电线路，从高处坠落死亡，这是发生这次事故的主要原因。

（2）监护人员王某在赵某的一系列违章情况下登杆作业毫无反应，不批评、不制止，甚至放弃对赵某进行监护，在杆下做登下一基杆的准备工作，未认真遵守《电力安全工作规程》中规定的“工作负责人必须始终在工作现场，对工作人员的安全认真监护，及时纠正不安全的动作”，这是发生这次事故的重要原因。

（3）班组长或工作负责人在工作中不能以身作则，甚至带头违反规章制度，不是在工作现场组织工作班人员列队宣读工作票，而是在行驶的车上宣读工作票，也未对工作班成员进行工作任务及停电与带电线路情况的考问，也是发生事故的重要原因。

对策措施：

（1）在同杆架设多回线路中部分线路停电的工作及在发电厂、变电站出入口处或线路中间某一段有2条以上相互靠近的（100m以内）平行或交叉线路上工作，作业人员必须严

格遵守《电力安全工作规程》中相关条款的规定，不允许有丝毫的麻痹和大意。

（2）要采取防止误登带电线路杆塔的技术措施：

1）做好判别标志、色标或采取其他措施，以使工作人员能正确区别哪一条线路是停电线路。

2）工作时，应发给工作人员相对应线路的识别标志。

3）登杆作业前，认真核对线路名称、杆号和相应标志；逐一核对导线的排列方式和前后相邻杆塔并验明线路确已停电并挂好接地线后，方可攀登。

（3）严格执行工作监护制度。监护人对工作人员生命安全负有重要责任，工作人员登杆作业时，决不允许失去监护，严禁工作人员擅自登杆。特别在同杆架设多回线路，部分线路停电或有平行交叉带电线路上工作时，要设专人监护，以免误登有电线路杆塔。监护人对登杆作业人员必须进行全过程监护，作业中间不允许中断监护。监护人对习惯性违章行为，要敢管并坚决制止。

（4）各级领导，特别是班组长，在工作中一定要严肃认真，不折不扣地执行《电力安全工作规程》及有关制度，完全履行安全责任，强化组织和劳动纪律，杜绝有章不循和习惯性违章，避免类似事故发生。

案例四十七　某热电厂停电事故

事故经过：

某日，某热电厂全厂6台机组正常运行，3号发电机（容量100MW）带有功85MW。19时57分，3号发电机-变压器组差动保护动作，3号发电机-变压器组103断路器、励磁断路器、3500断路器、3600断路器掉闸，35kV 5段、6段备用电源自投正确、水压逆止门、OPC保护动作维持汽轮机3000r/min、炉安全门动作。立即检查3号发电机-变压器组微机保护装置，查为运行人员在学习了解3号发电机-变压器组微机保护A柜保护传动功能时，造成3号发电机-变压器组差动保护出口动作。立即汇报领导及调度，经检查3号发电机-变压器组系统无异常，零压升起正常后，经调度同意，20时11分将3号发电机并网，恢复正常。

原因分析：

运行人员吴某在机组正常运行中，到3号发电机-变压器组保护屏处学习、了解设备，进入3号发电机-变压器组保护A柜WFB—802模件，当查看“选项”画面时，选择了“报告”，报告内容为空白，又选择了“传动”项，想查看传动报告，按“确认”键后，出现“输入密码”画面，选空码“确认”后，进入了传动保护选择画面，随后选择了“发电机-变压器组差动”选项，按“确认”键，欲查看其内容，结果造成3号发电机-变压器组微机保护A柜“发电机-变压器组差动”出口动作。

对策措施：

（1）强化电工运行值班人员的安全防范意识，规范员工的行为，禁止私自对微机保护装置等进行操作，消除人为隐患。

（2）严格遵照防止二次人员三误工作管理办法的有关要求，吸取以往的事故教训，认真落实微机保护装置安全防范措施，设置密码或口令保护。

案例四十八　某电业局人身触电伤亡事故

事故经过：

某日，某电业局根据年度设备预试工作计划，由修试所高压班和开关班对城东变电站 110 kV 城西Ⅱ回线路 042 断路器、避雷器、TV、电容器进行预试及断路器油试验工作。在做完开关试验，并取出油样后，高压班人员将设备移到线路侧做避雷器及 TV 预试工作。此时，开关班人员发现城西Ⅱ回线路 042 三相断路器油位偏低，需加油。在准备工作中，开关班工作负责人（兼监护人）查某因上厕所短时离开工作现场。11 时 29 分，开关班热某走错间隔，误将正在运行的 2 号主变压器 032 断路器认作停运检修的 042 断路器，爬上断路器准备加油。刚接触到 2 号主变压器 032 断路器 A 相，发生触电事故，随即从 032 断路器 A 相处坠地，经抢救无效死亡。

原因分析：

(1) 工作票填写不规范，没有填写现场具体安全技术措施，属不合格工作票；工作票审核、批准未能严格把关，管理存在漏洞。

(2) 工作许可人没有认真履行职责，在布置现场安全措施时没有认真进行现场查看和进行危险点分析，现场安全技术措施不完善，未设置工作遮栏。

(3) 工作负责人没有认真履行应有职责，没有召开工作班前会，没有认真向工作班组成员进行安全交底。同时不严格执行现场监护制度，造成事故隐患。

(4) 热某安全意识差，没有对现场工作的设备进行核对，走错间隔，导致事故发生。

对策措施：

(1) 加强电工作业人员的安全技术知识的教育、培训和考核工作，增强电工作业人员的安全防范意识。

(2) 严格执行《电力安全工作规程》，落实“两票三制”。特别要加强“两票”的审核、批准和签发制度的执行力度。加强对四类工作人员（工作票签发人、工作许可人、工作负责人和工作监护人）的安全教育和管理，确保其严格履行各自的安全职责，从安全生产的组织措施的各个环节上把好关。

(3) 认真开展好工作班前会和班后会，进行认真的安全和技术交底，做好危险点分析和预控工作。

(4) 切实加强工作现场的安全监督检查力度，凡牵涉到人身和电网重大工作任务时，必须有专职的安全员在现场进行安全监督，确保人身和电网、设备安全。

(5) 加强对员工的安全管理，按照员工有关安全管理工作规定，从安全教育、技术培训、安全考核与持证上岗、现场工作安排、现场监督检查、工作监护等各个环节着手，切实做好员工的安全管理。

案例四十九　某钢铁公司未停电而检修引发触电死亡事故

事故经过：

某日，某钢铁公司冷轧热镀锌定修，设备检修有限公司电修厂开关三组王某（班长）等 5 人接受冷轧厂点检作业区点检人员章某的书面委托，对 2 号热镀锌高压变电室高压柜做开关试验。在开关试验项目基本结束后时，冷轧厂点检人员文某要求追加高压断路器接地开关维护、清灰项目。结果王某在开启未停电的高压柜下盖板时，触及高压柜内带电裸露部分，发生触电事故，经医院抢救无效死亡。

原因分析：

（1）检修人员在进行高压断路器接地开关维护、清灰作业时，触及高压柜内带电裸露部分，是造成触电死亡事故的直接原因。

（2）检修人员作为高压作业工作负责人，在打开高压柜下柜时，在未按《电力安全工作规程》进行停电、验电、装设接地线的情况下盲目进行作业，是造成这起死亡事故的主要原因。

（3）员工安全教育和培训不到位，安全生产意识淡薄，没有严格执行设备检修管理制度，也是造成事故的原因之一。

对策措施：

（1）全体员工要认真从事故中吸取教训，总结经验，举一反三，严格执行各项管理制度，落实各项管理制度，增强自我保护意识，坚决杜绝各种违章违纪现象的发生。

（2）加强员工的安全技术知识的教育培训，不断提高员工的安全防范意识，使每一位员工严格遵守《电力安全工作规程》中的各项规定，必须按照相关要求作业，并加强作业过程中的安全指导和检查力度，及时纠正各种违章作业，消除安全隐患，确保安全第一。

（3）认真开展危险源辨识，梳理检修作业中的危险源并严格控制。细化、完善危险源辨识，落实有效的防范措施，坚持标准化作业，防止事故的发生。

案例五十 某电厂值班运行人员走错间隔，违章操作而引发的人身死亡事故

事故经过：

某月 15 日，某电厂正值 4 号机组 D 级检修，2 号启动/备用变压器接带 6kV IVA 段母线运行，6kV IVB 段母线检修清扫。14 日 22 时，电气检修配电班 6kV IVB 段母线清扫工作结束，返回工作票。14 日 22 时 10 分，4 号机组副值田某、巡操员郝某进行 6kV IVB 段由检修转冷备操作。14 日 22 时 50 分持票开始操作，在拉出 64B 开关间隔接地小车时，开工柜钥匙拔不出，联系电气检修人员进行处理。23 时 50 分，64B 间隔 D3 接地小车钥匙处理好。15 日 00 时 15 分，副值田某监护，巡操员郝某持操作票，两人再次进行 6kV IVB 段由检修转冷备的操作。15 日 00 时 41 分，2 号启动/备用变压器 140 断路器、604A 断路器跳闸，110kV 系统母线 130 断路器跳闸，2 号启动/备用变压器保护屏“6kV IVB 段母线复合电压过电流保护、限时速断保护”“2 号启动/备用变压器复合电压过电流保护”保护动作信号发出。随即，巡操员郝某被电弧烧伤，衣服着火冲进集控室告知田某，田某也被烧伤。运行人员紧急赶往现场时，与已跑出 6kV IV 段配电室的田某相遇。值长当即联系救护车辆和医务人员，护送郝某、田某前往医院进行救治。经检查郝某总烧伤面积 95%，深Ⅱ度～Ⅲ度 65%，；浅Ⅱ度 30%；田某总烧伤面积 95%，Ⅱ度 15%，Ⅲ度 80%。19 日 11 时 30 分田某伤情恶化，经抢救无效死亡。次月 1 日，郝某伤情恶化，在医院抢救无效死亡。

原因分析：

事故现场检查情况如下。

6kV IVB 段 604B（6kV IVB 段备用电源）断路器后柜下柜门被打开放置在地上，柜内

母线联结处绝缘套被拆下，柜内两处钢板被电弧烧熔，604B后下柜内，后部墙上漆黑，相邻64B（6kV IVB段工作电源）开关柜、6410转接柜后柜窥视镜被烧熔，柜门发黑，现场遗留扳手、绝缘电阻表，绝缘电阻表上下结合处爆开，604B后柜下柜门上防误闭锁装置的一颗螺钉被拧下，另一颗螺钉拧松，锁孔片脱开，同时现场遗留有被烧损的对讲机、手机等物。

因两位当事人死亡，具体操作过程不能准确得知，但根据事故现场可基本判定：田某、郝某两人在拉开6kV IVB段工作电源64B间隔封装的接地小车后走至柜后，本应在64B后柜上柜处测量绝缘，二人未认真核对设备名称编号，却误走至相邻的6kV IVB段备用电源604B开关后柜，打开下柜门。打开604B开关后柜下柜门时，在拧开下柜门两边6颗螺钉的同时将下柜门上防误闭锁装置一颗螺钉拧下，另一颗螺钉拧松，致使防误闭锁锁孔片脱开，防误闭锁装置失效，强行解除防误闭锁装置。在打开后柜的下柜门后接着打开母线联结处绝缘护套，未用验电器检查柜内是否带电，就直接开始测量绝缘，造成短路放电。电弧将2人面部、颈部、手臂灼伤，同时将衣服（工作服不符合要求）引燃，自救不及时，造成了身体其他部位烧伤。

经最终调查认定，此次人身死亡事故是一起电气运行人员走错带电间隔，违章操作的恶性责任事故。

对策措施：

（1）加强电工作业人员的安全技术知识教育和培训，增强安全防范意识。

（2）电工作业人员应严格遵守《电力安全工作规程》中的相关要求。作业时，电工作业人员必须认真落实各种安全技术措施和组织措施，克服侥幸心理，防止盲目、冒险作业。

（3）建立、完善电气安全责任制度，明确每一位电工作业人员的工作职责，强化工作责任心，保证工作质量，严查、严惩和纠正工作中出现的各种违章违纪现象。

案例五十一 某供电公司电弧灼伤事故

事故经过：

某日12时34分47秒，某供电公司220kV A变电站10kV江头Ⅱ回906（接于10kVⅡ段母线）线路故障，906线路保护过电流Ⅱ段、过电流Ⅲ段动作，开关拒动。12时34分49秒A变电站2号主变压器10kV侧电抗器过电流保护动作跳2号主变压器三侧断路器，5s后10kV母线分段备自投动作合900断路器成功（现场检查906线路上跌落物烧熔，故障消失）。1、2号站用变压器发生缺相故障。

值班长洪某指挥全站人员处理事故，站长陈某作为操作监护人与副值班长刘某处理906开关柜故障。洪某、陈某先检查后台监控显示器；906断路器在合位，显示线路无电流。12时44分在监控台上遥控操作断906断路器不成功，陈某和刘某到开关室现场操作“电动紧急分闸按钮”后，现场开关位置指示仍处于合闸位置；12时50分回到主控室汇报，陈某再次检查监控机显示该开关仍在合位，显示线路无电流；值班长洪某派操作人员去隔离故障间隔，陈某、刘某带上手动紧急分闸按钮专用操作工具准备出发时，变电部主任吴某赶到现场，三人一同进入开关室。13时10分操作人员用专用工具操作手动紧急分闸按钮，断路器跳闸，906断路器位置指示处于分闸位置，13时18分由刘某操作断9062隔离开关时，发生电弧短路，电弧将操作人刘某、监护人陈某及变电部主任吴某灼伤。经医院诊断，吴某烧伤面积 72%，刘某烧伤面积 65%，陈某烧伤面积 10%。

原因分析：

（1）906 断路器分闸线圈烧坏，在线路故障时拒动是造成 2 号主变压器三侧越级跳闸的直接原因。

（2）906 断路器操动机构的 A、B 两相拐臂与绝缘拉杆联结松脱造成 A、B 两相虚分，在断开 9062 隔离开关时产生弧光短路；由于 906 柜压力释放通道设计不合理，下柜前门强度不足，弧光短路时被电弧气浪冲开，造成现场人员被电弧灼伤。开关柜的上述问题是人员被电弧灼伤的直接原因。

（3）综合自动化系统逆变电源由于受故障冲击，综合自动化设备瞬时失去交流电源，监控后台机通信中断，监控后台机上不能自动实时刷新 900 断路器备自投动作后的数据，给运行人员判断造成假象，是事故的间接原因。

（4）现场操作人员安全防范意识、自我保护意识不强，危险点分析不够，运行技术不过硬，在处理事故过程中对已呈缺陷状态的设备的处理未能采取更谨慎的处理方式。

（5）该开关设备最近一次小修各项目合格，虽然没有超周期检修，但未能确保检修周期内设备处于完好状态。

对策措施：

（1）对同类型断路器开展专项普查，立即停用与故障断路器同型号、同厂家的断路器。

（2）对与故障断路器同型号、同厂家的断路器已运行 5 年以上的，安排厂家协助大修改造，确保断路器可靠分合闸，确保防爆能力符合要求。

（3）检查所有类似故障开关柜的防爆措施，确保在柜内发生短路产生电弧时，能把气流从柜体背面或顶部排出，保证操作人员的安全。对达不到要求的，请厂家结合检修整改。

（4）检查各类运行中的中置柜正面柜门是否关牢，其门上观察窗的强度是否满足要求，不满足要求的立即整改。

（5）高压开关设备的选型必须选用通过内部燃弧试验的产品。

（6）检查综合自动化系统的逆变装置电源，确保逆变装置优先采用站内直流系统电源，站用交流输入作为备用，避免事故发生时交流电源异常对逆变装置及综合自动化设备的冲击，进而导致死机、瘫痪等故障的发生。

（7）运行人员在操作过程中，特别是故障处理前，都应认真做好危险点分析，并采取相应的安全措施。

（8）结合“爱心活动”“平安工程”，加强生产人员危险意识和自我保护意识的教育及业务培训。

案例五十二　某电业局电弧灼伤事故

事故经过：

某日，某电业局 220kV A 变电站发生一起工程外包单位油漆工误入带电间隔造成 110kV 母线停电和人员灼伤事故。该日的工作中，其中一项为 1230 正母线闸刀油漆、1377 正母线闸刀油漆，由外包单位某电气安装公司（民营企业）承担。工作许可后，工作负责人对两名油漆工（系外包单位雇佣的油漆工）进行有关安全措施交底并在履行相关手续后，开始油漆工作。

13时30分左右，完成了1230正母线闸刀油漆工作后，工作监护人朱某发现1230正母线闸刀垂直拉杆拐臂处油漆未到位，要求油漆工负责人汪某在1377正母线闸刀油漆工作完成后对1230正母线闸刀垂直拉杆拐臂处进行补漆。14时，工作监护人朱某因要商量第二天的工作，通知油漆工负责人汪某暂停工作，然后离开作业现场。而油漆工负责人汪某、毛某为赶进度，未执行暂停工作命令，擅自进行工作，在进行补漆时跑错间隔，攀爬到与1230相邻的1229间隔的正母线闸刀上。当攀爬到距地面2m左右时，1299正母线闸刀A相对油漆工毛某放电，油漆工毛某被电弧灼伤，顺梯子滑落。伤者立即被送往当地医院治疗，伤情稳定，无生命危险。14时05分110kV母差保护动作，跳开110kV副母线上所有断路器，造成由A变电站供电的3个110kV变电站失电。14时50分恢复全部停电负荷。

原因分析：

（1）油漆工毛某安全意识淡薄，不遵守现场作业的各项安全规程、规定，不听从工作监护人命令，擅自工作，误入带电间隔。

（2）工作监护人朱某监护工作不到位，在油漆工作未全部完成的情况下，去做其他与监护工作无关的事情，将两个油漆工滞留在带电设备的现场，造成监护缺失。

（3）施工单位对作业人员安全教育不全面、不到位，现场管理不严格。

对策措施：

（1）该电业局在作业现场必须认真执行各项现场安全管理规程、规定和制度，严格遵守作业规范，特别是对母线、母线差动、主变压器、线路高空作业等检修工作的安全措施必须做到细致、严密、到位，防止各类人身和设备事故的发生。各级运行人员要严格执行“两票三制”和“六要八步”操作规范，防止各类误操作事故的发生。

（2）该电业局应加强对外包队伍的资质审核，特别要加强对外包队伍作业负责人的能力审查，严把民工、外包工、临时工作业人员进场的准入关。还应加强对外包作业人员安全意识教育，特别是对在带电设备附近、高处作业、起重作业等高风险作业现场的民工、外包工、临时工作业人员，要认真进行安全教育，经严格考试合格后，方能参加相关作业，以进一步提高该类作业人员的自我保护意识和自我保护能力。

（3）作业现场的工作负责人（监护人）必须切实负起安全责任，加强作业现场的安全监督与管理，特别是要加强对民工、外包工、临时工的监督、指导，确保工作全过程在有效监护下进行，防止该类作业人员在失去监护的情况下进入或滞留在危险作业现场。坚决制止以包代管的情况发生。

（4）该电业局应加大对作业现场的反违章稽查力度，发现违章现象必须立即制止，并按照关于违章记分的规定进行考核。对一时不能整改而又危及人身或设备安全的问题，必须立即停止作业，待完成整改后方可开始继续进行作业。

（5）该电业局要按照有关要求，结合作业现场实际，对每项工作和每个作业点进行危险点分析，认真查找所有可能导致人身、设备事故的危险因素，制订有针对性的预防控制措施，要坚决防止危险点分析和预防控制走过场、流于形式。

（6）对母线、母线差动、主变压器、主干线路等重要输变电设施的检修工作，必须认真、细致、全面地做好危险点分析和预防控制工作，科学合理地安排系统运行方式，落实各项反事故预案，防止电网大面积停电事故的发生。

案例五十三　某娱乐有限公司触电死亡事故

事故经过：

某日22时58分，A乡学区主任郑某与刘某到某娱乐有限公司洗浴中心洗澡。两人进入男宾浴场水疗池中躺在脉冲床上后约2min，浴场服务员曹某发现两人（当时水疗池4个脉冲床上只有该两人）与平时的情况不一样。其中，第1号床上的客人的头部浸在水里，第2号床上的客人的腿在抖动，认为两人有可能是喝酒醉了，便报告了浴池领班李某。李某随即去找浴场经理孟某，孟某不在经理办公室。李某便跑到总台，要求总台服务员拨打“120”，并喊当时值班的保安张某进浴场救人。张某跑到浴场时，水疗床上的两个客人躺在床上一动不动。张某当时把鞋子脱了跳进水中，感觉有电，便赶紧跳出来，喊了几声“有电、有电”。此时有人到机房把隔离开关关了，张某再伸手去拉人时感觉还有电。张某便叫服务员拿一条毛巾包住手臂去拉人，仍感觉有电，便再拿一条毛巾包住手臂将两人从水池中拉了出来。几个保安对两人做人工呼吸时，医院“120”急救车来到。众人将两人抬上“120”急救车送往医院，经医院医生诊断，两人已经死亡。

原因分析：

事故发生前因某种原因，使公共健身房一个弹起式地面插座的电源线（相线）绝缘烧坏，其芯线与插座的金属外壳发生搭接。而接地保护线与该插座的金属外壳相通，由此造成插座中的相线与接地保护线通过插座金属外壳短接，导致健身房、男宾部浴池机构等接地保护接入相线。由于该休闲广场各主要用电场所没有安装剩余电流动作保护装置，致使已作接地保护的浴池脉冲仪的金属外壳带电。已安装的4台浴池脉冲仪的供电电路没有装设专用剩余电流动作保护装置，而其供电系统没有按规定装设剩余电流动作保护开关；浴池脉冲仪内部又没有防范漏电的有效保护措施。在浴池脉冲仪金属外壳带有相电压（交流220V左右）的情况下，使浴池脉冲仪金属外壳上的相电压通过脉冲输出线导入浴池中脉冲康体床的所有电极点，当人体接触到脉冲康体床时，导致触电事故的发生。这是导致事故发生的直接原因。

导致事故发生的间接原因有以下几方面：

（1）该娱乐有限公司违反《建筑法》的相关规定，未对建设、安装工程进行报建，未聘请有资质单位进行设计，未请有资质单位进行装修，装修完工后，未向有关部门申请竣工验收就投入使用。

（2）安装工程队没有资质，整个安装工程无正规的设计，无系统的供电、供水管线、管路施工图纸；供电线路安装不符合要求，地面插座的电源线路未按规定由导管导入，电线与地插座金属外壳直接接触，当相线绝缘皮烧坏时，相线与地插座金属外壳直接接触，致使相线与保护接地线联结，造成整个系统带有危险电压。

（3）该娱乐有限公司内部管理混乱，未按照《中华人民共和国安全生产法》的要求建立安全管理制度，未配备专职安全生产管理人员；未制定安全隐患巡查、报告、整改制度，未对供电系统、线路进行定期检查、维修，对事故隐患未能及时发现和整改，致使可能发生漏电伤人的这一严重安全隐患一直存在。

（4）浴场保护接地线起不到保护作用，以至于供电系统发生故障时，造成整个系统的金属外壳带有危险电压，并且危险电压直接送到水疗床的电极点。

（5）特殊工种未进行安全教育培训或复训，无证上岗。公司的工程部电工蒋某虽有电工操作证，但已过期。电工陈某无特种作业人员操作证，缺乏必备的电工知识，安全责任意识差，未能及时发现并指出系统无剩余电流动作保护器和地面插座电线与地插座金属外壳直接接触易短路这一重大安全隐患。

（6）脉冲仪在设计上存在缺陷，没有采取防止高压串入低压（脉冲回路）的隔离防护措施。

（7）未按规定对每台带（通）电设备安装剩余电流动作保护装置，以致在脉冲发生器金属外壳带电时不能及时断开电源。

对策措施：

（1）严格落实娱乐场所经营安全责任制。要严格执行“安全第一，预防为主”安全生产方针，要本着对消费者人身安全高度负责的态度，坚决纠正重经济效益、轻安全的思想，切实保障职工和顾客的人身安全。

（2）鉴于该娱乐有限公司的供电线路存在诸多隐患，建议由具备资质的单位，针对该公司的电气线路进行设计和整改，并补充和完善用电安全设施，做好短路、过电流、剩余电流动作保护设施的选型与安装。

（3）该规格型号的浴池脉冲仪，在未做改进设计使其剩余电流动作保护达到万无一失的前提下，不应继续使用。

（4）该娱乐有限公司要加强现场管理，注重人员培训，提高现场维护和管理人员的技术水平和综合素质。聘用的员工必须具有相关的专业技术知识以及相应的资质水平，特殊工种作业人员必须持有有效的作业资格证书。

（5）建立健全各项经营安全管理制度、安全责任制度，特别是要加强对机电设备设施的定期检查、维修、保养制度，确保经营场所设施设备的正常、安全运行。坚决杜绝此类事故的再次发生。

案例五十四　某特种玻璃有限公司触电死亡事故

事故经过：

某日上午 7 时 30 分，某特种玻璃有限公司 1 号玻璃生产车间磨边班班长丁某安排本班组成员徐某、朱某、龙某、虞某 4 人负责清理玻璃双边磨机水槽中的玻璃粉渣。至 8 时 40 分左右，4 人已完成西边水槽的清渣任务，准备清理东边的水槽。那时，徐某、朱某、龙某 3 人已走到东边的水槽旁，走在最后的虞某不小心摔倒，并与旁边正在运转的 FGSC-45 型工业用排风扇发生碰撞。风扇倒地时摔破开关控制盒，虞某的右手正好搭在被摔破的风扇开关盒上，造成虞某触电。触电事故发生后，公司立即将虞某送往医院抢救，最终由于伤者全身器官功能性衰竭，抢救无效死亡。

原因分析：

（1）清洗现场没有设置防滑的安全警示标志，死者虞某安全意识不强，在清洗水槽过程中没有穿绝缘防滑靴、戴绝缘胶手套，滑倒后撞倒电风扇，右手搭在破损的风扇开关盒上，导致触电事故的发生。

（2）用电安全管理制度不规范。部分插座连线没有定位安装、接线板随意拉置、部分用电设备没有安装剩余电流动作保护器，特别是发生事故的电风扇使用的插座未安装剩余电流动作保护器。

（3）安全生产责任制没有落实到每一个员工，三级安全教育没有做到横向到边，纵向到底。安全生产检查不到位，没有及时发现问题并加以整改。

（4）对安全生产的重要性认识不到位，存在漏洞和缺失，经验主义思想严重，总认为像清洗水槽这样的工作没有多大危险，没有制定水槽清洗安全操作规程，也没有发放劳动保护用品并监督使用。

（5）公司对员工的日常安全教育不足，员工自身防范安全意识不强，员工的工作行为和习惯表现出很大的随意性。

对策措施：

（1）辖区人民政府要将本起事故在全辖区范围通报，组织开展安全生产大检查活动。该公司以此事故为教训，举一反三，立即开展全公司范围内安全生产大检查，认真查处问题，及时组织整改，切实消除事故隐患，防止类似事故和其他事故的发生。

（2）该公司要建立健全安全生产责任制度和安全组织机构网络，将安全责任层层分解，落实到每一位员工。同时须建立、完善各工种、各岗位、各设备的安全操作规程，做到“横向到边、纵向到底”，消除管理死角。

（3）该公司应制定相关的设备检修和清洗管理制度，完善设备检修和清洗安全措施。在检修和清洗现场要设置安全警示、提示标志，为员工配备必要的劳动保护用品，并加以督促使用。

（4）该公司要对可能出现危险的部位和危险源进行一次梳理，特别是要对所有电气设备进行一次全面检查和检修，按要求配备剩余电流动作保护装置，确保设备无缺陷运行。对重点岗位、重点部位要加大安全生产检查力度，对发现的问题要及时进行整改。

（5）加强员工安全技术知识的教育培训，树立“安全无小事，处处皆留心”的思想，增强员工安全防范意识，并掌握必要的安全操作技能。同时要建立和完善应急预案及响应机制，并组织演练，提高员工自身防范能力和应急处置能力，一旦发生事故，立即启动应急预案，减少事故损失。

案例五十五 某供电公司登高作业坠落身亡事故

事故经过：

某供电公司，属县级股份制供电企业（趸售），由该市电力公司控股。变电站位于某镇，是无人值班变电站。自某年4月26日起，两台主变压器及10kV系统全部停运，仅利用此变电站母线转供35kV负荷，接线方式为单母线分段。

第二年6月10日7时30分，变电操作队人员杨某接到某供电公司调度陈某命令，处理312-2隔离开关B相触头过热紧急缺陷。操作队人员杨某、曹某按照操作票完成停电及安全措施操作后，7时52分向调度回令。8时杨某下令许可开始工作，检修人员开始处理缺陷。抢修工作由李某（工作负责人）、刘某、张某（工作班成员）3人承担。

与此同时，操作队队长吕某安排操作队人员曹某和靳某对其他运行设备进行巡视。当巡视到311-4隔离开关时，发现311-4隔离开关触头也有过热现象，就与调度联系，建议将此缺陷一并处理。经调度同意后，由陈某下令将311单元设备停下，做好安全措施后，于9时22分向调度回令。9时24分，杨某下令许可开始工作。

吕某见各项安全措施均已做完，就安排靳某和本人在311断路器上粘贴试温蜡片，靳某作业，吕某负责监护。据监护人吕某口述，约9时30分，当两人抬着一架人字形木梯（2m长）走到311断路器时，吕某发现没带蜡片（蜡片放在312断路器处），就对靳某说："你等会儿，我取蜡片去。"遂返身去取蜡片。当吕返回来走到311单元和312单元之间时，听到"啊"的一声。吕某马上跑过去，发现靳某已躺在地上。吕某和在场的其他人员立即对靳某进行心肺复苏抢救，同时拨打120急救中心电话。医务人员于9时50分赶到后，检查靳某无生命体征，后经医务人员确认抢救无效死亡。

经现场勘察，死者靳某右后脑处有破裂伤口，并伴有大量出血，311断路器混凝土基础右角处有血迹，人字形木梯倒在311断路器旁边，安全帽脱离死者，滚落在地上。初步判断，死者靳某在无人监护的情况下，独自登梯，身体失稳后从1m多高处跌落，安全帽脱落，右后脑撞击311断路器基础右角处，导致脑颅损伤并伴有失血而死亡。

原因分析：

（1）靳某在无人监护和扶守的情况下，私自登梯作业导致从高处摔下，且未正确佩戴安全帽，是导致事故发生的直接原因。

（2）作业现场监护人吕某，未能及时发现和制止靳某未佩戴安全帽佩戴的违章行为，监护责任履行不到位，是导致事故发生的间接原因。

对策措施：

（1）应加强电工作业人员安全技术知识的教育培训工作，增强电工作业人员的安全防护意识。

（2）电工作业人员应严格遵守《电力安全工作规程》，作业时，按规定要求穿戴好各种安全防护用品（安全帽、工作服、绝缘手套、绝缘靴、绝缘鞋等），使用好相关的安全用具（验电器、绝缘棒、接地线、安全带等），确保作业过程中的自身安全。

（3）监护人员要切实履行好工作职责，及时检查、发现、制止和纠正作业人员衣着和行为方面存在的不安全因素。作业过程中，要进行全过程监护，不得擅自离场，保护好作业人员的人身安全。

案例五十六　某发电公司电气误操作事故

事故经过：

事故前运行方式为2号机组运行，负荷300MW；1号机组备用。2号机组6kV厂用A、B段由2号高压厂用变压器带，公用6kV B段由2号高压公用变压器带，公用6kV A段由公用6kV母线联络断路器带；化学水6kV B段母线由公用6kV B段带，化学水6kV A段母线由母联断路器LOBCE03带，6kV A段公用母线至化学水6kV A段母线电源断路器LOBCE05在间隔外，断路器下口接地开关在合位。化学水6kV A段进线隔离开关LOBCE01在间隔外。

某日，前夜班接班班前会上，运行丙值值长周某，根据发电部布置，安排1号机组人员本班恢复化学水6kV A段为正常运行方式，即将化学水6kV母线A、B段分别由公用6kV A、B段带。接班后，1号机组长侯某分配副值李某从电脑中调取发电部传给的操作票，做操作准备。李某未找到对应操作的"标准"操作票，侯某又查找，也没查到，调出了几张相关的系统图并进行打印。

当日19时40分，侯某带着李某与值长周某报告后，便带着化学水6kV系统图前往现场操作，值长周某同意（没有签发操作票）。侯某、李某两人首先到公用6kV配电间检查公用6kV A段至化学水6kV A段LOBCA05断路器在间隔外，从电源柜后用手电窥视接地开关，认为在分位（实际接地开关在合位，前侧接地开关机械位置指示器指示在合位，二人均未到前侧检查）。随后，侯某、李某二人到化学水6kV配电间，经对6kV A段工作电源进线隔离开关车外观进行检查后，由侯某将隔离开关车推入试验位置，关上柜门，手摇隔离开关车至工作位置。在摇动过程中进线隔离开关发生“放炮”。

隔离开关“放炮”后，引起厂前区变压器、输煤变压器、卸煤变压器、输煤除尘变压器低压断路器跳闸，但未对运行机组造成不良影响。至22时10分，运行人员将掉闸的变压器和化学水6kV B段母线恢复送电，系统恢复运行。

化学水6kV A段工作电源进线隔离开关因“放炮”造成损坏，观察孔玻璃破碎，风扇打出，解体检查发现隔离开关小车插头及插座严重烧损。隔离开关“放炮”弧光从窥视孔喷出，造成操作人员侯某背部及右手、大臂外侧被电弧烧伤，烧伤面积12%，其中3度烧伤约4%，住院进行治疗。

原因分析：

（1）执行本次电气操作中没有使用电气操作票。侯某、李某两人执行本次电气操作，因没有从电脑中查到相应的“标准”操作票（发电部以前下发的），也没有填写手写操作票，临时去操作前仅打印了几张相关的电气系统图，在图纸背面写了几步操作程序。事后检查发现，计划操作步骤非常不完善，且有次序错误。实际执行操作时，也没有执行自己草拟的操作步骤。侯某、李某两人去执行电气操作任务，操作人和监护人分工不明确，执行过程中对各操作步骤未执行唱票、复诵、操作、回令的步骤，未能发挥操作人、监护人的作用；自行草拟的操作步骤次序混乱，不符合基本操作原则。因此，运行人员未使用操作票进行电气操作是本次事故的主要原因。

（2）侯某、李某两人执行本次电气操作任务前，不仅没有编写操作票，也未进行模拟预演。在检查LOBCA05断路器接地开关的位置时，从盘后窥视孔进行窥视不易看清，柜前的位置指示器有明显的指示没查看，检查设备不认真。设备系统长时间停运，恢复前未进行绝缘测量，严重违反电气操作的基本持续。化学水6kV A段母线通过联络断路器处于带电状态，其进口电源断路器和隔离开关断开，电源断路器接地开关在合位（检修状态），在恢复系统的过程中，因操作次序错误，在操作LOBCE01从试验位置推入工作位置的过程中，发生短路“放炮”。因此，操作人员对所操作的系统状态不清、操作次序错误是事故的直接原因。

（3）运行岗位安全生产责任制落实严重不到位。机组长执行电气操作不开票，不进行危险点分析，严重违反《电力安全工作规程》和“两票”规定。值长周某作为当值安全生产第一责任者，对本值操作监管不到位，自己安排的电气操作，没有签发操作票便同意到现场执行操作。自认为侯某是本值电气运行资力最深的人员，用“信任”代替了规章制度和工作标准，安全意识淡薄，未发挥相应的作用，使无票操作行为得以延续。值长对电气操作使用操作票认识不足，对操作前没有进行模拟预演未引起重视，未起到有效的保证作用，也是造成本次事故的主要原因之一。

（4）辅控系统“五防”闭锁装置不完善。隔离开关没有机械防误闭锁装置，拟改进的

辅控微机“五防”装置尚未实施，不能达到本质安全的条件，不满足有关“五防”的要求，未实现系统性防止误操作。

对策措施：

（1）全公司召开安全生产特别会议，通报该次事故的初步调查分析情况，提出安全生产的措施和要求。该发电公司生产、安监全体人员，各管理部室高级主管以上人员，各生产外协承包单位班长以上人员参加会议。深刻剖析本次事故发生的根源，认真吸取事故教训，狠抓安全生产责任制的落实，解决管理松懈、要求不严、执行力差、标准不高等问题，坚决刹住无票作业的不良行为。会后，全公司范围安排安全活动日专项活动，展开深入讨论，人人谈体会、定措施。

（2）开展一次安全生产规章制度宣贯活动，认真学习和领会有关安全生产的制度体系，提高生产人员对制度的了解和理解，提高执行章制的自觉性。结合章制宣贯，全公司开展一次“两票三制”专项整治行动，再次对照安全生产条文，结合安全生产会议精神和重点工作要求，结合安全生产月各项活动安排和安全质量专项治理活动，全面查找公司的安全生产各环节、各层次存在的不足，提高整治力度，提高全员安全生产意识和责任感，掌握安全生产管理的要领，努力在短时间内消除各种违章行为。

（3）加强运行人员技术培训，提高运行人员技术素质。开展一次针对辅控系统电气操作全员实际演练考核。充分利用学习班时间有计划地安排培训内容，尽快使全体运行人员能够适应岗位技术要求。

（4）加强运行技术支持能力的提高，抓紧系统图和运行规程的修编完善工作，规范各种运行操作，减少由值班人员自行安排操作程序所带来的意外事件的发生。

（5）加快辅机系统微机“五防”闭锁装置的改造，从本质上解决安全生产的物质条件，实现本质安全。

（6）采用管理责任上挂的考核机制，将安全生产责任部门负责人考核提到公司直接考核。安全生产监督考核实行即时考核公示制，对发生的各种违章现象和不安全事件进行即时考核和公示，增强警示效果。

（7）对全厂保护进行一次普查，进一步完善二次系统防“三违”（违章指挥、违规作业和违反劳动纪律）措施，保证全厂保护装置正确投运。

（8）加快运行管理支持系统的投用，完善“两票”管理手段。

案例五十七　某电力公司农电重大人身触电伤亡事故

事故经过：

某年6月30日12时，某电力公司下属某供电分局装表计量班、线路检修班在A村进行10kV B公用变压器低压4号杆T接支线改造工作中，发生一起农电重大人身伤亡事故，造成5人死亡，10人受伤。

6月20日，根据A村一组、四组用户反映的供电质量问题，该供电分局有关人员到现场查勘，制定了更换旧导线同时将原单相两线改为三相四线供电处理方案。由装表计量班为主、线路检修班协助实施。6月22日，装表计量班班长余某组织有关人员再次进行了现场查勘。6月23日，余某编制了B配电变压器低压线路至A村一组电压过低改造工程施工计划、措施，由生产部专责黄某、客户部用电检查专责胡某进行审核，副局长李某批准。6

月 26 日，装表计量班用绝缘导线完成了低压干线 4 号杆 T 接点至 A 村一组支线 1 号杆的更换改造工作，并采用 A 相、中性线恢复 A 村一组支线 1～9 号杆架空线（裸导线）的用户供电。同时，对 A 村一组支线 1 号杆处未联结的 B、C 相线头用绝缘胶布包好并圈固在支线 1 号杆上。

6 月 30 日，装表计量班、线路检修班在 A 村按照计划进行 A 村一组支线 1～9 号杆、A 村四组分支线 5-1 号～村四组分支线 5-1 号～5-4 号杆架空低压线路（裸导线）改造工作。6 时 10 分～6 时 20 分，装表计量班在工作负责人李某的监护下，工作组成员汪某登上 A 村一组支线 1 号杆，在公用变压器低压 4 号杆 T 接过来的铜芯绝缘导线与支线 1～9 号杆裸导线的联结处带电开断了临时联结的 A 相和中性线，和 B、C 相一样用黑色绝缘胶布将线头包好并圈固在支线 1 号杆上。6 时 30 分左右，线路检修班人员到达现场后，装表计量班工作负责人李某与线路检修班工作负责人黄某做了工作交接，随后由线路检修班负责 A 村一组支线 1～9 号杆旧导线的拆除和新导线的架设工作。线路检修班人员分成三组：第一组工作负责人为徐某（线路检修班班长），成员为钟某和 4 个民工，负责 1 号杆处做电缆终端头、放线等工作；第二组工作负责人为熊某（班组兼职安全员），负责 2～8 号杆渡线、扎线等工作；第三组工作负责人为张某，负责 9 号杆收线、做电缆终端头等工作。

工作开始后，钟某登上支线 1 号杆，再次将公用变压器低压 4 号杆 T 接过来的 4 根铜芯绝缘导线线头用白色绝缘胶带进行了包扎，随后开始了换线的相关工作。首先用原单相旧导线中的一根导线牵渡新导线的 A、C 两相（两根边线）。9 时 40 分，刚好将 A、C 两相新导线拉紧，下起了雷阵雨，工作负责人黄某通知全体工作人员避雨休息。雷阵雨持续至 10 时 30 分左右，雨停后工作负责人黄某通知全线复工。线路检修班继续施工，将 A、C 相安装好。10 时 50 分，线路检修班又用另一根旧导线牵渡 B 相和中性线新导线（中间两根）。在牵渡过程中又下起了大雨，但这次施工没有因雨间断。11 时 40 分左右，当 B 相和中性线两根导线拖放至支线 7～8 杆之间时，由于在恢复施工后不久钟某擅自下了支线 1 号杆，该组工作负责人徐某又已经离开支线 1 号杆参加拖线工作，以致未能发现钟某擅自下杆的行为，致使在支线 1 号杆处，正在施放的 B 相新导线与支线 1 号杆上开断并包扎好的 A 相带电绝缘铜芯线发生摩擦的情况未能及时被发现并得到处理，致使 A 相带电绝缘导线绝缘层被磨破，并导致正在施放的 B 相导线与 A 线绝缘导线带电线芯接触带电，另一根新施放的中性线又通过横担等导体与 B 相导通，故而同时带电，导致正在支线 7～8 号杆之间拉线的施工人员和支线 1 号杆附近线盘处送线的施工人员触电。

事故发生后，施工人员立即采取了紧急施救措施。使触电者及时脱离了电源，并随即对触电昏迷者采用人工呼吸等方法进行了抢救，同时拨打了 120 呼救。至 30 日 12 时 30 分，此次事故造成了 5 名施工人员死亡，10 名施工人员受伤。

原因分析：

（1）新施放的 B 相钢芯铝绞线与 1 号杆上 A 相带电芯线接触发生摩擦，致使 A 相带电绝缘线的绝缘层被磨破，绝缘铜导线带电线芯与 B 相钢芯铝绞线接触，导致 B 相钢芯铝绞线带电。这是事故发生的直接原因。

（2）对安全生产的重要性和复杂性认识不足，特别是对农电安全生产管理重视不够。农电安全管理工作不严、不细、不实，安全生产基础薄弱。

（3）施工人员安全意识淡薄，规章制度不落实，习惯性违章严重。不严格执行工作票

制度、工作许可制度、工作监护制度和工作间断制度，未根据现场实际情况制定有效的停电措施；线路改造工作未使用工作票；未认真组织危险点分析；派工单上安全措施未充分考虑实际情况，安全措施不明确，现场安全措施未得到落实，未在分支线、下户线处验电、装设接地线。工作监护人等关键岗位人员自身工作要求不高、管理不严，施工过程中，第一小组负责人（监护人）擅自离开工作现场，没有起到把关作用。

(4) 未认真落实安全生产技术管理制度，施工计划、措施存在缺陷。项目管理部门未认真组织施工班组进行现场查勘，未组织编制标准化作业卡，未根据现场实际情况编制有针对性的、切实可行的施工方案措施，施工计划、措施审核、批准流于形式，审核人、批准人未提出有效的改进意见，制定的安全措施与现场实际严重脱节。施工计划措施未对1号杆开断后带电绝缘线采取可靠保护措施或隔离措施。

(5) 施工现场管理混乱，施工准备不充分。未编制切实可行的施工工期计划和材料计划，施工前未对全体施工人员进行全面的安全技术交底，布置施工任务后，未对项目实施进行全过程监管。施工人员对现场不完善的安全措施视而不见，不能发现并指出施工中存在的潜在危险。现场组织指挥者违章指挥，施工人员违章作业，两个施工班组之间安全职责不清，施工人员混用，施工过程中盲目抢工期。对参与作业的临时工管理不到位、使用不按规定履行手续。

(6) 安全培训缺乏针对性。职工安全素质及专业技能难以满足工作要求，职工培训针对性和实效性不强，没有真正使职工将安全制度、要求和措施入情、入脑、入心，“三不伤害”意识不强。

(7) 安全监管不到位。安全监督力量不足，发生事故的供电分局有职工600余人，仅有1名专职安全人员，安全监督不能发挥作用。施工班组不按规定上报施工计划，监督管理部门不跟踪施工项目，施工项目信息管理失控，安全值日监察师不能有效对重点施工项目进行监督检查。

对策措施：

(1) 在领导层方面：①要坚决贯彻落实国家电网公司关于加强安全生产工作的部署和要求，特别是在开展“爱心活动”、实施“平安工程”上下功夫，要将精神实质落实在实际工作中；②要认真落实安全生产责任制，集中精力抓安全生产管理，做到工作踏实，作风朴实；③领导干部要深入基层、深入一线，认真分析和调查研究安全生产过程中出现的新形势和新问题，认真吸取近两年来安全事故的深刻教训，扭转安全生产所面临的严峻形势和局面；④要超前研究安全预防和控制方案，特别是对人员伤亡事故的防范措施，克服工作中的被动局面；⑤要纠正自上而下单向式提出原则要求的工作习惯，形成上下互动机制；⑥要在直供区农电管理“一体化”后，应重视和研究农村电网的安全问题，明确管理职责、安全管理要到位，不能留有死角和漏洞；⑦要建立重特大事故的应急处理机制，发生问题，立即启动应急预案。

(2) 在管理层方面：①要深入、细致地做好安全管理工作，实现精细化管理。现场标准化作业，要将安全管理的要求和标准不折不扣地、一级一级地贯彻落实下去，坚决杜绝各种违章现象；②要加强安全管理的广度，实现“全员、全面、全过程、全方位”的安全管理目标，特别是要分析研究和掌握运用农村电网安全管理的规律性；③要强化安全管理的力度，严格考核和处罚，纠正和遏制现场习惯性违章行为；④要落实安全管理，将安全管理与生产实际相结合，管理人员与生产一线人员要紧密联系，监督、检查和指导生产班组的安全工作；监督、检查和指导生产班组的安全工作；⑤要注重员工的安全教育培训，有针对性地进行安全教育培训，巩固培训效果；⑥要重视农村电网改造中聘用的临时工和农民工的有效管理，提高他们的业务素质。

（3）在作业层方面：①要强化员工的安全意识，增强员工的自我保护意识和责任心，消除工作中的随意行为；②要提高员工的素质和安全技能，熟悉业务流程和安全工作规程，正确分析危险点和有效地进行预防；③要严肃执行规章制度，对员工的违章行为要坚决制止和处罚，使员工养成执行制度的自觉性；④要结合实际工作进行安全学习，使学习促工作，用工作促学习，结合实际工作进行深入讨论。

案例五十八 某发电厂全厂停电事故

事故经过：

某年8月3日，某发电厂在进行二期主厂房A列墙变形测量时，用铁丝进行测量，违章作业，造成3号主变压器110kV引线与330kV引线弧光短路，又因3号主变压器保护出口继电器焊点虚接，3303断路器未跳闸，扩大为全厂停电事故。

事故前运行方式：1号机炉、2号机炉、3号机炉、4号机炉及1、2、3、4号主变压器运行，330kV环形母线运行，330kV两条线路与系统联络；110kV单母线固定联结，4条地区出线运行。全厂总输出功率185MW，其中地区负荷145MW。

该发电厂存在地质滑坡影响。为防止A列墙墙体落物影响主变压器等设备的安全，准备在A列墙外安装一层防护彩钢板。电厂多种经营公司承担了该项工程。事先制定了工程施工安全组织措施、工程施工方案，并经生产技术科等审核，总工程师批准。

8月1日，多种经营公司项目负责人找到电气检修车间技术员，要求进行现场勘测工作，并要求派人监护。电气检修车间技术员同意，并安排变电班开票、派监护人。8月2日下午履行了工作许可手续。8月3日上午开始工作。在汽机房顶（25.6m）向下放0.8mm的20号软铁丝，铁丝底端拴了三个M24的螺母。15时48分，在向上回收铁丝时，因摆动触及3号主变压器110kV侧引出线C相，引起3号主变压器对铁丝放电，并造成3号主变压器110kV侧引出线C相与380kV侧B相弧光短路，3号机变压器差动保护动作，引起3号机组跳闸。又因为3号主变压器380kV侧3303开关拒跳及失灵保护未动作，造成了事故的扩大。

4号机反时限不对称过电流保护动作，3305断路器跳闸，4号机组与系统解列，带厂用运行；2号主变压器330kV侧中性点零序保护动作跳闸，110kVⅡ段母线失电压，2号高压变压器失电压，厂用6kVⅡ段母线失电压，2号炉灭火，1号机单带地区负荷，参数无法维持，发电机解列，A、B、C线路对侧断路器跳闸。

4号机与系统解列后，带厂用电运行。16时11分，A线某变压器侧充电成功，该发电厂3302断路器给2号主变压器充电正常，110kVⅠ段、Ⅱ段电压恢复。17时23分，4号发电机并网；17时41分，1号发电机并网；19时44分，2号发电机并网；8月4日2时44分，3号机组启动，升压正常；7时36分，3号机组并网。

原因分析：

（1）生产组织混乱。工程施工安全组织措施、工程施工方案虽然明确了大部分施工只

能在停电的情况下进行，但对前期的现场测量、准备工作没有明确的要求。该厂对多种经营承担的有关生产工作，如何计划、安排组织、缺乏相关的管理制度，多种经营部门也不参加生产调度会。

多种经营公司安排的现场工作人员没有电气专业人员，施工前也没有安排组织学习相关的安全工作规程，对在带电区域进行测量工作没有认真分析工作可能存在的风险，没有制定工作方案。工作开始前，没有向生产部门提交相关的工作计划、安排，工作的组织存在随意性。

(2) 工作票签发、许可随意。电气检修车间同意配合开工作票并派监护人，但车间技术员、工作票签发人变电班班长、变电班制定的工作监护人，对涉及带电区域的工作，均没有认真了解工作内容和工作方法等，对工作中可能存在的风险缺少必要的分析环节。工作票执行全过程存在漏洞，签发、许可、安全交底以及危险点分析、现场监护执行流于形式。

(3)“两票”执行的动态检查和管理不到位。该项工作从8月3日上午开始，直至发生事故，共在现场放置了6根铁丝。在此过程中，监护人员对此严重违章和可能造成危险后果视而不见，没有进行及时纠正和制止，也没有相关的领导、技术人员及安全监督人员发现和制止。

(4) 设备维护管理不到位。该厂对投用多年的WFBZ型微机保护没有进行认真检查和进行相关试验，对保护中存在的问题底数不清，由于3303断路器触点虚焊的缺陷没有及时发现和消除，造成故障点无法隔离，导致事故扩大。同时也说明该厂安全质量专项治理工作流于形式，对保护自动装置和二次回路的安全质量专项治理不深不细。

(5) 人员安全意识淡薄，安全教育缺位。在带电区域使用铁丝作测量绳危险极大，而且危险性具有很强的可预见性，但工作人员对危险缺少起码的感知和自我保护意识，监护人员对危险也是麻木不仁，表明企业在员工的应知应会的教育上存在严重的缺位。

对策措施：

(1) 必须认真落实“两票三个100%”的规定，加强两票的动态检查和监督工作。安全监督部门要对两票执行存在的问题及时进行通报和考核，并向安全第一责任者汇报。

生产车间代多种经营或外委工程开工作票时，必须对工作的可行性、必要性、工作方案、工艺进行审查，由负责填写工作票的车间或班组组织进行危险点分析工作并制定相应的控制措施。所派出的监护人，必须是班组技术员、安全员及以上人员。

(2) 必须按照综合治理的原则，健全生产指挥体系，保持政令畅通。生产现场的管理必须进行统一指挥。多种经营企业承揽的生产工作，必须在统一的生产技术管理下进行。凡是承揽生产工作的多种经营，必须参加生产调度会议，相关计划性工作必须提交相关工作计划。要加强生产工作的计划性和严肃性，未经生产调度指挥部门核准的工作，不得开工。

(3) 必须强化员工安全意识教育和安全技能知识培训，加强工作人员对作业现场的危险源和危险因素的辨识、分析和控制能力以及应对突发事件能力的培训，完善作业现场员工必须具备的应知应会培训工作管理，规范现场作业人员的工作行为，夯实安全基础。

(4) 必须结合安全质量专项治理活动，各分、子公司要组织专家组对所管理企业继电保护定值管理工作进行认真检查。重点：相关的规程、标准、文件是否齐全、有效；定值计算、审核、批准、传递、变更管理是否规范；与电网调度部门的管理界面是否清晰；主保护、后备保护的配合是否符合配置原则；检修、预试超期的保护装置、是否积极向电网调度部门提出申请，创造条件进行试验；试验、传动工作是否严格执行规程规定的方式、方法；对在调度部门进行备案的保护定值、相关资料，分、子公司是否组织进行了一次全面核对。

案例五十九　某供电公司供电营业所380V触电死亡事故

事故经过：

由于10kV A线线损偏大，某供电公司检查发现部分台区低压计量总表损坏。某日，根据该供电公司下属某镇供电营业所安排，涂某（工作负责人，供电营业所副所长）、电工组倪某（工作班成员、电工组副组长）持低压第二种工作票进行某一台区、某二台区低压计量总表更换工作。7时45分工作开始，完成了某一台区低压计量总表更换工作。9时35分到达某二台区，倪某登上台架检修平台开始电能表更换工作，涂某在台区附近进行台区清查工作，登录有关台区数据（参数）。约9时45分，涂某听见台架上发出碰击声，随即大声呼唤倪某。见倪某无反应便立即进行查看，发现倪某左手虎口处和一黄色单股电源线粘连。于是就用绝缘棒将黄颜色绝缘线从倪某的左手虎口处挑开，倪某脱离电源后从台区检修平台与台架的空档处滑了下来，涂某用手托住其腰部，呼唤两声无反应。随即将倪某平躺在台架下的草地上采用心肺复苏法进行抢救。后有一路人骑摩托车从此路过，在涂某的呼救下，与涂某一起将倪某抬到离台区约10m的平地处继续对其实施心肺复苏法抢救，同时电话求救。该镇供电营业所和卫生院在接到涂某的呼救电话后，立即派人驱车往某二台区施救，倪某经抢救无效而死亡。

原因分析：

事故发生后，事故调查小组对事发现场进行实地勘察，对事故中工作监护人进行询问调查，初步分析造成这次事故的主要原因有：

（1）配电台区更换电能表，未按规定要求进行停电作业。

（2）在进行低压间接带电作业时，未取下作业范围内电气回路中的电压熔断器。工作人员也未按要求戴绝缘手套，造成误碰电压线带电部分。

（3）相关人员安全责任意识淡薄。工作负责人没有认真履行应有职责，监护过程中现场监护不到位。工作票签发人没有认真审票即签发，工作票中安全措施及落实不齐全、不可靠。工作许可人没有严格执行工作许可制度，没有向工作负责人逐项交代安全措施。

（4）现场急救施救措施不力。施救场地狭窄及场地高低不平，使触电急救受到一定的影响，在医护人员到达后触电人员出现死亡表征时，没有坚持持续的现场施救。

对策措施：

（1）加强电工作业人员安全技术知识的培训教育，增强电工作业人员的安全防范意识，明确各类作业人员的安全职责，杜绝各种违章行为。

（2）加强安全生产管理的检查监督，杜绝违章作业。要认真落实上级公司多次反复强调的“严格控制进行380V及以下低压带电作业”“三防十要”、反“六不”等规定要求，未经申请批准，不得擅自带电作业。

（3）严格规范执行低压工作票制度。在工作票签发人、工作许可人本身对工作任务现

场不明，对必须采取的安全措施掌握不准，对工作中存在的危险点不了解的情况下不得签发工作票和许可工作；低压工作票的填写内容要详细、具体、规范，尤其是安全措施应具有科学性、有效性和可操作性，发挥其对具体工作的指导作用。

(4) 强化工作负责人和工作监护人的职能作用。工作负责人对作业现场的实际情况了如指掌，对存在的危险源要采取有效的安全措施。工作监护人要专职、全程进行监护，要随时提醒作业人员，不可擅自离场或从事其他工作。

(5) 注重现场急救知识的宣贯和普及。除了理论培训，还可以进行实际模拟演练，使每一位电工作业人员真正掌握现场急救方法，进行正确施救，确保施救质量。

案例六十　某煤矿触电死亡事故

事故经过：

某日上午，某煤矿由地面负责人黄某（副矿长）安排矿上电工付某、刘某两人下井到工作面进风巷去检查修理风机。经检查，发现风机开关坏了，需要换风机开关。付某、刘某两电工换好开关后，付某叫刘某去送电。刘某送电后，并叫付某启动风机。大约5min后，不见付某回来，刘某赶到风机开关处，发现付某倒在大巷中间。刘某立即断电，并告知副矿长黄某，同时全力进行抢救，经抢救无效，付某已经死亡。

原因分析：

(1) 风机开关漏电，产品质量不合格，是发生事故的直接原因。

(2) 矿领导安全思想意识淡薄，安全生产管理不严。技术管理相当混乱，安全技术措施不健全，是造成这起事故的主要原因。

(3) 安全管理混乱，无章可循，把关不严，矿井安全管理制度不健全，职工安全技术素质低，自我保护意识差，是这起事故的重要原因。

对策措施：

(1) 该煤矿要吸取这次事故的沉痛教训，深刻反思，要完善各种安全管理制度，建立健全安全技术制度、隐患排查制度、安全检查制度、安全办公会制度等。

(2) 加强电气设备的质量控制，严把电气设备采购的质量关，避免使用不合格的电气设备。同时应对使用中的同型号、同厂家的风机开关进行检查和更换，消除事故隐患。

(3) 加强员工的安全技术教育培训，尤其是电工作业人员，增强员工的安全防范意识，提高员工自我保护和相互保护能力，做到“三不伤害”。

(4) 加强员工安全思想教育，落实安全责任制度，杜绝违章指挥和违章作业，严把安全质量关，做到不安全不生产、不达标不生产、隐患不排除不生产。

案例六十一　某加油站螺钉旋具绝缘柄损坏遭电击事故

事故经过：

某日凌晨2点左右，某加油站一加油员向经理张某反映加油站的抽水机出现断相现象，无法使用。张某前去检查，发现抽水机主线路隔离开关有一相线路由于接触不良而烧坏。当时加油站加油车辆较多，为了不影响正常营业，张某独自一人拿了个绝缘螺钉旋具带电维修。在维修过程中，张某突然觉得有一股电流由螺钉旋具流入身体，手臂本能地一抖，抖落了带电螺钉旋具。所幸张某遭到电击及时摆脱了电源，否则将会造成触电身亡事故。

原因分析：

经检查，原来张某是因为螺钉旋具上的绝缘保护层损坏漏电而遭到电击。张某安全意识淡薄，思想麻痹大意，存在侥幸心理，在无证、无票的情况下，竟敢带电维修作业。作业前，未认真检查作业工具，也未进行风险识别、评价和控制。带电维修作业过程中独自一人，无专人监护。

对策措施：

(1) 加强领导和员工电气安全知识的教育和培训，增强安全防范意识。

(2) 电工作业人员必须经过专业技术知识培训和考核，做到持证上岗。禁止无证人员或非电工作业人员从事电气维修等工作。

(3) 在维修作业前，应认真检查要使用的器具、仪器仪表等是否安全有效，进行风险识别、评价和控制，落实安全技术措施，申请办理作业票。

(4) 进行维修作业时，维修人员应执行停电、验电等相关规定，避免带电维修作业。维修过程中，要有专职监护人全程监护。

案例六十二 某冷轧厂电工触电致残事故

事故经过：

某日9时50分，某冷轧厂电工温某等4人，在检修更换6号天车变频器时，温某在变频箱、电阻箱仅距500mm的狭小空间内捡拾电阻段脱的螺栓，左手腕部触电烧焦，当即昏迷倒靠在电阻箱门上。等到另外3人闻到烧焦味找到人时，立即将其送医院进行急救。虽然保住性命，但是落下终身残疾。

原因分析：

(1) 温某作为一名专业电工，在维修人员对变频器参数进行调试期间，未经允许私自处理电阻段螺栓脱落这一设备隐患，更未对电阻段是否带电进行安全确认，属典型的违章行为，是导致此次事故的主要原因。

(2) 维修电工对天车变频器带电调试，却不清楚相关设施电阻段是否带电，工艺知识缺乏，安全意识淡薄，是导致此次事故的间接原因。

对策措施：

(1) 加强电工作业人员的安全技术知识和相关工艺知识的教育和培训，增强安全防范意识，杜绝违章作业。

(2) 建立、完善和执行电气设备检修管理制度，禁止带电作业。必须带电作业时，应履行申请、审批制度，落实安全技术措施，并派专人负责和监护。

案例六十三 某电力公司电气误操作致全厂停电事故

事故经过：

某日事故前1号机组运行情况：1号机组负荷560MW，B、C、D、E磨煤机运行，A、B汽动给水泵运行，AGC、RB投入，定压运行方式，220kV正、负母线运行，2K39断路器运行于220kV正母线，1号发电机-变压器组2501断路器在正母线运行，启动备用变压

器 2001 断路器运行在负母线，处于热备用状态，2 号机组省调调停，2K40 线路省调安排检修。1 号机组单机单线运行方式。

该日中班人员为值长陈某和另外两名值班员。17 时 00 分接班时，2K40 线路检修工作已经结束，等待调令恢复。接班后值长接省调预操作令，副值王某准备好 2K40 线路恢复的操作票。经审查无误后，在调令未下达正式操作令前，17 时 40 分值长陈某令副值班员王某、主值明某（监护人）按票去进行预操作检查。因调令未下达，只对线路进行预检查，值长未下达操作令，所以操作票未履行签字手续。17 时 45 分调令正式下达给值长陈某，2K40 线路由检修转冷备用（所有安全措施拆除，断开 2K404-3 接地开关）。此时值班员王某、明某去现场（升压站内）。值长陈某未将值班员叫回履行完整的操作票签字手续，将操作令下达给单元长王某，由单元长王某去现场传达正式操作令。单元长王某到现场（升压站内）后，向主值明某、副值王某下达操作令。随后由值班员王某、明某执行断开 2K404-3 接地开关的操作，该项操作（2K404-3 接地隔离开关操作箱）执行无效（操作中发现接地开关拉不开），按票检查操作内容无误。单元长王某帮助明、王二人一起到继电器楼检查上一级操作电源正常，并汇报值长陈某联系检修二次班处理。在等待检修人员到场期间，单元长王某又到升压站 2K404-3 接地开关处复查操作电源正常。随后对 2K40 断路器状态进行检查，发现 2K40 断路器有一相指示在合位（实际为 2K39 的 C 相，此断路器为分相操作断路器）。此时值班员明某、王某也由继电器楼回到升压站，单元长王某遂向二人提出 2K40 断路器状态有一相指示不符。告知二人对 2K40 断路器状态进行检查核对确认，单元长王某准备返回集控（NCS）进行再次盘上核对 2K40 断路器状态，此时值班员明、王两人在升压站内检查该相断路器（实际为 2K39 的 C 相）确在合位。主值明某已将操作箱柜门打开，也未核对开关编号并将远方、就地方式旋钮打到就地方式，副值王某在就地按下分闸按钮，造成该相断路器跳闸。2K39 断路器单相重合闸启动，但是由于 2K39 开关运行方式打在就地方式，2K39 断路器未能重合，开关非全相保护延时 0.8s，线路两侧三相断路器跳闸，造成该厂与对岸站解列。事后确认分开的是 2K39 开关 C 相。

18 时 24 分集控室值班人员听到外面有较大的异音，检查 4 台磨煤机运行情况均正常，集控监视 DCS 画面上 AGC 退出，负荷骤减，主汽压力迅速上升。立即手动停 E、D 磨煤机，过热器安全门动作，B、C 磨煤机跳闸，炉 MFT、集控室正常照明灯灭。手动投直流事故照明灯，集控监视 CRT 画面上所有交流电动机均停（无电流），所有电动门均失电，无法操作。确认 1 号机组跳闸，厂用电失去。值班员检查柴油发电机联动正常，保安段电压正常，柴油发电机油箱油位正常。汽轮机主机直流油泵、空侧密封油直流油泵、给水泵汽轮机（汽动给水泵）直流油泵均联动正常，锅炉空气预热器主电动机跳闸，辅助电动机联启正常，立刻手动启动电动机侧各交流油泵，停正各直流油泵且投入联锁，启动送风机、引风机、磨煤机、空气预热器各辅机的油泵。同时将其他各电动机状态进行复位（均停且解除压力及互联保护，以防倒送电后设备群启）。

19 时 22 分恢复 220kV 系统供电；19 时 53 分启动备用变压器供电，全面恢复厂用系统供电；21 时 02 分启动电动给水泵，炉小流量上水；次日 00 时 10 分启动送风机、引风机，炉膛吹扫完成，具备点火条件；次日 03 时 27 分炉点火；次日 03 时 27 分炉点火；次日 05 时 30 分汽轮机进行冲转；次日 06 时 07 分 1 号发电机并网成功，带负荷。

次日 08 时 20 分机组负荷 270MW，A、B、C、D 磨煤机运行电动给水泵、A 磨煤机给水泵汽轮机运行，值长令对锅炉本体全面检查时，运行人员就地检查发现B侧高温再热处有泄漏声。联系有关专业技术人员，确认为高温再热器爆管，汇报有关领导及调度。13时00分调度下令1号机组停机，15时42分发电机解列。

原因分析：

此次事故的原因有以下几方面。

（1）在倒闸操作过程中，未唱票、复诵，没有按要求核对断路器、隔离开关名称、位置和编号就盲目操作。违反了《电力安全工作规程》中“操作前应核对设备名称、编号和位置，操作中还应认真执行监护复诵制”的规定。

（2）操作中为了减少操作行程，监护人和操作人在操作进行中不按操作票先后顺序进行操作。违反了《电力安全工作规程》中“操作票票面应清楚，不得任意涂改”以及“不准擅自更改操作票，不准随意解除闭锁装置”的规定。

（3）操作中随意解除防误闭锁装置进行操作。违反了《电力安全工作规程》中“操作中发生疑问时，应立即停止操作并向值班员或值班负责人报告，弄清楚问题后，再进行操作，不准擅自更改操作票，不准随意解除闭锁装置”的规定，也违反了运行管理防误装置管理制度中的相关规定。

（4）操作中监护人帮助操作人进行操作，没有严格履行监护人职责，致使操作完全失去监护，且客观上还误导了操作人。

（5）担任监护的是一名正值班员，不是值班负责人或值长。违反了《电力安全工作规程》中“特别重要和复杂的倒闸操作，由熟练的值班员操作，值班单元长或值长监护”的规定。

（6）值班人员随意许可解锁钥匙的使用，没有到现场认真核对设备情况和位置。违反了防误锁万能钥匙管理规定。

（7）现场把关人员对重大操作的现场把关不到位，运行部管理人员没有到现场把关，没有履行把关人员的职责。

（8）缺陷管理不到位，母线接地开关的防误装置存在缺陷，需解锁操作，虽向检修部门做了专门汇报和要求，但未进一步跟踪督促，致使母线接地开关解锁成为习惯性操作，人员思想麻痹。

（9）危险点分析与预防控制措施不到位，重点部位、关键环节失控，对主要危险点防止走错间隔、防止带电合接地开关等关键危险点未进行分析，没有提出针对性控制措施。

对策措施：

（1）上级主管公司领导已向该电力公司发出安全预警，并提出了整改要求和措施，要求该电力公司在事故分析会中各部门应深刻分析，认真吸取教训。

（2）事故当天公司总经理就误操作事故对全公司安全生产提出了具体要求，对事故分析要严格按照“四不放过”的原则，严肃处理责任人，深刻吸取事故教训，举一反三，采取有效措施，强化责任，落实措施，迅速扭转安全生产被动局面。

（3）严格按照“关于防止电气误操作事故禁令”的要求，认真、准确、完整地执行好操作票制度，严禁任何形式的无票操作或增加操作程序。微机防误、机械防误装置的解锁钥匙必须全部封装，除事故处理外，正常操作严禁解锁操作。公司重申解锁钥匙必须有专门的保管和使用制度。电气操作时防误装置发生异常，必须及时报告运行值班负责人，确

认操作无误，经当班值长同意签字后，解锁钥匙管理者必须亲自到现场核实情况，切实把好操作安全关。随意解锁操作必须视为严重习惯性违章违纪行为之一，坚决予以打击。如再次发生因解锁而引起的电气误操作，将加重对相关责任人的处罚和对该主管单位主要负责人的责任追究。

（4）严格按照“关于防止电气误操作事故禁令”要求，认真、准确、完整地执行好操作票制度，严禁任何形式的无票操作或改变操作顺序。

（5）按国家电网公司、该电力公司的“防止电气误操作装置管理规定”和“关于加强变电站防止电气误操作闭锁装置管理的紧急通知”要求，认真管理和使用好电气防误操作装置。变电站防误装置必须按照主设备对待，防误装置存在问题影响操作时必须视为严重缺陷。由于防误缺陷处理不及时，生产技术管理方面应认真考核，造成事故的，要严肃追究责任。

（6）全面推行现场作业危险点分析和控制措施方法。结合实际，制定危险点分析和预控措施的范本和执行考核的规定，规范现场作业危险点预测和控制工作，把危险点分析和预控措施落实到班组、落实到作业现场。作业前对可能发生的危险点要进行认真分析，做到准确、全面、可行和安全，控制措施必须到位到人，确保现场作业的安全。对“危险点预测与控制措施卡”流于形式或存在明显漏项的，要实行责任追究制。

（7）对设备和管理方面存在的缺陷进行认真彻底整改。对220kV系统开关站内，防止误操作锁进行一次全面检查，更换新锁，制定相应措施。220kV系统线路接地开关拉、合时都要将线路的电压互感器的小开关合上才能操作。220kV系统线路单线运行时，应与相关供电公司协商，运行调度提出申请变电站有人值班。升压站内各个单元断路器、隔离开关应有明显的分离区域，以防误走错间隔。加强技术培训，提高全员的技术操作水平，严格执行“两票三制”，开展危险点的分析工作，严禁无票作业。运行电气工程，对其进行复查，特别是操作票，写出标准票，指导运行正确对设备和系统的操作。检查规程，进行修补，在规程没有修订前制定具体措施。重大设备进行系统操作，相关部门领导、专工及其有关人员应到现场监护，制定出相关制度。加大安全检查和奖惩力度，提高员工的安全意识。

案例六十四　某建筑安装公司项目部触电死亡事故

事故经过：

某日13时，某建筑安装公司项目部项目经理董某电话通知侯某，由甲工地到乙工地搬运两台5t绞车、两捆钢丝绳和剩余物资。18时30分到达乙工地。随即，由班长覃某和起重工左某协助装车。此时，天色已黑，覃某、左某想要求准备一个灯，侯某觉得就四钩，没同意。吊装完毕两台绞车后，在20时25分时开始吊装两捆钢丝绳。20时30分，左某把吊臂挂好钩后说：“起吧！”侯某操作吊车起重臂操作杆起吊钢丝绳，吊车起重臂转臂时侧面碰到高压线，致使整个吊车带电，造成侯某触电身亡。

原因分析：

（1）吊车司机侯某作业前未按操作规程检查作业环境，将吊车支在10kV高压线下，且吊车起重臂伸出高度超过距地面高度6.5m的高压线。在天黑无法看清高压线的情况下，没有接受其他作业人员解决照明的建议。在吊最后一钩时，吊车起重臂向高压线方向摆臂，致使吊车起重臂触及高压线，导致触电事故发生。

（2）起重臂与高压线安全距离不符合要求，根据施工现场临时用电安全技术规范规定，起重机与架空线路边线的最小安全距离：电压10kV时沿垂直方向为4m，沿水平方向为2m。汽车吊支设在高压线下作业，吊车起重臂伸出后垂直距离和水平距离都不符合要求。

（3）作业负责人没有按规程检查作业环境，没有发现吊车上方的高压线，在天色已黑没有照明的情况下安排作业。起重工在指挥吊车吊钢丝绳时，没有按操作规程检查作业环境，没有发现吊车上方的高压线，盲目指挥吊车起钩。

（4）安全技术管理措施落实不到位。高压线是矿方在用的临时线路，没有任何电气保护措施，在起重臂触及高压线、侯某触电时，线路电源不能瞬间切断，加工场区布置在高压线下，没有采取有效的安全技术防护措施，致使非标准制作加工作业处于不安全状态下。施工安装使用的绞车等设备存放在高压线下，为装卸、搬运埋下重大安全隐患，导致吊运作业在不具备安全条件下进行。

（5）项目部责任主体不落实，安全教育培训不够，安全管理不到位。项目部平时对作业人员安全教育少、安全培训不到位，致使作业人员安全意识淡薄，自保互保意识差。项目部安全生产意识淡薄，施工作业时项目部没有任何管理人员到现场，也未对作业人员提出任何安全作业要求，现场管理出现真空。吊装作业时项目部无任何文字措施也没有口头交代，对存在的安全隐患没有采取措施，作业人员盲目作业。在长达三个月的施工期间，项目部未对高压线存在的安全隐患提出过整改意见，致使安全隐患长期存在，最终酿成大祸。

（6）工程处安全督导检查职责履行不到位。在整个施工期间，工程处对项目部督导检查不严、不细，虽有多人、多次到现场检查，都没有检查发现高压线这一安全距离不够的重大隐患，没有起到应有的监管作用。

对策措施：

（1）为防止类似安全事故的再次发生，自次日6时起，所有项目部立即停产，进行全面整顿。并立即采取多种联系方式将停产整顿决定传达到全部施工工地，确保8时前达到停工状态，并将停工报告逐级上报公司安监局。各单位全部停产后，应全面排查施工现场各类安全隐患，采取有效措施，确保达到安全生产条件，方可申请复工。

（2）由工程处领导带队，分片负责，检查停产整顿，排除生产安全隐患。对检查中发现的各类安全隐患，要求相关项目部列出详细的整改计划，采取有效的整改措施，明确责任人，限期完成。坚决做到安全隐患不消除，不得恢复生产，并对申请复工的工地进行严格检查，确实达到安全生产条件的，要逐级签署审批意见报公司后方可复工。

（3）所有项目部必须严格执行公司停产整顿决定，坚决解决“严不起来、落实不下去”的问题。对不认真落实公司要求、在停产整顿期间发生生产安全事故的，要从重处罚，并严格追究有关人员责任。在停产整顿期间，必须加强对职工的安全教育和培训，加强安全监督检查，加强安全防护上的隐患治理，认真做好“冬季三防”工作，确保实现安全生产。

（4）强化各级主要领导、生产副处长、安全副处长、总工程师、项目经理、技术负责人的安全法律、法规、规范、标准的学习，提高安全法制观念，强化和完善各级安全生产责任制度，使安全生产管理工作和安全技术管理纳入法制化轨道。

（5）结合这次停产整顿，所有项目部要对起重机械、垂直提升系统和施工临时用电进

行重点排查，坚决排除隐患，确保按规范、规程严格贯彻执行，特殊工种必须做到持证上岗，凡无证上岗者作为事故对待，按“四不放过”原则，严肃追究相关人员的责任。

案例六十五　某矿区电弧烧伤事故

事故经过：

某日早 5 时 40 分，某矿区地面变电亭低压供电系统出现停电故障。运转队值班干部艾某安排值班电工韩某、蔡某查找，检查发现小食堂支路的 DZ10-250 自动空气开关处于燃烧状态。韩某、蔡某两人断开低压总电源开关后，将开关燃烧火扑灭，要将故障支路从母线上拆除，但有一相母线的螺钉卸不下来。发现电源缺相，王某即安排韩某、蔡某到高压室将变压器停电，准备检查变压器。韩某、蔡某经过变压器室门口时，听到变压器室内传出异响，担心变压器烧毁。两人急忙赶到高压室后，未按顺序先停变压器负荷开关，而是匆忙将 39 号总电源隔离开关拉开，产生强烈弧光，将开关柜门冲开。弧光将韩某、蔡某手部脸部烧伤，经总医院确诊为深Ⅱ度烧伤。

原因分析：

(1) 操作人员韩某、蔡某违章作业，停高压未按规程要求执行，顺序不对，未先停变压器负荷开关，直接拉开高压总电源隔离开关。这是导致事故发生的直接原因。

(2) 变压器开关控制不合理，本应三相电源单独控制，而现场用一个开关控制三相电源，造成断开开关时产生弧光。这是导致事故发生的重要原因。

(3) 操作人员韩某在操作高压时未按规定戴绝缘手套，违章作业，导致烧伤手部，这是导致事故发生的间接原因之一。

(4) 设备保护不全，给变压器供电只有负荷开关，没有断路器又没有安设防止隔离开关带负荷拉闸装置，工人误操作时发生事故。这是导致事故发生的间接原因之二。

(5) 运转队对低压变电亭设备的日常检查维护不到位，自动空气开关存在故障，没有及时发现并排除。这是导致事故发生的间接原因之三。

对策措施：

(1) 该矿区要认真查找同类型供电设备，在检修处理该类型设备故障需要停高压时，必须按规程要求执行。必须在专职干部指挥下联系供电部变电站进行处理，防止类似事故再次发生。

(2) 该矿区要提出计划对该变电亭进行更新改造，完善高压供电设备与设施，线路隔离开关要装设电气闭锁或其他防止带电拉闸措施。要在操作手柄上及开关柜装设提示装置，防止误操作事故发生。

(3) 加大对员工的安全技术培训，要认真学习安全规程，了解配电系统，掌握操作技能，落实安全措施。倒闸操作必须严格执行操作票制度，操作高压设备必须戴绝缘手套、穿绝缘靴或站在绝缘台上。

案例六十六　某电业局高压检修管理所触电坠落身亡事故

事故经过：

某月 26 日，某电业局高压检修管理所带电班职工王某在 110kV AⅠ线衡北支线停电检修作业中，误登平行带电的110kV B线路35号杆，触电身亡。

因配合高速铁路的施工，该电业局计划24～27日对110kV AⅠ线全线停电，由该局高压检修管理所进行110kV AⅠ线16～1号、16～2号、90号杆塔搬迁更换工作。同时对AⅠ线1～118号杆及110kV AⅠ线衡北支线1～44号杆登检及绝缘子清扫工作。

AⅠ线1～118号杆及110kV AⅠ线衡北支线1～44号杆工作分成三大组进行，分别由高压检修管理所线路一班、二班和带电班负责。经分工，带电班工作组负责衡北支线1～44号杆停电登杆检查工作。24日各工作班在挂好接地线，做好有关安全措施后开始工作。26日，带电班分成4个工作小组，其中工作负责人莫某和作业班成员王某为一组，负责AⅠ线衡北支线31～33号杆登检及绝缘子清扫工作。大约在11时30分，莫某和王某误走到平行的带电110kV B线35号杆（原杆号AⅡ衡北支线32号杆）下，在都未认真核对线路名称、杆牌的情况下，王某误登该带电的线路杆塔进行工作，造成触电事故，并起弧着火将安全带烧断，从约23m高处坠落地面当即死亡。

原因分析：

(1) 工作监护人严重失职。莫某是该小组的工作负责人（工作监护人），上杆前没有向王某交代安全事项，没有和王某共同核对线路杆号名称，完全没有履行监护人的职责。

(2) 王某安全意识淡薄，自我保护意识差。王某上杆前未认真核对杆号与线路名称，盲目上杆工作。

(3) 运行杆号标识混乱。110kV B线为三年前由110kV AⅡ线衡北支线改运行编号形成，事故杆塔B线35号杆上原“AⅡ线衡北支线32号”杆号标识未彻底清除，目前仍十分醒目，与“B线35号”编号标识同时存在，且杆根附近生长较多低矮灌木杂草，影响杆号辨识。

(4) 检修人员不熟悉检修现场。高压检修管理所带电班第四组工作人员不熟悉检修线路杆塔具体位置和进场路径，且工作前未进行现场勘查，工区边未安排运行人员带路，导致工作人员走错杆位。

(5) 施工组织措施不完善。本次AⅠ线杆塔改造和线路登杆检修工作为电业局春节前两大检修任务之一，公司管理层对工作的组织协调不力，管理不到位。工区主要管理人员忽视了线路常规检修的工作组织和施工方案安排。

(6) 现场安全管理措施的有效性和针对性不强。作业工作任务单不能有效覆盖每个工作组的多日连续工作，班组每日复工前安全交底不认真。班组作业指导书针对性不强，危险点分析过于笼统，缺少危险点特别是近距离平行带电线路的具体预防控制措施。工作组检修工艺卡与班组作业指导书脱节，只明确检修工艺质量控制要求，缺少对登杆前检查核对杆号的要求和步骤，对登杆检修全过程的作业行为未能有效控制。

(7) 线路巡线小道及通道维护不到位，导致小道为杂草灌木掩盖，难以找到，且通行困难，给线路巡视及检修人员到达杆位带来很大的不便。

对策措施：

(1) 强化干部和员工的安全意识，消除干部和员工的松懈麻痹情绪。要认真贯彻落实上级管理部门的方针政策和安全工作会议精神，做出活动部署并及时传达到班组，并提出和落实具体实施措施。

(2) 强化生产安全管理工作，消除生产管理中存在的漏洞。对线路杆号要重新进行标

识并清除原有标识，及时、彻底地巡查和清理线路通道和线路走廊的各种障碍。

(3) 强化现场标准化作业管理，制定切实可行的作业指导书。作业指导书要有实用性、可操作性，危险点分析和预防措施要充分，能够有效控制多工作组作业时人员的工作行为；要注重作业指导书的培训效果，使班组人员全面掌握作业程序和要求；作业指导书的现场应用讲求内容化、实际化，要能从有效发挥保证作业安全、控制作业质量的作用。

(4) 强化班组管理，夯实管理基础。及时有效地梳理班组规章制度，注重班组安全活动效果；公司领导和工区领导要经常参加基层班组安全活动，了解班组和现场安全生产状况。

(5) 强化安全教育培训力度，有效落实反违章工作。针对一些员工安全意识仍然十分淡薄，反违章工作效果不明显等现象，必须对员工进行经常性的安全教育培训，检查监督员工的工作行为；组织开展反违章活动，严查严惩违章作业，坚决遏制员工的违章行为。

(6) 强化现场勘察制度，消除执行薄弱环节。对于类似复杂现场的工作，工作负责人和工作票签发人在开工前必须深入现场，进行认真勘查，并提出和落实有效的安全措施，防止作业人员疏忽犯错。

(7) 强化《电力安全工作规程》的学习，理解其中的内涵。认真执行工作票制度，有多个工作小组或多个工作面时，应当做到一个工作小组一张工作票或者一个工作面一张工作票，严禁共用一张工作票，造成现场管理环节缺失。

案例六十七　某电力公司触电坠落身亡事故

事故经过：

某日，某电力公司送电工区安排带电班带电处理 330kV 3033 凉金二回线路 180 号塔中相小号侧导线防振锤掉落缺陷（前一日发现该缺陷），并办理了电力线路带电作业工作票。工作班人员有李某（死者，男，工作负责人，带电班副班长）、专责监护人刘某等共 6 人，工作地点距 A 公路约 5km，李某距地面 26m，作业方法为等电位作业。14 时 38 分，工作负责人向地调调度员提出工作申请；14 时 42 分，地调调度员向省调调度员申请并得以同意；14 时 44 分，地调调度员通知带电班可以开工。16 时 10 分左右，工作人员乘车到达作业现场。工作负责人李某现场宣读工作票及危险点预控分析，并进行了现场分工，工作负责人李某攀登软梯作业，王某登塔悬挂绝缘绳和绝缘软梯，刘某为专责监护人，地面帮扶软梯人员为王某、刘某，其余 1 名为配合人员。绝缘绳及软梯挂好，检查牢固可靠后，工作负责人李某开始攀登软梯。16 时 40 分左右，李某登到距梯头（铝合金）0.5m 左右时，导线上悬挂梯头通过人体所穿屏蔽服对塔身放电，导致李某从距地面 26m 左右高空跌落到铁塔平口处（距地面 23m）后坠落地面（此时工作人员还未系安全带），侧身着地。地面现场人员观察李某还有微弱脉搏，立即对其进行现场急救，并拨打电话向当地 120 和工区领导求救。由于担心 120 救护车无法找到工作地点，现场人员将李某抬到车上，一边向 A 公路行驶，一边在车上实施救护。17 时 12 分左右，与 120 救护车在 A 公路相遇，由医护人员继续抢救。17 时 50 分左右，救护车行驶至市医院门口时，李某心跳停止，医护人员宣布死亡。

原因分析：

本次作业的 330kV 凉金二线铁塔为 ZMT1 型，由 ZM1 型改进，中相挂接点到平口的距离由原来的10.32m压缩到8.1m；档窗的K接点距离由9.2m增加到9.28m；两边相的距离由17m压缩到13m。但由于此次作业忽视改进塔型的尺寸变化，事前未按规定进行组合间隙验算。作业人员沿绝缘软梯进入强电场作业，绝缘软梯挂点选择不当，造成安全距离不能满足《电力安全工作规程（线路部分）》等电位作业最小组合间隙的规定（经海拔修正后该地区应为3.4m）。此次作业在该铁塔无作业人时最小间隙距离约为2.5m，作业人员进入后组合间隙仅余0.6m，是导致事故发生的主要原因。

对策措施：

（1）必须严格执行工作申请、审核和审批制度。应当针对塔型尺寸的变化，拟定相应的带电作业工作方案。带电作业属高危验工作，在思想上要引起高度重视，不能当成一般的检修工作进行安排。对于带电作业，有关管理人员及技术人员必须亲临现场，进行监督指导。

（2）必须严格执行工作票制度。①工作票上所列工作条件必须注明“等电位作业的组合间隙”“工作人员与接地体的距离”以及完善的安全技术措施；②对工作条件中所列的安全距离，必须按海拔进行校正；③对于列入工作票的安全措施，在工作现场必须不折不扣地落实和执行；④必须严肃认真地按照程序办理工作票，并完全履行工作票的职责。

（3）必须周密部署和严密组织现场工作。①要对工作现场进行认真查勘，对现场接线方式、设备特性、工作环境、间隙距离等情况进行检查分析；②要确定作业方案和方法，制定必要的安全技术措施；③现场工作人员要认真履行好各自的职责，工作负责人不能直接参与工作，工作专责监护人要进行全过程监护。

（4）建立、完善和执行规范的缺陷管理制度。对于不同类别的缺陷，按照要求采取分级管理。类似防振锤掉落的一般性缺陷，可通过配合线路计划检修，进行停电处理。避免采取高风险性的带电作业进行处理一般性缺陷。

（5）严格制定和落实安全预控措施。①要对每一次作业必须制定“作业指导书”；②要进行作业危检点分析，填写危险点分析卡；③要针对危险点，制定和落实有效的安全控制措施。带电作业中必须注明“等电位作业的组合间隙”和“工作人员与接地体的距离”等要求，并设有防止高空坠落的控制措施。

（6）加强员工队伍的安全生产培训教育和考核工作。①增强员工的安全防范意识，工作中自觉执行安全规定，禁止和杜绝违章作业；②要进行有针对性地培训，确保培训效果；③要求工作票签发人、工作负责人、工作许可人、专职监护人均须具备承担相应职责的基本技能，确保其尽到安全职责。

（7）强化安全管理制度的执行力度。领导层要将“安全第一、预防为主”的方针贯穿企业各项工作的始终，不但要注重工作总体安排，并且要注重工作整体组织以及工作过程监控和考核；管理层不能只忙于事务性工作和一般性要求，还要加强对过程的指导检查和细化布置，将现场和班组管理落到实处；执行层要严格执行最基本的“两票三制”、危险点分析及预控等制度要求，纠正习惯性违章现象。

（8）安全生产管理工作要常抓不懈。安全生产局面的稳定是相对的、不是绝对的，是暂时的、不是长期的。要充分认识到安全生产管理是一项艰巨的、长期的和系统的工作，树立忧患意识，坚持“只有更好，没有最好”的安全理念。要不断夯实安全管理基础，消除安全缺陷和事故隐患，做到防微杜渐，确保万无一失。

案例六十八 某供电公司监护人越俎代庖死于非命事故

事故经过：

某日6时10分，某供电公司线路管理队所管辖的6kV防疫线发生速断动作跳闸。接到公司调度通知后，线路管理队组织正在值班的外线三班班长温某（工作负责人）、郭某（工作人员）等8人进行巡线查找故障。当巡至69号网柜时，工作人员发现该柜与39号柜联结的电缆故障选址器指示故障，69号柜出线熔断器有两相烧断。于是，温某及郭某等3人来到某柴油机厂配电室倒换返回电源，并断开39号柜与69号柜之间以及69号柜与68号柜、70号柜之间的联络断路器，完成了故障点隔离。随后，其他5人也赶到69号柜，准备验电、挂接地线，进一步查寻故障。

8时20分，验明69号柜母排与出线无电后，一名工人在69号柜与39号柜联络电缆处装设接地线，一名工人将三相熔断器拆除，形成明显断点。另有一名工人拆下69号柜与39号柜C相联络电缆，使用绝缘电阻表测试电缆，发现电缆绝缘较低，判断为该电缆存在故障。

8时36分，温某向区调汇报现场情况，说明故障点在69号柜至39号柜联络电缆处，已隔离故障点，70号柜侧可以送电。随后，温某通知其他工作人员70号柜侧已送电、69号柜与70号柜联络断路器下侧电缆带电，维修工作前要搭设临时挡板，要求只处理69号柜与39号柜联络电缆部分，并将工作人员分成两组：网柜正面一人负责监护，另两人负责拆除B相电缆接头；网柜后面由郭某负责监护，还有两人负责拆除A相电缆接头。

9时00分，网柜后挡板拆除。在移开后挡板的过程中，监护人郭某见已拆除后挡板，便擅自进行拆除A相电缆接头作业。在拆除时，头部不慎碰到69号柜与70号柜联络断路器的母排上，发生触电事故，后经抢救无效死亡。

原因分析：

(1) 郭某作为专责监护人，脱离监护岗位，是导致事故发生的直接原因。郭某在明知69号柜与70号柜的联络电缆带电且尚未采取安全措施的情况下，擅自进行故障处理工作。郭某的行为违反了《电力安全工作规程（线路部分）（试行）》中“专责监护人不得兼做其他工作”的规定。

(2) 工作负责人（班长）温某及工作班其他成员的违章行为，是导致事故发生的主要原因。温某和其他人员，没有断开70号柜与69号柜的断路器，致使69号柜与70号柜的联络电缆带电。违反了《电力安全工作规程》中“断开需要工作班操作的线路各端（含分支）断路器、隔离开关和熔断器”的规定。

(3) 工作班成员安全意识淡薄、怕麻烦、图省事、存在侥幸心理、超越工作程序，在安全措施不到位的情况下查找电力线路故障，也是导致事故发生的重要原因。

对策措施：

(1) 严格履行现场勘察制度。涉及现场电气设备、线路作业时，工作票签发人应严格履行现场勘察制度，是防止触电事故的首要条件。进行电力线路施工作业时，凡是工作票签发人和工作负责人认为有必要进行现场勘察的，施工、检修单位均应根据工作任务组织现场勘察。现场勘察应查看现场施工（检修）作业需要停电的范围、保留的带电部位和作业现场的条件、环境及其他危险点等。工作票签发人应认真填写现场勘察记录，确定施工方案，如果因未进行现场勘察便开具工作票而导致发生触电事故，工作票签发人应负直接责任。

（2）严格遵守“三个到位”原则。作为现场施工的安全责任人、工作监护人和工作负责人，履行“三个到位”是防止触电事故发生的关键环节。安全责任人要检查工作票是否正确，工作票所列安全措施有否落实到位；工作负责人要检查作业场所是否存在带电设备、线路，是否可能触及带电设备，安全距离是否满足要求；工作监护人要督促、监护工作班成员执行现场安全措施到位。

（3）严格执行安全技术措施。工作班成员严格执行安全技术措施是防止触电事故发生的保证。不论是高压作业还是低压作业，不论是大规模施工还是改造、检修、抢修工作，工作班成员都要加强自我保护意识，把“停电、验电、装设接地线、使用个人保安线”当作施工的必备条件，在任何情况下，操作顺序不能错，步骤不能减。

（4）明确职责，健全台账，夯实用电安全基础。应强化供电所基础管理，明确职工安全职责，划清设备管理分界、权限，建立制度，健全台账。切实抓好线路交叉跨越、同杆不同电源、自备电源的调查。做到清晰施工作业时各危险点，明白装置可靠性，了解倒送电可靠性，能对症下药，落实好防范措施。

（5）健全事故分析制度，总结事故教训。事故本身是最好的教材，凡发生了用电事故，都要认真分析原因，采取对应措施，防止此类事故再次发生，同时也让人们从血的教训中清楚地认识到安全用电的重要性。

案例六十九　某矿工队擅自送电险些引发触电伤亡事故

事故经过：

某日早班，某矿工队在某地进行出渣工作。开启溜子时，溜子没有电。跟班队长刘某安排耙矸机司机王某去配电室送电。此时，电工张某正在检修风机，将电源开关把手打至零位，并在半圆木上写有“禁止送电”警示。王某没有注意半圆木上字就擅自送电。风机启动将电工张某电击了一下，险些造成人员伤亡事故。

原因分析：

（1）王某安全意识淡薄，自己不是电工，却听从刘某的违章指挥，贸然违章送电，是造成事故的直接原因。

（2）张某安全意识淡薄，在检修风机时没有按照《电力安全工作规程》要求，对停电开关闭锁挂牌，也未设置专人看守，是造成事故的间接原因。

（3）刘某违章指挥，让不是电工的王某去送电，也是造成事故的间接原因。

对策措施：

（1）加强领导及员工的安全技术教育，增强安全意识，杜绝违章指挥、违章作业，消除事故隐患。

（2）电工作业人员必须经过专业技术培训，并持证上岗，禁止非电工人员从事电气操作和检修工作。

（3）建立、完善并执行停送电制度，实行申请、审核和批准程序化。检修电气设备或机械设备时必须停电，要使用专用的停电牌，加装闭锁装置或有专人现场看护，中途不得

离开现场。

（4）力求做到停送电联系专人化、停送电操作专人化和停送电监护专人化。无论是在停电时，还是在送电时，都必须按规定要求进行验电。

案例七十　某化建公司违反安全操作规程造成烧伤事故

事故经过：

某日上午 11 时 10 分，某化建公司电气安装人员在二期单体配电室安装电流变换器。在安装过程中，安装人员未采取任何安全防护措施，也没有遵守相关规定将配电柜内隔离开关分断。安装人员在更换电流变换器导线时，不小心将一根导线跌落到裸露的母排上，造成母排的局部短路，短路时所产生的电弧将邻近几路电源短路，导致事故进一步扩大，最后将整个 119P 配电柜烧毁。短路过程中的电弧将在现场参与安装的一名技术人员头部、手部大面积烧伤。

原因分析：

造成此次事故的直接原因是安装人员违反电工安全操作规程，未分断配电柜内隔离开关，加上操作失误，造成电源短路，导致人身伤害事故。

对策措施：

（1）强化电工作业人员的安全教育和安全意识，严格遵守电工安全技术操作规程，杜绝违章作业。

（2）检修作业前，应进行危险点检查、分析和评估，必要时采取有效的安全措施，消除事故隐患。

案例七十一　某船舶修造有限公司触电死亡事故

事故经过：

某日下午，某船舶修造有限公司外包队员工乔某在狭小空间内进行施焊作业。当时天气炎热，人在舱室容易出汗。17 时 30 分左右，与乔某相隔一间舱室的另一电焊工戴某因口渴要去厂门口买水喝，但并未通知乔某。18 时左右，乔某的弟弟下班时来喊他一起下班，结果发现乔某作业舱室的低压照明灯已经熄灭。于是他爬进了乔某作业的舱室，外包队负责人殷某也跟着爬了进去，此时发现乔某已经触电。在现场虽然对乔某实施了急救，但施救无效并确认其已经死亡。

原因分析：

经过认真调查取证，调查组认为该船舶修造有限公司发生的职工死亡事故是一起生产安全责任事故。导致事故发生的直接原因是乔某在狭小舱室内焊接作业时触电死亡。同时，还有以下间接原因。

（1）电焊工乔某无特种作业操作资格证书上岗作业，属于违章操作，在狭小舱室内焊接作业时，没有采取有效的安全保护措施，专人监护不到位，致使在作业过程中触电死亡，对事故的发生负有直接责任。

（2）该船舶修造有限公司副总经理李某因将工程发包给不具备安全生产条件的施工队，对施工方监管不到位，对事故负有主要责任。

(3) 外包队负责人殷某，安全生产意识淡薄，安全生产所必需的资金投入不足，在不具备安全生产条件的情况下承接船厂业务，对事故负有主要责任。

(4) 外包队安全管理员殷某，现场监管不到位，发现重大事故隐患未及时采取措施，对事故负有主要责任。

(5) 外包队电焊工戴某，无特种作业操作资格证书上岗作业，违反操作规程，对事故负有主要责任。

对策措施：

(1) 该船舶修造有限公司要认真吸取这次事故教训，举一反三，认真查找生产过程中存在的问题，完善安全管理制度，制定切实可行的安全技术防范措施。认真组织学习、贯彻、落实《船舶修造企业安全生产基本要求》等规章制度要求，切实做好生产安全工作。加强对外包企业施工资质的审查，严把外包企业的准入关。切实做好对外包企业的安全管理。强化职工的安全教育和培训，提高安全意识，防止类似事故的再次发生。

(2) 外包队要建立健全规章制度和操作规程，完善内部管理体系，做好施工现场安全管理。制订职工安全教育、培训计划，严格遵守特种作业人员、安全管理人员持证上岗的规定，落实安全培训规定，防止事故的再次发生。

(3) 主管该公司的管委会要加强对安全生产工作的领导，按照属地管理的原则，认真落实监管责任，根据本辖区工矿企业的特点，督促企业落实安全责任和措施。

案例七十二　某工程队使用手持电动砂轮机引起触电事故

事故经过：

某日，某工程队在调度室改造施工电缆线桥时，需要在电缆线桥上开几个出线孔。于是李某准备用手持电动砂轮机在线桥上割出一个 10mm×7mm 的口子。当通上电源时，手持电动砂轮机漏电。李某身体抽筋，无法动弹和说话，造成触电事故。

原因分析：

(1) 李某在使用手持电动砂轮机前没有认真检查完好情况，是导致工作时发生轻微触电事故的直接原因。

(2) 工友们没有起到监督作用，在李某违章的情况下没有及时制止，是造成事故的间接原因。

(3) 领导及技术人员对安全技术措施落实不到位，没有监督检查，对事故负领导责任和技术责任。

对策措施：

(1) 工程队应加强对施工人员的安全技术教育和培训，要把安全工作由事后处理变为事前预防，把“要我安全”变为“我要安全”，将安全工作放在各项工作的首位。

(2) 现场施工前，要对现场情况进行检查分析，对存在的危险源进行识别和预控，确保施工过程安全。真正把“安全第一，预防为主，综合治理”的安全生产方针落实到实际工作中。

(3) 建立并完善安全责任制，签订安全责任书。将安全责任层层向下分解，下级向上级负责，员工向领导负责，自已向别人负责。领导之间、员工之间及领导与员工之间，要

进行相互监督，构建成班组、车间和公司三级安全管理体系。安全员要深入基层，检查、监督安全技术措施的落实情况。

(4) 加强对移动式电动设备及工器具的使用管理。在投入使用前，技术人员都必须逐样逐台进行详细检查，确保无缺陷。特别是开关和电缆等有漏电危险的设备和工器具等，在电源回路要安装、使用剩余电流动作保护装置，并有可靠的保护接地，防止发生触电事故。

案例七十三　某电力局触电死亡事故

事故经过：

某年8月21日18时42分，某电力局110kV A变电站10kV变电站10kV BⅡ线3147隔离开关恢复电缆头接线作业现场，发生人身触电事故，死亡1人。

8月19日，110kV A变电站10kV BⅡ线314线路发生单相接地，经查是314断路器下端到P1杆上3147出线隔离开关电缆损坏，需停电处理。

8月20日晚，电力局生技股主任胡某、生技股线路专责朱某、安检专责刘某、变检班班长龙某、配网110班副班长张某在生技股办公室商量处理方案。经现场查勘，决定拆开电缆头将电缆放在地面上再进行电缆中间头制作，由变检班班长龙某担任工作负责人。同时决定由配网110班更换3087、3147隔离开关（因隔离开关合不到位），班长王某为工作负责人。

8月21日，配网110班班长王某持事故应急抢修单，负责3087、3147两组隔离开关更换工作；变检班班长龙某持电力电缆第一种工作票，负责电缆中间头制作。12时30分，完成现场安全措施，经调度许可同时开工。16时30分，配网110班完成3087、3147两组隔离开关更换，拆除现场安全措施后，由工作负责人王某向调度汇报竣工，并带领工作班成员离开现场。17时30分，电缆中间头处理工作将要结束，线路专责朱某电话通知王某来现场恢复电缆引线工作。18时20分，电缆中间头工作结束后，工作负责人龙某说要带人去变电站内恢复314间隔柜内电缆接线，当时刘某说电缆没接好，要求其不要离开现场并建议另外派人去。但龙某说只要几分钟，马上就回来，并带领工作人员进入变电站内。18时22分，龙某在变电站控制内向县调调度员段某汇报说："老段，我工作做完了，向你（二人开始开玩笑，调度：向老人家汇报啊；龙某：向老人家汇报）汇报"。18时25分，龙某与维修操作队工作许可人办理工作票终结并返回到BⅡ线P1杆工作现场，也没有向在现场的其他作业人员说明已办理工作票终结和向调度汇报的事。此时，王某已到现场并准备进行BⅡ线3147隔离开关与电缆头的搭接工作，龙某等4位变电工作人员协助工作，生技股线路专责朱某、变检专责刘某均在现场。18时29分，县调段某下令维修操作队将河东变河桥Ⅰ线308、河桥Ⅱ线314由维修转冷备用再由冷备用转运行。18时42分，维修操作队在恢复河桥Ⅱ线314送电时，导致正在杆上作业的王某触电死亡。

原因分析：

(1) 变检工作负责人龙某在配合电缆中间头制作而解开的电缆头未恢复、未告知现场人员、未履行验收手续，即擅自办理工作票终结手续，并向调度汇报工作结束，且汇报内容不全面、不具体。龙某的行为违反了《电力安全工作规程（变电部分）》中工作终结票的办理规定，是发生事故的主要原因。

(2) 王某在完成隔离开关更换后，明知还要再次上杆恢复电缆头接线，仍然拆除了事故抢修单和电力电缆第一种工作票上都有要求的3147靠电缆头侧接地线，并办理工作终结手续；明知接地线已经拆除，还擅自上杆进行作业。王某的行为违反了《电力安全工作规程》中设备停电接地后方可进行工作的规定，是发生事故的直接原因。

(3) 县调调度员段某工作随意，不使用规范的调度术语，在汇报内容不全、没有确认是否已拆除安全措施、是否具备送电条件的情况下，即盲目向维修操作队下达送电指令。段某的行为违反了《电力安全工作规程（变电部分）》中向线路送电的有关规定，是事故发生的间接原因。

对策分析：

(1) 电力局必须加强对生产管理进行统一指挥与协调的领导作用。对多工种作业，单位行政正职或分管副职必须按规定到现场监督把关，明确专人统一指挥、协调，并指派专人负责、专人监护，杜绝违章行为，确保安全有序。

(2) 县调必须强化规范化管理，制定标准化管理细则。调度员工作态度应当严肃端正，遵守值班纪律，联系工作、接发调度命令要使用规范术语，指令填写必须正确无误；工作票签发人要按规定要求办理工作票，工作许可人在线路停电、装设安全措施后方可许可工作。

(3) 严格执行“两票三制”制度。应根据不同的工作任务，使用不同的工作票。更换隔离开关并非事故抢修，不能使用事故抢修单。工作票中的内容要完善，应当包含所有的工作项目和安全技术措施。在安全技术措施装设之前或拆除之后，不得开始工作或重新工作。只有当工作票中的所有工作项目完成后，方可办理工作票终结手续。

案例七十四　某队部带电修理日光灯引起触电事故

事故经过：

某日，某队部王某发现单位会议室日光灯有两个不亮，于是自己进行修理。他将桌子拉好，准备将日光灯拆下检查。在拆日光灯过程中，手拿日光灯架时手接触到带电相线，被电击。由于站立不稳，从桌子上掉了下来。

原因分析：

(1) 王某安全思想意识淡薄，维修电器时没有采取必要的防范措施，带电作业也没有使用任何工具，是造成事故的直接原因。

(2) 王某独自一人操作，没有人监护，是事件发生的间接原因。

(3) 队部会议室内日光灯损坏，队部领导没有及时发现并联系服务公司维修，对事故负有领导责任。

对策措施：

(1) 加强员工对用电安全知识的学习，提高电气安全意识。

(2) 从事电工作业的人员必须经过专业技术知识的培训，取得资格证后方可上岗，禁止无证人员从事电工作业。

(3) 操作、维护电气线路及设备时，要严格执行停送电制度。对于需检修的线路和设备，应当遵守停电、验电相关规定。

(4) 正确使用防护用品、工具，不独自作业，要做到“一人作业、一人监护”。

案例七十五 某船舶修造有限公司触电死亡事故

事故经过：

某年6月初，某船舶修造有限公司委托某船舶修理服务有限公司检修128号船。6月23日早上7时左右，该船舶修理有限公司负责人余某带着手下的5个冷作工到在检修的128号船甲板上点名，发现另一名冷作工朱某和电焊工吴某不在甲板上。余某从甲板上往下观察，发现朱某和吴某已经从2号舱西南角舱壁上的压载舱道门口爬进去，到舱底去作业了。随后，余某带领其他人也爬到2号舱底的甲板上，开始进行分工。7时10分左右，已经在舱室里干活的朱某顺着畅通的舱室爬到位于西北角的压载舱道门下面，爬出道口，将原本放置一边的外壳未接地的排风机拖到道口边，盖在道口上。然后一手托着排风机，一手将排风机的开关打开，当场被电击倒。这时，余某刚给其他5名工人分配好工作，发现西北角的压载舱道口上的排风机不运转了，就跑过去看，看到道口下的朱某一只手被压在风机下，他马上把排风机的开关关掉，再把排风机扶起来，放在道口一边。朱某因为失去支撑倒在地上，余某见状立即跳下去将朱某扶起来，并马上呼叫其他人来一起救助。

事故发生后，该船舶修理有限公司立即派人用吊车将朱某从底舱吊上来送往医院，朱某经抢救无效死亡。事后，该船舶修理有限公司派专业电工人员对事故发生的排风机进行了检测。该排风机接入的电源电压为380V，功率为3kW，风机内部电动机绕组被烧坏，经万用表测试，电动机绕组绝缘电阻为零。

原因分析：

经过认真调查取证，调查组认为该船舶修理有限公司此次发生的死亡事故是一起生产安全责任事故。该船舶修理有限公司为外包施工方提供不符合安全要求的用电设备，未按照有关规定在配电箱安装剩余电流动作保护装置。朱某安全意识淡薄，使用外壳未接地的排风机进行排风，待排风机开关开启时，由于排风机内电动机绕组烧坏引起外壳带电，导致其触电死亡。

对策措施：

（1）该船舶修理有限公司连续3年发生触电死亡事故，企业要认真吸取事故经验教训，举一反三，定期检查电气设施设备，并详细记录检查情况。要严格按照有关规定做好临时用电管理工作，及时排查治理事故隐患。要进行一次安全大检查，严查无证上岗操作人员，对公司内存在的安全生产薄弱环节要采取有效措施，防止生产安全事故的再次发生。

（2）该船舶修理有限公司要认真吸取事故教训，严格落实安全生产责任制，检查安全生产工作，抓好员工安全教育培训工作，做好安全台账管理，防止生产安全事故再次发生。

（3）城市管委会及所在街道办事处按照属地管理的原则，认真落实监管责任，要进一步加强用电安全管理工作，督促辖区内企业落实安全责任和措施，切实抓好安全生产工作。

案例七十六 某电力公司触电伤亡事故

事故经过：

某日，某电力公司输变电管理所按计划对A线等相关的35kV线路进行例行停电登检工作。在工作的前一天，为了缩小停电范围，在没有考虑10kV B线与35kV停电登检的A

线有一段为共杆塔架设的情况下，就制订了通过10kV屯村线对停电区域送电的方式。在工作方案尚未审定、批复的情况下，就按计划开展象妙线等相关的35kV线路的停电登检工作。

当天工作的2个工作小组分别办理了工作票，但输变电管理所检修班班长、第一工作小组工作负责人覃某没有按工作票的分工组织开展工作，而是将两个工作小组的工作人员集中到第一工作小组工作面上同时开展工作。9时45分，完成了第一工作小组的工作任务，并向调度办理工作终结手续后，两个工作小组的工作人员又转移到第二工作小组的工作面上工作。11时左右，输变电管理所检修班工作人员陈某甲、陈某乙分别登上35kV A线与10kV B线共杆架设的123、131号铁塔悬挂接地线。陈某甲和陈某乙均采用先挂上层35kV停电线路的接地线，然后再挂下层10kV B线接地线的错误方法。此时，其他工作人员也纷纷上杆作业。10时31分，调度值班员接通10kV线路对停电区域送电的方式，对C供电所运行操作人员下达10kV线路的送电命令。11时15分，C供电所运行操作人员送电操作完毕，与停电登检的35kV A线共杆的10kV B线处于带电状态。11时20分，陈某甲在123号铁塔挂完上层35kV线路接地线后，下到下层挂10kV B线的接地线时，在未经验电即挂接地线时，被10kV B线带电线路电击受伤，随着就趴伏在铁塔上；与此同时，陈某乙在131号铁塔，到下层挂10kV B线的接地线时，头部右侧被10kV B线带电线路电击死亡，安全带烧断后从铁塔上坠落到地面，在125号杆工作的临时聘请的工作人员陈某丙，在下杆时，也被带电的10kV B线路电击受伤。这次触电事故最终导致1死2伤。

原因分析：

（1）工作人员严重违反《电力安全工作规程》的安全技术措施的要求，挂接地线前没有进行验电，并且在同杆架设的线路挂接地线时先挂上层后挂下玄，顺序不正确，造成触电，是这次事故发生的直接原因之一。

（2）该电力公司工作安排管理混乱，在检修工作期间，临时安排停电区域供电，造成35kV A线123～131号杆塔的作业区域带电，是导致事故发生的直接原因之二。

（3）检修班组工作组织混乱，两个工作组混在一起工作，工作交底不清，职责不明，在安全措施未做好前就登杆作业，严重违反“两票”规定，是导致事故发生的间接原因之一。

（4）工作负责人工作不细致，在安排工作前，没有认真勘查现场，对35kV A线123～131号杆塔与10kV B线同杆架设情况不清楚，没有提出同杆架设10kV线路停电的安全措施，是导致事故发生的间接原因之二。

（5）没有工作现场专责监护人，监护职能缺失。工作负责人也没有履行好监护职责，对工作人员的错误行为没有进行有效监督和制止，是导致事故发生的间接原因之三。

（6）工作票签发人不熟悉作业现场，审票不严，在工作方案未经审批、工作票安全措施不完善的情况下就签发工作票，是导致事故发生的间接原因之四。

对策措施：

（1）该电力公司必须立即停工整改，按照事故“四不放过”的处理原则，进一步分析查找事故原因，分清事故责任，按照管理权限对有关责任人进行处理。并由当地主管供电局督促做好停工整改工作，并在供电系统辖区内对事故的处理意见进行通报。

（2）公司下属各单位要组织开展安全生产专题活动，组织员工认真学习《电力安全工

作规程》《防止人身伤亡事故十大禁令》和《防止恶性误操作事故十大禁令》，组织员工学习本次事故通报，对事故存在的问题进行分析，举一反三，吸取事故教训。

（3）公司下属各单位要注重生产流程的管理，严格执行安全生产规章制度，加强调度、变电、配电操作监护，严格执行“两票三制”，深入开展危害辨识与风险评估工作，规范现场勘查、施工方案、停电申请与批准、工作签发、许可与监护等工作流程，落实停电、验电、挂接地线、悬挂标志牌、装设遮栏等安全防护技术措施。

（4）公司下属各单位要加强对电网工程建设的安全管理，严格执行工作票、施工作业票和施工方案的申请、审核和审批程序，加强工作现场的组织管理，严格落实各项安全组织措施，确保工作过程安全。

（5）县级供电企业必须在本年底前清理完善县级电网主接线图、地理接线图、10kV和0.4kV配网图，标明交叉跨越、同杆架设、电源点等情况，完善相关技术图纸和资料，并做到图实相符。

（6）公司将对各单位以上工作的进展和落实情况进行专项检查，并在辖区内进行公示通报。

案例七十七　某供电有限责任公司触电死亡事故

事故经过：

某日，某供电有限责任公司检修队按照计划对A电站进行检修，工作任务为“A站综合自动化装置屏更换，35kV系统设备、10kV系统设备检修”，工作计划时间为24日9时30分至28日18时00分。工作负责人徐某，工作班成员张某、郭某、邱某、李某4人。28日14时45分，所有检修工作全部结束，A站运行值班人员刘某向调度汇报检修工作结束，10kV B线、C线、D线、E线具备带电条件。14时45分当值调度值班员周某下令将10kV B线、C线、D线、E线投入运行。运行人员在15时38分操作结束后发现，监控机上10kV D线9751隔离开关、9752隔离开关位置信号与实际位置不相符。15时52分，工作班成员张某向调度申请将D线转入检修状态进行缺陷处理，变电运行人员执行调度命令将D线变电间隔设备由运行转检修后，工作班成员张某（消缺工作实际负责人，二次专业检修人员）、郭某（二次专业检修人员）、李某（一次专业检修人员）3人开始进行缺陷的消除工作。在消缺过程中，张某首先进入柜内手压辅助触点检查隔离开关位置信号，感觉二次无异常后，由李某做一次部分检查。李某擅自违规解除隔离开关机械“五防”闭锁装置，拉开接地开关，试图采用分合9751、9752隔离开关的方法检查辅助触点是否到位，当合上9751隔离开关后（那时母线至开关上部已带电），辅助触点仍然未到位，李某便将头伸进开关柜检查辅助触点，头部触点及带电部位发生触电事故。后经抢救无效，于18时15分死亡。

原因分析：

（1）该公司工作班成员违反《电力安全工作规程》相关规定，未办理工作票、不清楚停电范围、违章进行作业，未经批准允许擅自强行解除隔离开关机械联锁，拉开接地开关，合上9751隔离开关是造成事故的直接原因。现场的消缺工作，必须要对10kV母线停电并设置安全措施后，才可以在9751隔离开关上进行工作，通过拉合9751隔离开关来调整其与辅助开关的配合情况。由于工作人员擅自改变了安全措施和扩大工作范围，最终导致了事故的发生。

(2) 变电站运行值班人员违反《电力安全工作规程》相关规定，工作许可人没有到达工作现场，没有进行现场许可，未向工作人员交代运行带电设备的范围，现场安全技术措施落实不完备，允许工作班成员改变设备状态是造成事故的另一重要原因。

(3) 调度值班员违反国家电网公司“两票三制”的有关规定，未严格执行“两票三制”制度，许可工作人员无票操作，是造成事故的另一重要原因。

(4) 公司相关领导和管理人员未严格执行到岗到位制度，未落实停产整顿七项措施要求，不向电业局报告且无一个生产领导在现场，检修现场生产组织失控是造成事故的重要管理原因。

(5) 所属电业局领导和相关部门对控股供电公司现场大型检修工作不清楚，管理不到位，是造成事故的又一管理原因。

(6) 10kV 开关柜型号（XGN2-12/Z-32）存在缺陷，无带电显示装置，并且看不到触头的分合状态，是导致事故发生的次要原因。

对策措施：

(1) 认真吸取事故教训，迅速将该人死亡事故情况在公司范围内通报，督促各单位认真学习，深刻反思，对照查找安全管理薄弱环节，全面评估安全生产状况，主动发现问题，及时解决问题，降低安全风险，防止安全事故的发生。

各单位要认真组织学习这次检修作业人身触电死亡事故情况通报，深入分析事故原因，结合本单位实际，对照查找安全管理薄弱环节，加强控股（代管）公司的安全生产管理。要将工作重点放在生产班组，放在施工现场，放在一线作业人员。要有效开展安全教育培训，提高培训的质量，不断强化各级人员，特别是现场作业人员的安全意识。

(2) 结合当时春夏季安全检查及反违章活动的开展，对检修作业进行安全专项整顿，深入开展反违章活动，严肃查纠违章指挥、违反作业程序、擅自扩大工作范围等典型违章现象，保证检修作业安全有序地开展。

各单位要严格执行“两票三制”，全面落实“三防十要”等反事故措施，切实落实防止人身触电事故各项安全措施，严格执行防止电气误操作的安全管理规定，严格解锁钥匙和解锁程序的使用与管理，杜绝随意解锁、擅自解锁等行为。认真开展作业现场安全风险辨识，制定落实风险预控措施，加强现场查勘和作业前的工作交底，确保每一位作业人员对作业现场、作业任务、作业程序、现场危险源以及风险预控措施清楚。严肃查纠各类违章行为，加大违章处罚力度。

(3) 加强各控股公司大修、技改及农网工程的统一管理。要严格按照相关管理办法，将控股供电公司的大修、技改及农网工程纳入各电业局（公司）统一计划管理。

(4) 各级领导干部和管理人员要严格执行安全生产到岗到位的有关要求，认真履行岗位职责。上级部门采取定期检查和明察暗访等方式对各电业局（公司），特别是控股公司各级领导干部和管理人员的到岗到位和履责情况进行检查，对未按照规定执行的单位和个人将严肃处理。

(5) 进一步加强对控股、代管公司的安全管理与考核，尽快建立控股公司安全生产专业化管理与综合管理相结合的协调运作机制，认真开展对控股、代管公司安全专项监督与检查工作，针对目前控股、代管公司安全管理制度不健全、基础管理薄弱、监管机构不完

善、电网建设和老旧设备改造滞后、人员安全素质较低的现状，强化“四统一”安全管理，实现控股、代管公司与省公司安全管理接轨，提升控股、代管公司安全生产管理水平。

（6）全面清理控股公司生产技术及调度管理规章制度，按照对直管供电局的工作要求修编完善控股公司规章制度、工作流程和工作标准，规范控股公司的安全生产管理。加大基层电业局对控股公司的管理和考核力度，让基层电业局对控股公司的管理做到有职有权。

（7）进一步加强对控股公司人员的技术培训和责任心教育，开展控股公司领导班子人员培训、生产人员岗位准入培训考试和职业技能培训考核，逐步提升其技术素质和作业技能。

针对生产一线人员素质和责任心普遍存在差距，缺乏对职业素质和责任心考核的刚性措施的问题，进一步研究完善岗位晋升通道和薪酬激励机制，建立相应的考级制度。员工在一定的时间内没有发生违章行为和责任事故，可考虑其岗位晋升，发生了安全事故的员工，让其回到零点，重新从基岗做起。

（8）进一步加强10kV、35kV封闭式开关柜技术管理，要求各单位对10kV、35kV封闭式开关柜开展清理和隐患排查，针对封闭式开关柜设计上存在的缺陷查找共性问题，采取切实有效的防范措施，加大设备技术防范研究，加强防误操作管理，采取有效措施保证作业人员安全。

案例七十八 某电业有限公司恶性误操作事故

事故经过：

某日9时30分，某电业有限公司所属A变电站检修升压站1号主变压器、A变电站至B变电站线路开关（624QF）和线路避雷器（324BL），已填写合格的设备停电检修申请票和发电厂第一种工作票，A变电站运行值班员按照工作票要求做好了各项安全措施；B变电站按调度指令断开B变电站至小洞电站35kV 362线路油断路器362QF及其两侧隔离开关3623G、3621G，合上线路侧接地开关36271G。B变电站至A变电站3535kV线路（362）处于检修状态。

15时53分，A变电站检修工作终结，检修人员已全部撤离工作现场，并报告了调度。16时25分，该公司值班调度员班某电话指令B电站杨某：拆除在1号主变压器6.3kV侧断路器母线隔离开关6241G悬挂的“线782号”接地线；16时37分，班某电话指令杨某：断开1号主变压器6.3kV侧62471G接地开关。小洞电站升压站内35kV 362线路的32471G接地刀闸还没断开。

16时39分，值班调度员班某电话指令B变电站站长沈某（兼值班员）：将35kV 362线由检修转为冷备用。沈某在接调度电话后将正确的调度指令左值班记事簿上错误地记录为：“将B变电站35kV 362线由检修转为运行”，并立即打电话通知本班人员岑某到变电站操作（B变电站单人值班，有操作任务时可通知本站非当班值班员担任监护或操作人）。岑某到达变电站后，沈某将事先填写好的倒闸操作票交给岑某。岑某将操作票对照沈某在值班记录簿记录的调度指令“由检修转为运行”，确认操作票与调度指令一致后，在模拟主接线图板上进行了倒闸操作预演。然后由岑某操作，沈某监护，执行了错误的操作任务：即16时51分，当A变电站操作人岑某合上35kV线路362断路器时，该断路器立即“电流速断”自动跳闸。跳闸原因是该线路小洞电站侧接地开关（32471G）尚未断开。沈某立即停止操作，并于16时53分打电话向值班调度员班某报告。

原因分析：

该电业有限公司B变电站值班员沈某接到调度指令时，没有做到边听边记录，只是习惯性地将调度指令内容进行复诵。在接听、复诵调度指令内容完成后，才做记录，致使把“由检修转为冷备用”错误地记录为“由检修转为运行”，并按错误记录和事先填写好的倒闸操作票进行操作，是发生恶性误操作事故的直接原因，也是一起由习惯性违章引发的典型恶性误操作事故。

（1）该电业有限公司B变电站值班员沈某工作责任心不强，麻痹大意，对双电源线路倒闸操作危险点分析认识不足，工作随意散漫等，是恶性误操作事故发生的间接原因。

（2）该电业有限公司变电工区对变电站值班人员安全生产责任意识、工作纪律和日常安全管理不到位，导致变电站值班人员习惯性违章作业现象未能及时有效消除，是恶性误操作事故发生的间接原因。

（3）该电业有限公司连续3年发生恶性误操作事故，说明对习惯性违章、反事故工作针对性不强，流于形式。

对策措施：

（1）该电业有限公司应加强对变电站值班人员安全责任意识的强化培训，建立和完善安全生产责任制度。总结事故经验教训，举一反三，杜绝恶性误操作事故，扭转被动的工作局面。

（2）该电业有限公司加强对变电站值班人员专业技术水平的提高，制定培训、考核办法，建立标准化工作制度，确保工作质量。

（3）该电业有限公司应加强对变电站值班人员日常工作的检查、监督和管理力度，及时纠正不良行为和违章违纪现象。对查出的问题，制定措施，严肃处理、不留隐患。

案例七十九　某加油站抽水泵电源线裸露漏电事故

事故经过：

某日，某加油站当班班长巡检时发现油罐区观察井内水位增高，便利用站由配备水泵（防爆）准备将水抽出。当班班长（该站电工，有电工证）从加油站配电室接出临时电源线，跨越加油场地车道至油罐区车道至油罐区与水泵相连。接好电源后，启泵进行抽水。抽水过程中，加油站站长检查发现，电源线由于过往车辆碾压，绝缘层已破损露出金属导体，存在漏电、短路打火等隐患，相当危险，立即停止了抽水作业，事件未造成损失。

原因分析：

此次事件虽未造成损失，但整个作业过程存在多处隐患，属典型的“三违”行为。水泵电源线横跨加油场地且未设置任何警示及隔离防护措施，作业现场无专人看护。当班班长安全意识差，图省事，违反规定，在未办理临时用电票（该作业需同时开具动火票，也未办理）和多项安全防护措施未落实的情况下，就在油罐区使用临时电源线。同时也反映出企业存在着对员工安全教育培训落实不到位的问题。

对策措施：

（1）企业应加强对本单位员工的安全专业技术知识的教育和培训，增强员工的安全防范意识。

(2) 建立完善安全规章制度，并落实到实际工作中。加强加油站内临时用电、动火等作业票据管理制度的教育培训和检查落实，严格考核兑现，杜绝违章作业。

(3) 加油站内的用电设备及其电源线路，应满足防火、防爆要求。电源线路不允许有中间接头，线路联结须采用防爆接线盒。使用插头插座时，插头插座也必须防爆。

(4) 加油站内临时电源线路的敷设，要尽量避免穿越车道，如确需穿越，必须封闭车道、设置安全隔离标志并有专人看管。

案例八十　某电业有限公司恶性误操作事故

事故经过：

某日16时05分，某电业有限公司调度室调度员吴某电话命令35kV A变电站值班员王某，要求将电锌厂107线路由运行状态转为检修状态（电锌厂要求停电处理电解槽的电缆）。

该电业有限公司35kV A变电站值班员王某接到调度命令后，即与同班的值班员何某商量决定，电气操作票由何某填写并担任监护人，电气操作由王某负责操作。电气操作票填好后，16时15分王某到操作现场进行操作，何某正在工具柜处拿接地线、验电器和绝缘工具。王某在没有按照规定对电气操作票进行预演和复诵的情况下便执行操作，且只凭指示灯不亮就确定107QF油断路器在完全断开的情况下，就拉1071隔离开关。在拉开1071隔离开关时，1071隔离开关触头出现了较大的电弧，引起了2号主变压器和A变电站103、106油断路器跳闸，从而发生了带负荷拉隔离开关的恶性误操作事故。事故发生后，该电业有限公司及时组织有关人员对事故现场进行处理。16时25分，恢复2号主变压器供电，19时36分恢复了A变电站103和电锌厂107线路供电。

原因分析：

(1) 该电业有限公司35kV A变电站值班员王某在倒闸操作过程中，违章操作，没有及时制止王某的错误操作行为，是导致此起恶性误操作事故发生的直接原因。

(2) 该电业有限公司35kV A变电站值班员何某作为当班电气操作监护人，没有尽到监护人的责任，没有及时制止王某的错误操作行为，是导致此起恶性误操作事故的直接原因。

(3) 值班人员安全意识淡薄。该电业有限公司35kV A变电站值班人员在操作过程中，既不戴安全帽，也不戴绝缘手套、不穿绝缘鞋。不按规定对操作票进行唱票和复诵，不按操作票程序进行操作。操作前没有检查核实油断路器的分、合状态。操作过程中无人监护。

(4) 设备存在安全隐患。该电业有限公司35kV A变电站油断路器操动机构分、合闸指示器存在严重安全隐患，其分、合闸位置指示不清，A变电站值班员发现隐患后未及时上报公司和要求派人处理，未及时排除此安全隐患。

对策措施：

(1) 加强对电工作业人员的安全技术知识的教训和培训，增强安全防范意识，杜绝违章作业。

(2) 严格执行操作票制度和倒闸操作规定。操作票的填写内容要完善，并进行复查和审核；操作前要明确操作内容，确认待操作的断路器、隔离开关所处的分、合位置；操作时要按步骤一步一步操作，不可遗漏或重复；操作过程要有人监护，每完成一步操作，由监护人画勾。禁止带负荷拉闸或带负荷合闸。

(3) 进行倒闸操作时，操作人员必须穿戴好绝缘防护安全用品，防止设备漏电而触电。

(4) 及时消除设备隐患。值班人员发现设备存在隐患或发生故障，应及时报告负责人。负责人接到报告，要及时安排维修人员进行处理。

案例八十一 某起重机械有限公司触电死亡事故

事故经过：

某日 13 时左右，某起重机械有限公司安装队队长贾某带领李某、王某等 4 个工人到某精密机械有限公司总装车间内安装滑线吊线架、Z 型架，并在地面上进行 Z 型钢联结点焊接作业。17 时 40 分左右，贾某搬好架子，到位于车间的中后方喝水。突然听到一声叫喊，贾某回头发现工人王某已倒在滑索道的支架边。

王某尖叫一声倒地后，精密机械有限公司的副总经理施某回头看到王某口中吐着白泡，身体抖动了一下。这时工友李某跑过去，甩掉王某右手中的电焊枪，马上给他做心脏按压。当时王某还有些细微的意识，张大嘴巴做着深呼吸，但叫他名字他并没有反应。与此同时，施某立即打电话叫急救车。17 时 50 分，贾某等人将王某抬上车送往医院，18 时 20 分左右，经医院确认王某已经死亡。

原因分析：

经过认真调查取证，调查组认为该起重机械有限公司已发生的触电事故为安全生产责任事故。事故的直接原因是王某自我安全防范意识淡薄，在未取得电焊资格操作证、未穿戴防护用品的情况下，擅自进行电焊作业，导致触电死亡。事故责任追究如下：

(1) 安装队王某趁电焊工贾某离开去喝水的空当，在未穿戴防护用品、未持有电焊资格操作证的情况下，拿起电焊枪进行点焊，导致触电伤亡。其行为违反了《中华人民共和国安全生产法》的有关规定，对事故的发生负有主要责任，鉴于王某在事故中已死亡，不再追究其相关责任。

(2) 该起重机械有限公司未对从业人员进行安全教育和培训，教育管理不到位，致使无特种作业操作证的人员擅自进行电焊作业，造成生产安全事故发生，对事故负有主要责任。违反了《中华人民共和国安全生产法》的有关规定，市安全生产监管部门对其违法行为予以了行政处罚。

(3) 该起重机械有限公司董事长李某，未督促、检查本单位的安全生产工作，及时消除生产安全事故隐患，造成事故发生，对事故的发生负有领导责任。违反了《中华人民共和国安全生产法》有关规定，市安全生产监管部门对其违法行为予以了行政处罚。

(4) 安装队队长贾某，发现员工违章作业未加以制止，未及时消除无特种作业操作证的员工擅自从事电焊作业、安全防护不到位这一事故隐患。违反了《安全生产违法行为行政处罚办法》的有关规定，对事故负有主要责任，市安全生产监管部门对其违法行为予以了处罚。

对策措施：

(1) 该起重机械有限公司要切实加强施工现场生产安全管理，严肃规范从业人员作业要求，切实落实职工安全三级教育和安全技术培训工作，严格执行各项规章制度和操作规程，防止类似事故的再次发生。

（2）该精密机械有限公司要对外包公司开展经常性的安全生产检查，督促企业严格遵守相关法律法规，杜绝类似事故的发生。

（3）管辖经济开发区要加强对外来施工单位安全生产的监管，预防和遏制安全生产事故的发生。

案例八十二 某电厂电气误操作造成的人身伤亡事故

事故经过：

某日，某电厂燃煤机组中班运行人员在执行“1号机组6kV 61C段母线由备用电源进线断路器61C02运行转冷备用”操作过程中，发生一起人员违章操作，导致一人死亡一人重伤的人身伤亡事故。

该日白班，根据1号机组B级检修工作安排，运行准备将1号机组6kV 61C段母线由运行转冷备用，以便于第二天61C母线停电清扫。从上午09时00分开始，当班运行乙值进行负载转移操作，至下班前完成了61C段母线上所有负载转移。16时00分运行电气专工交代中班值长，当班期间需完成6kV 61C段母线由运行转冷备用操作，并特别交代61C段母线转检修操作由次日白班根据工作票要求完成。运行中班接班后，值长安排实习副值班员吴某担任监护人，巡检员李某担任操作人执行该项操作。两人接受操作任务后，吴某填写了操作票，经李某签字并经值长审核批准后，于19时05分开始进行操作。19时07分操作人员通知集控室值班员在远方拉开61C段备用电源61C02断路器，而后按照操作票逐项操作，将61C02断路器拉至试验位置，取下二次插头，61C段母线转入冷备用状态。根据有关人员陈述和事后调查，61C段母线转成冷备用状态后，操作人员按照操作票第16项操作内容进行“在1号机6kV 61C段备用电源TV上端头挂接地线”的操作。由于柜内带电，电磁锁闭锁打不开柜门，于是监护人联系检修人员用解锁钥匙打开柜门，随后未经验电，即开始挂设接地线，发生了电弧短路。

19时26分，集控室监盘人员发现2号启动变压器跳闸，汇报值长后，立即派两名巡检人员去1号机6kV开关室检查。两人到达开关室后，看到6kV开关室冒出浓烟，并且发现吴某受伤坐在6kV开关室门口，两人立即向值长进行了汇报。值长随即安排人员佩戴正压式空气呼吸器赶至6kV开关室将仍在开关室内的李某救出。在得知人员受伤情况后，值长立即拨打120报警电话，并汇报相关领导。20时10分，120救护车到达现场与厂值班车一起分别将李某、吴某送往某军区总医院抢救。经医院全力救治，监护人吴某脱险，操作人李某终因伤势严重死亡。

原因分析：

事故发生后，通过对现场详细勘查、取证、询问和分析，初步分析认定事故发生的原因如下。

（1）操作票填写错误，审核、批准不仔细，未能发现填写的操作错误项。根据“1号机组6kV 61C段母线由备用电源进线断路器61C02运行转冷备用”操作任务，不应该填写挂接地线操作项，更不应该填写“在1号机组6kV 61C段备用电源TV上端头挂接地线一组”的内容。运行人员对系统不熟悉，操作票审核未对照电气一次系统图认真核对，没有及时发现操作项中在带电侧挂接地线的错误。操作票不是操作人填写，而为监护人填写，缺少了审核环节。值长审核不严，未能发现操作票中明显的错误。

（2）未按操作票进行操作，未执行操作票中“验明1号机组6kV 61C段备用电源TV无电”操作项，跳项进行“在1号机组6kV 61C段备用电源TV上端头挂接地线一组”操作。操作人员在操作过程中，未携带验电器，对1号机组6kV 61C段备用电源TV未进行验电即挂设接地线，造成了6kV 61C段母线备用电源侧短路。

（3）运行人员执行操作票存在随意性，在操作票和危险点分析与控制措施执行未全部完成时，执行打勾已全部结束，操作结束时间也已填写完毕，并且未按照操作票顺序逐项操作，存在跳项和漏项操作的现象。

（4）“五防”闭锁管理制度执行不严格，运行人员擅自通知检修人员解除61C段备用电源TV柜电磁锁，失去了防止误操作的最后屏障。

（5）运行人员过于依赖运行专工，独立分析、判断和审核把关能力欠缺。操作人、监护人、批准人的安全意识淡薄，安全技能不足，工作作风不严谨，操作票制度执行不严肃。

（6）倒闸操作管理部门领导重视不够，没有部门领导、专业人员在现场对操作进行监督指导。操作人员安排不合理。操作人李某为新进厂的巡检员，监护人吴某为新进厂的实习副值班员，两人虽已取得了电气岗位的当班资格，但技术水平仍不高，从填写操作票到进行倒闸操作都存在技术方面的问题。

（7）安全生产管理不严，使得相关安全管理制度、措施得不到有效执行，习惯性违章屡禁不止。工作作风不实，各级安全生产责任制不能得到有效落实，安全生产管理人员不能经常深入生产一线检查、发现问题。管理不细，相关的安全生产制度不完善，技术措施不全面，“两票”管理存在很多不到位的地方。

对策措施：

（1）以此次事故为经验教训，将每年中的该月确定为电厂安全生产月。制定好安全生产月活动计划，组织在全厂范围内开展一次“安全为谁，安全依靠谁”大讨论，深刻反思电气事故发生的深层次原因；全面查找安全生产管理过程中“严、细、实”方面存在的问题；在全厂范围内对各生产岗位全面进行隐患排查，查找自身及身边存在的违章行为，对查出的问题认真制订整改计划，限期整改。

（2）加强各机组检修期间的安全管理。机组检修期间实行厂领导、部门领导带班制；对各检修队伍人员状况、检修区域安全隐患进行深入的排查梳理，将所有检修区域分到责任人，对检修过程中可能存在的危险点逐一分析并做好预控措施，确保机组检修期间的安全。

（3）在全厂开展“两票三制”专项检查活动，深入查找“两票”管理工作中存在的问题。进一步补充完善热机、电气操作票制度和程序；严格执行工作票、操作票管理流程，制定清晰、明确的“两票三制”执行流程在现场进行公布。加强“两票三制”制度执行情况的动态检查和考核，制定“两票三制”执行追踪检查规定，对违规人员安排下岗再培训、再考核，合格后方可重新上岗。

（4）每月定期召开一次安全委员会扩大会议，针对“两票三制”执行过程中检查发现的问题，落实解决措施，并对下一月安全生产工作进行全面部署。认真落实工程建设中的工作要求和安全技术措施，特别是强化对电厂各部门、各级员工、承包商施工队伍及员工的管理和要求。

（5）强化运行操作管理。完善运行操作管理标准，进一步明确操作人、监护人、值长、专工及运行部门领导在运行操作过程中的职责；完善重要操作时各级人员到位管理制定，

并严格执行；对重要操作和非经常性操作，部门领导及专业技术人员到场，并合理安排人员，加强操作力量，确保操作安全。

(6) 进一步规范生产技术管理工作，对于部门、专业下发的技术措施、专业通知、工作方案按规定严格履行签字审批手续后下发执行。

(7) 按照岗位职责要求，加强员工安全技能、业务知识的培训，提高人员的安全意识和技术水平。每周举行专业知识讲座和技术讲评会；组织“两票”专项教育、培训和考核，做到人人过关。

(8) 全面修订各生产岗位的培训标准，对所有运行人员严格按照新的岗位标准重新进行上岗资格认证考试，对于考试不合格者，降岗降薪使用。

(9) 加强“五防”管理。在全厂范围内严格检查解锁钥匙的拥有、使用情况，对违反规定私自藏有、使用解锁钥匙的人员严厉追究其责任；将重要设备的电磁锁统一更换，并在所有电磁锁位置贴上相应警示标识，提醒人员不能随意解锁。

(10) 结合本质安全型企业创建工作，深入开展危险点分析与预控工作，不断提高作业人员的风险防范意识。对“两票三制”中的危险点分析预控的流程进一步明确。运行操作前，由值长组织操作人、监护人对操作过程中存在的风险进行分析评估，制定相应的控制措施，并由监护人负责每一项预控措施的落实；检修作业前，由工作负责人组织工作班成员进行作业过程风险分析，确定相应的预控措施，并由工作负责人检查危险点预控措施的落实情况。

案例八十三　某广场地下部分安装工程触电死亡事故

事故经过：

某日15时，某广场地下部分安装工程项目，施工人员马某在地下一层13-14轴交H-G轴进行插座配管配线，在线槽内协助电工敷设电线时，碰触到线槽内照明回路带电线头遭到电击，经抢救无效死亡。马某为电气安装辅助工种。

原因分析：

经过对事故现场进行分析，有以下原因：

(1) 触电死亡者马某无操作证。违反了《建筑电气工程施工质量标准》中“安装电工、电气焊工、起重吊装工和电气调试人员等，均应按照有关规定的要求持证上岗”的规定。

(2) 敷设在线槽内的电线有接头。违反了《建筑电气工程施工质量标准》中“电线在线槽内有一定的裕量，不得有接头；电线按回路编号分段绑扎，绑扎点间距不大于2m”的规定。

(3) 施工现场安全防护设施不到位，施工技术及安全交底不到位，违反了《中华人民共和国建筑法》的多项规定。

(4) 配电箱剩余电流动作保护器在发生人员触电事故后未动作，没有起到切断电源的保护作用。

(5) 现场施工用电管理不健全，用电档案建立不健全。

(6) 触电死亡者马某，安全意识淡薄，自我保护意识差。

对策措施：

(1) 结合此次触电事故，应对所有员工进行全方位安全教育，增强安全防范意识。电工人员应按要求进行培训教育，持证上岗。在实际工作中杜绝违章指挥、违章作业、违反劳动纪律的“三违”现象发生。

（2）建立健全施工现场用电安全技术档案，包括用电施工组织设计、技术交底资料、用电工程检查记录、电气设备试验调试记录、接地电阻测定记录和电工工作记录等。

（3）对现场用电的线路架设、接地装置的设置、配电箱剩余电流动作保护器的选用要严格按照用电规范进行。接地装置要按要求检查维修，保证保护装置处于完好状态。

（4）加强施工现场用电安全管理。制定相关管理制度，使技术得以落实。各线路管理单位必须严格执行线路巡视制度，发现隐患及时排查和处理，并做好巡视记录和隐患处理记录。

（5）电工人员要按要求佩戴电气作业劳动保护用品，及时更换，并形成制度。

案例八十四　某公司炼钢厂违章作业造成触电致残事故

事故经过：

某日17时许，某公司炼钢厂天车车间电工王某，在炼钢厂东耐火库距地面约7m高的电动葫芦端梁上检修拖缆线时，不慎触电后失去平衡坠落，造成其右腿骨折。

原因分析：

经现场检查分析，造成此次事故的原因如下：

（1）电工王某在高空进行电气检修作业时未系安全带，是导致本起事故发生的直接原因。

（2）电工王某在无人监护的情况下带电作业，是导致本起事故发生的主要原因。

（3）车间领导负有安全责任。车间领导对本单位员工的安全疏于管理，在明知王某一人进行电气检修作业的情况下，未检查和落实安全技术措施，未安排监护人员进行监护，是造成事故的又一原因。

（4）车间领导负有管理责任。车间领导平时对员工安全教育不够，对员工安全管理不到位，致使员工违章作业，是造成本起事故的主要管理原因。

对策措施：

（1）炼钢厂应针对本单位发生此次事故举一反三，认真总结经验，吸取教训，从严管理，并在全厂开展“反违章、查隐患、保安全”活动，发现问题，及时纠正。

（2）加强员工尤其是电工等特殊工种人员的专业安全技术知识的教育和培训，提高全员安全意识，做到安全生产，文明生产。

（3）无论进行何种作业，都必须严格执行安全生产管理制度。作业前，进行风险识别、评价和分析，制定作业方案和安全技术措施；作业中追踪和检查作业方案和安全技术措施的执行情况，责任到位，措施到位，坚决杜绝违章作业现象。

（4）对于危险作业（如带电作业、高处作业、动土作业和受限空间作业等），要建立和完善相应的管理制度和程序，实行申请、审核和批准制度，负责人要深入现场，了解情况，针对可能发生的问题做好相应的预防控制措施，指派专人负责和监护，确保作业人员的生命安全。

案例八十五　建房吊杆触线带电

事故经过：

某年7月3日11时许，某供电公司95598服务热线接到一个报修电话：某村村民赵某

在建房屋封顶后拆除吊杆时，因没有做好安全措施，吊杆倒在低压线路上，造成3人触电。供电企业立即安排相关人员赶赴现场，到达现场后，民警及120急救人员也已到达，对三名触电人员进行检查，确认一人死亡，两人受伤，医护人员现场对两名伤者稍作处理后紧急送往医院救治。

原因分析：

房主赵某因原房屋使用年限较长（已成危房），办理有关建房手续后，把建房工程承包给没有资质的包工头李某施工，原一层房屋改建成两层。李某在拟建房屋门前搭建简易吊杆，吊杆主干利用直径为200mm的钢管，顶端焊接3个圆环，再利用3根钢丝绳作为拉线固定，作为向二层房屋运送建筑材料的工具。7月3日上午，二楼封顶，李某安排三名建筑工人拆除吊杆，其中一人解除拉线，其他两人用手扶住吊杆。在拆除第二根拉线的过程中，由于没有采取临时拉线安全措施，吊杆重心发生偏移，杆下两人没能扶住，拉杆瞬间倾倒，在倾倒的过程中，西南侧已拆除的钢丝绳弹起触及接户线，由于钢丝绳有断丝，在与下户线摩擦过程中，破坏了下户线的绝缘层，致使整个吊杆及钢丝绳拉线带电，两名扶持吊杆的施工人员触电倒地，一名正在拆除拉线的施工人员触电死亡。供电安全人员在现场用低压验电笔对拉线进行验电时发现，尽管吊杆西南侧钢丝绳还搭在接户线上，但倒地后的吊杆及拉线已无电压。这说明钢丝绳在下滑过程中，刺破绝缘后，短时带电，而不是一直带电，否则其他二人可能都会丧生。综上分析，首先房主赵某不该把工程承包给没有资质的李某。包工头李某安全意识差，根本没有考虑施工环境，安排工作不合理，没有实施有效监护，没有采取任何避免触及电力线路的安全措施，是事故发生的重要原因。其次，三名施工人员安全意识不强及技术水平低，盲目蛮干，从而直接造成事故。

对策措施：

（1）供电企业应做好日常巡线和维护工作。如发现线路或设备有安全隐患，应及时进行消除。

（2）供电企业要加大安全用电和电力设施保护宣传力度，宣传吊车、塔吊、施工机械等在电力设施保护区作业的危害性，使广大用户对电力伤害有一个感性的认识，并在日常生活中注意和防范。对特殊人群发放安全用电明白作业卡，对举报在电力设施保护区内违法作业行为的人员给予一定的奖励，提高全社会依法护电意识，形成良好的保护电力设施氛围。

（3）电力体制改革后，供电企业不再具有电力行政执法权，因此要积极寻求当地政府的支持，建立一支专业化的电力执法队伍，成立打击外破电力设施办公室，提高执法力度。对于不经允许擅自在电力设施保护区进行违法作业的行为，要及时制止和处理。对于确实不能躲开电力设施进行施工的行为（像本起事故，建房本身就需要低压电力），要给予技术指导和支持，要求客户做好电力设施安全防护措施，避免类似事故的发生。

案例八十六　违章建房引发触电死亡事故

事故经过：

某年9月15日，某市郊区某村村民李某，利用节假日期间私自突击建房，将工程承包给没有资质的包工头贾某。9月20日，贾某请来田某的吊车为其二楼吊运楼板。20时许，建筑工人常某在二楼楼顶施工时，吊车司机不慎使吊车的吊臂碰触到离地面7m左右的

10kV 导线上，正在手扶楼板的常某触电后从二楼摔下，砸中一楼的包工头贾某。常某当场死亡，贾某受重伤昏迷不醒被送往医院救治，吊车橡胶轮胎被烧焦、报废。

原因分析：

根据现场调查，该 10kV 供电线路距离地面高度完全合格（在居民区，距离地面 6.5m 为合格），且供电线路上警示牌齐全。本次事故完全是吊车司机擅自在电力设施保护区内（距离边线 5m 以内）违章施工，天熏误碰 10kV 带电线路所致。10kV 电力线路一般采用中性点不接地方式或经消弧线圈接地方式。10kV 线路发生单相接地时，接地电流很小，只有电容电流通过，不会发生跳闸，从而直接酿成了该起人身触电死亡事故。

房主李某未经批准，擅自在国家明令禁止的电力线路下方建房并将工程承包给没有建筑资质的贾某施工，且吊车又系贾某提供，选择施工队和安全监管未尽到责任，也是该起事故的主要原因。

对策措施：

（1）供电企业应充分利用广播、电视、图片等方式宣传安全用电知识，最好把触电事故案例拍成短片，使广大群众对电力伤害有一个感性的认识，从而充分认识电的危险性。对特殊人群，发放明白作业卡。在本起事故中，吊车司机安全意识极差，认为只要技术好，就不会碰到电力线路，就能保证安全，侥幸心理酿成惨祸。

（2）供电企业要安排专人定期巡视电力线路，并加以维护。警示标志缺失后，要及时进行添补。发现安全隐患，要及时进行消除。在本起事故中，供电企业之所以免责，就是因为配电线路符合安全规定，警示标志齐全。

（3）供电企业要加大电力设施保护宣传力度，广泛宣传吊车、塔吊、施工机械等在电力设施保护区作业的危害性，提高全社会依法护电意识，真正使电力设施保护深入人心。对举报在电力设施保护区内违法作业行为的人员给予一定的奖励，形成一个良好的保护电力设施的氛围。

（4）电力体制改革后，供电企业不再具有电力行政执法权。供电企业要积极寻求当地政府的支持，建立一支专业化的电力执法队伍，成立打击外破电力设施办公室，提高执法力度。对于不经允许擅自在电力设施保护区进行违法作业的行为，要及时制止和处罚。

案例八十七 看错工作票，合闸触电伤亡事故

事故经过：

某年 3 月 25 日，某县供电企业所管辖的 35kV 变电站，值班人员刘某根据本单位检修班填写的作业工作票，按停电操作顺序于 9 时操作完毕，并在操作把手上挂上“有人工作，禁止合闸”的标示牌。12 时，刘某与副值付某交接班，刘某口头交代了工作票所列工作任务和注意事项后，又在值班记录填写上“××线有人工作，待工作票交回后再送电”。17 时，付某从外面巡视高压设备区回到值班室，见到一张某线路工作票，以为××线工作已经结束，在没有认真审核工作票、没有填写操作票、没有按操作五制的步骤等一系列违章操作中，于 16 时 36 分将某线恢复送电。此时，检修班人员正在××线上紧张工作着，线路维护工张某在某线路罐头厂配电变压器门型架上作业，其他人员均在变压器周围工作，工作前未挂短路接地线，在付某送上电的一刹那，张某触电，从 5.1m 高的门型架上跌落下来，经抢救无效死亡。付某听说送电电死人后，吓得立即瘫痪在地。待清醒过来，一看那

张某线工作票，却原来是昨天（3月24日）已执行过的。

原因分析：

（1）变电站值班员付某违反《电力安全工作规程（变电部分）》“在未办理工作票终结手续以前，值班员不准将施工设备合闸送电”之规定是造成此次事故的主要原因。

（2）违反《电力安全工作规程（电力线路部分）》“工作许可人在接到所有工作负责人（包括用户）的完工报告后，并确知工作已经完毕，所有工作人员已由线路上撤离，接地线已拆除，并与记录簿校对无误后方可下令拆除发电厂、变电站线路侧的安全措施，向线路恢复送电”和“线路经过验明确无电压后，各工作班应立即在工作地段两端挂接地线”之规定也是造成这次事故的重要原因。

对策措施：

（1）在未办理工作票终结手续以前，严禁合闸送电。

（2）对工作票要认真审核，不能盲目送电。停送电时，要严格按照规程要求进行操作。

（3）已结束的工作票，应加盖“已执行”章，并妥善保存。

（4）按规程要求，认真履行工作终结和恢复送电制度。

（5）高压线路上工作，停电后一定要验电，并在工作地段两端挂接地线。

案例八十八　违章操作熔断器触电身亡

事故经过：

某年6月，某供电所职工赛某在接到用户无电通知后，便独自到用户家中去查看，发现该用户配电变压器高压侧某相跌落式熔断器引线线夹脱落，赛某便捡起一木棍将另外两相跌落式熔断器捅开，且不顾其他人员警告，擅自攀登上变压器台，用低压验电笔在跌落式熔断器电源侧验电时触电死亡。

原因分析：

电工赛某违章作业，未履行工作票制度、工作监护制度，在没有工作监护人和未采取任何安全措施的情况下，未经许可私自在带电设备上工作，违反《电力安全工作规程（变电部分）》第70条“验电时，必须用电压等级合适而且合格的验电器，在检修设备进出线两侧各相分别验电”及第71条“高压验电必须戴绝缘手套，验电时应使用相应电压等级的专用验电器”的规定，是导致此次事故的主要原因。

没有做危险点分析及预控工作，安全意识极其淡薄是本次事故发生的重要原因。该企业安全管理不到位，对从业人员的安全教育和培训考核力度不够，导致工作存在严重违章，从而导致触电身亡事故的发生。

对策措施：

（1）供电企业要依法对各种用工形式、各种用工期限（包括事实劳动关系）的正式职工和聘用电工认真进行安全知识、专业技能培训，提高全员业务素质，并使在岗职工熟练掌握各类安全工器具的正确使用方法，增强自我保护意识。

（2）严把电工聘用关，对考核不合格的聘用电工坚决予以清退。

（3）严格执行“两票三制”，加强对班组的安全教育。强化安全责任制，工作前认真做好危险点分析，对工作班人员进行细致的安全、技术交底，对事故做到超前控制。经常性开展反事故演习，杜绝各类习惯性违章。

案例八十九 电工违章操作触电身亡

事故经过：

某年6月某日，某市某十字路口交通指挥岗亭2名民警到某供电所联系处理交通指挥岗亭电源不正常问题，在没有找到负责人的情况下，恰巧遇到了一名熟悉的电工刘某，就要求其帮忙处理。

于是刘某独自一人带上工具和他们一起来到十字路口东北侧一南北走向的低压线路16号杆下，在穿戴好登杆用具准备登杆时，刘某不顾民警的提醒“这杆很危险，注意点”就开始向上登杆，等到达接线头处他才系好安全带，开始观察交通指挥岗亭电源线的接头情况，发现右边（西边）接线（即相线）有点松，就解开，没有发现问题又重新接上。接着又解左边（东边）接线（即中性线），发现接头已烧断，他右手拿着钳子，左手拿着线，开始剥线的绝缘层时突然一声大叫，人身体后仰倒挂在杆子上。看到这个情况，2名民警立即打电话给110、120及电力调度，要求停电救人。5min后，抢救人员把他从杆子上救下并紧急送医院抢救，但终因伤势过重抢救无效死亡。

原因分析：

（1）电工单独带电工作，且未使用绝缘柄工具、戴手套及采取其他安全措施，违反了《电力安全工作规程》带电作业的有关规定。

（2）电工上杆前，不清楚电源的接线情况，因此在拆、接线中，随意拆、接好一相（实际是相线）后，再拆剥另一相（实际是中性线）的绝缘层。此时，因交通指挥岗亭内电源隔离开关及红绿灯控制开关均没有断开，相线已接好，已人为地使中性线带电，当右手触到裸露线时，电击使人向后仰（安全带系住腰部），造成脑部缺氧，窒息死亡。

（3）单位对职工安全培训教育和业务知识培训不到位。

（4）现场人员不知道如何救护，失去了抢救时机。

对策措施：

（1）这起事故是由于电工严重违章造成的，单位应反思在每年《电力安全工作规程》学习考试中存在的不足，要针对岗位工种的实际实施有效学习考试。

（2）加强对职工的业务培训，严格考试，做到持证上岗，特别是特种人员。

（3）加强管理，严格工作制度，严禁未经批准外出工作。

（4）应将这起事故通报全单位，使人人受到教育，杜绝类似事故的发生。

案例九十 电工拆焊机触电死亡

事故经过：

某年5月17日，某电厂发电车间检修班电工刁某带领班组成员张某检修380V直流电焊机。电焊机修好后进行通电试验，情况良好，并将电焊机开关断开。刁某安排张某拆除电焊机二次线，自己拆除电焊机一次线。刁某蹲着拆除电焊机电源线接头，在拆除一相后，拆除第二相的过程中意外触电，经抢救无效死亡。

原因分析：

（1）刁某参加工作10余年，一直从事电气作业并获得高级维修电工资格证书，在本次

作业中刁某安全意识淡薄，工作前未进行安全风险分析，在拆除电焊机电源线中间接头时，未检查确认电焊机电源是否断开，在电源线带电又无绝缘防护的情况下作业，导致触电。刁某违章作业是此次事故的直接原因。

(2) 张某作为检修成员，在工作中未有效进行安全监督、提醒，未及时制止刁某的违章行为，也是造成此次事故发生的原因之一。

(3) 刁某在工作中不执行规章制度，疏忽大意，凭经验违章作业酿成恶果。

(4) 车间班组管理存在漏洞，轻安全重生产经营。

对策措施：

(1) 采取有力措施，加强对现场工作人员执行规章制度的教育与监督，杜绝违章行为的发生。作业组成员相互监督，严格执行安全生产操作规程和企业监督制度。

(2) 所有作业必须事先进行安全风险分析，并填写安全分析卡。

(3) 完善设备停送电制度，制定设备停送电检查卡。

(4) 加强职工的专业技术和安全知识培训，提高职工的业务素质和安全意识，让职工切实从思想上认识违章作业的危害性。

(5) 完善车间、班组安全管理制度，建立个人安全生产档案，对不具备本职岗位所需安全素质的人员进行培训或转岗。安排工作时，要及时了解职工的思想动态，以便对每个人的工作进行周密、妥善的安排，并严格执行工作票制度，确保工作人员的安全可控与在控。

案例九十一 未经允许登杆作业触电死亡事故

事故经过：

某年，某施工单位为某厂新建一条10kV高压线路，线路由某厂变电站经该厂热处理工房、锻造工房至工具机加工房。8月2日以前，新建线路已经能对锻造工房供电，但工具机加工房的变压器尚在安装，没有投入运行。新建线路还没有交付使用。

8月2日，锻工房的锻造空气压缩机须试车，要停止新建（电）线路上的一切作业。当日上午7时30分上班后，该厂变电站根据电气车间主任填写的对新建线路送电的工作票，于7时46分给新线路某号盘送了电。

当天，车间副主任又布置电工班派人去工具机加工房接变压器地线（但未告诉电工班该变压器已送电）。班长派进厂两年的徒工赵某和进厂三个月的徒工张某完成此任务。张某到工作地点，就系上安全带，登上变压器10kV高压引下线的电杆顶端，准备更换前两天作业时留下的一个并勾线夹螺钉，当左手把住横担，右腿跨越高压线时，就触电倒在横担和高压线上。赵某发现张某触电后，立即通知变电站拉闸，才将张某救下来，经抢救无效死亡。

原因分析：

给新建10kV线路（尚未交付使用）上临时送电试车，未通知在该线路上作业的人员，致使作业者触电死亡。

对策措施：

(1) 对新建10kV线路（特别是还未交付使用的）临时送电，不仅要先通知在线路上的作业人员，还要通知在此线路附近的有关单位和人员。

（2）教育电气作业人员，必须坚持先验电、接地线，再进行作业的制度，不管已知停电与否，都应如此，以防万一。

（3）领导在布置工作任务的同时，一定要讲明工作应注意的安全事项。

案例九十二 行灯连接线破损造成触电死亡事故

事故经过：

某年6月22日晚8时，电气检修工赵某加班检修带锯机时，将行灯防护罩去掉安上300W的灯泡，接在220V的电源上，因行灯手柄处约有3cm长导线绝缘破损，赵某伸手去接他人递过来的行灯时，手碰在导线的裸露芯处而触电，经抢救无效死亡。

原因分析：

赵某手触及220V电源的行灯导线（绝缘破损）线芯裸露处，触电致死。

对策措施：

（1）行灯导线应用双芯橡胶软线，且应经常检查其绝缘情况，灯头要有防护罩和挂钩，使之保持完好状态。

（2）行灯使用电压不得超过36V，用于特别潮湿或金属容器内时，电压不得超过12V，并应使用一、二次绕组分开的行灯变压器，不得使用自耦变压器，变压器外壳应有良好的接地线或接零。

案例九十三 违章操作触电死亡事故

事故经过：

某年6月16日19时15分，该厂某车间B线白班生产已经结束（当日洗瓶机生产结束时间为18：14，装箱机结束时间为19时10分），该线维修班已全面进入各机台清理卫生和设备维护、保养阶段。根据生产部安排，该线夜班生产时间为20：00开始，留给维修班的工作时间只有3～4小时。维修班长根据车间要求安排维修电工白某（持证电工）到该线洗瓶机前捡烂口瓶岗位安装一台挂壁式风扇。该风扇的悬挂固定装置在安装之前已经安装好，故本次安装只需将风扇电源线接通即可。电工白某到达作业现场后先将风扇挂在固定座上，由于装设风扇离地面高约1.55m，再加上装设风扇的固定座，总的高度约1.85m，要顺利操作必须登高，而装风扇的岗位处正好有一只铁座椅，而其踏脚座离地面也只有30cm左右，于是该电工便站在座椅的踏脚座上进行操作。由于控制电源离操作位置相对较远，该电工为图方便便在该岗位的检验灯上面没有停电而直接跨接电源线，在操作时造成触电，由于倒地时其头部后脑勺着地造成致命伤害，经医院抢救无效死亡。

原因分析：

（1）操作工在带电跨接电源线过程中，手部碰及裸露的电线而发生触电，是造成这起事故发生的直接原因。

（2）操作工在工作中违反《电力安全工作规程》和安全用电的有关要求，没有及时采取停电跨接电源线而违规带电操作，同时在操作中没有按要求穿绝缘鞋是造成这起事故发生的主要原因。

（3）现场安全管理存在漏洞，对员工安全教育不够。

对策措施：

（1）向全厂各部门通报这起事故，立即组织一次安全大检查，重点检查用电安全状况，落实电器管理安全操作规程和劳保用品的正确佩戴。

（2）所有维修电工（包括弱电工、电焊工）在正常工作时必须穿着绝缘鞋。

（3）针对伤亡事故的发生，在全厂范围内再一次开展以“规范操作关爱生命”为主题的安全教育活动，以各班组、各岗位为单位，结合事故案例及可能发生的事故进行反思、讨论。修订、补充、完善岗位安全操作规程，组织安全用电知识培训，增强安全操作技能，严格按标准规范操作。

案例九十四　用户返送电导致触电身亡事故

事故经过：

某年8月，某施工职员在10kV线路杆塔上工作，因用户返送电导致触电身亡。经检查，该施工职员在工作前，已断开10kV线路首端开关，但没有断开四周用电变压器的高压跌落熔丝，同时在工作地点挂接地线时只挂了两相，没有挂三相，而且接头松动，接触不好。而四周某施工企业自备柴油发电机没有按要求装设双向切换开关，当10kV线路停电后，该用户开启自备柴油发电机，因操纵不当，通过施工变压器低压侧向10kV侧线路返送电。而施工职员的三相接地短路线也没有接好，起不到保护作用，致使线路工触电死亡。

原因分析：

（1）违反《电力安全工作规程》。工作前没有认真做好安全用电的组织措施和技术措施。

（2）用户自备发电电源没有装设双向切换装置。

（3）作业员工安全意识淡薄，自我保护意识不强，缺乏安全用电知识和触电急救知识。

对策措施：

要严格执行《电力安全工作规程》规定，使用电气设备时，必须实施安全的组织措施和技术措施。对10kV及以下的农电用电职员来说主要要求是：

（1）要按计划实施工作步骤，工作前应填写工作票或工作任务单，并制订安全措施，严格工作许可制度。

（2）工作时，现场至少要有2个人，1人操纵，1人执行监护，并严格监护制度。

（3）悬挂标示牌，在断开的断路器、隔离开关操纵把手上悬挂“禁止合闸，有人工作”的标示牌。

案例九十五　领导违章作业，员工触电死亡事故

事故经过：

某年2月20日下午，某氧化铝厂进行110kV-4段母线清扫、115断路器换油工作。电气主任擅自扩大工作范围，决定清扫115-4隔离开关，不仅未办理工作票，而且错将梯子移至带电的114-4隔离开关处，同时摘掉114-4隔离开关处的“止步，高压危险”警示牌。检修工到现场后，也未核对隔离开关的编号，登上带电隔离开关，电弧烧伤致死。

原因分析：

（1）领导严重违章指挥，擅自决定扩大工作范围。

（2）电气主任擅自摘除安全警示牌。

（3）检修工未核对隔离开关的编号。

对策措施：

（1）作业中，不得扩大工作范围。若需扩大工作范围，必须重新办理工作票。

（2）除运行人员外，其他人员不得摘除安全警示牌。

（3）《电力安全工作规程》（变电部分）3.2.14 规定："……若扩大工作任务，必须由工作负责人通知工作许可人，并在工作票上增填工作项目。若须变更或增设安全措施者，必须填用新的工作票，并重新履行工作许可手续"。

（4）《电力安全工作规程》（变电部分）3.2 规定："工作负责人、工作许可人任何一方不得擅自变更安全措施，值班人员不得变更有关检修设备的运行接线方式。工作中如有特殊情况需要变更时，应事先取得对方的同意"。

案例九十六　拆除试验电源触电死亡事故

事故经过：

某年 7 月 12 日，电工组组长华某安排余某检修断路器本体，当余某正在对本体进行带电试验时，因有私事，在没有停电也没有向附近其他任何人交代的情况下擅自离岗，办完事回来后，直接用双手去拆除电源，造成两相触电，经抢救无效死亡。

原因分析：

（1）余某在带电试验开关本体时，违反劳动纪律，在既没有按规定停电，也没有向附近其他任何人交代的情况下离开工作岗位，回来后，又在没有确认开关本体是否带电的情况下，拆除电源线，是导致事故发生的直接原因。

（2）电工组组长在安排余某检修开关时，没有安排监护人进行监护，是造成事故的间接原因。

（3）厂部领导对职工的安全教育不够，职工安全意识淡薄，劳动纪律执行差，安全管理方面存在漏洞，职工有章不循，存在习惯性违章现象。

对策措施：

（1）对职工加强安全思想教育，提高职工安全自保意识和遵章守纪的自觉性。

（2）在操作电器设备时，一定要严格执行停送电和挂牌检修制度，在检修设备和拆除电源前，应严格执行停电、放电和验电程序。

（3）对电气设备进行带电试验时，要设专人进行监护。

（4）在员工间严格执行安全联保互保制。

案例九十七　违章接电源触电死亡事故

事故经过：

某年 8 月 15 日 15 时 30 分，某电力实业开发总公司建筑安装公司承包地下排水工程，在地坑深度 5.8m 作业过程中，因地下水上涨，必须要用抽水泵将坑内水抽净。

16 时 50 分左右，唐某取来小型抽水泵，即与另一名在场的电工田某开始进行电源接线工作。田某在地坑上面，唐某在地坑内接电线，唐某在地坑内喊田某投电源试转，田某确

认后就登上工具箱上部投电源，先投熔断器，又投开关把手，田某从工具箱上面下到地面时，听到地坑内有人喊“有人触电了”，田某这时又登上工具箱拉开电源开关，这时唐某已仰卧在地坑内。在场同志立即将其从坑内救出地面，汽机分公司王某对唐某进行不间断人工呼吸，并立即送往医院抢救，经医院全力抢救无效，于17时45分死亡。

原因分析：

此次人身死亡事故的直接原因是唐某在作业中图省事，怕麻烦，擅自违章蛮干造成的。唐某在作业中，电源进口引线三相均未固定，用左手持电缆三相线头搭接在自动空气开关进口引线螺钉上（电源侧）进行抽水泵的试转工作，在用右手向左手方向投自动空气开关时因用力过猛，电源线一相碰在左手大拇指上触电，触电后抽手时，将电源线（三相）抱在身体心脏处导致触电死亡。

对策措施：

在潮湿环境下进行电气作业，必须做好安全措施，必须装设剩余电流动作保护器，必须提高安全意识，加强自我防护能力。

案例九十八　电力作业违章触电死亡事故

事故经过：

某年8月3日17时许，某炼钢厂天车车间电工王某，在炼钢厂东耐火库距地面约7m高的电动葫芦端梁上，检修拖电缆线时，不慎触电后失去平衡坠落，经抢救无效死亡。

原因分析：

（1）电工王某在高空进行电气检修作业时未系安全带，是导致本起事故发生的直接原因。

（2）王某在无人监护的情况下带电作业，是导致本起事故发生的主要原因。

（3）车间主任对本单位员工的安全疏于管理，安全“五同时”（即指在改建、扩建、新建、技改等项目时，主体工程与安全设施“同时设计、同时施工、同时投产运行”的“三同时”制度和在处理五安全与生产的关系上，应坚持“同时计划、同时布置、同时检查、同时总结、同时评比”的“五同时”原则）执行不到位，违反电工操作规程，在明知王某一人进行电气检修作业的情况下，未进行互联互保提醒。

（4）单位领导对员工安全教育不够，平时对员工安全管理不到位，致使员工违章作业。

对策措施：

（1）炼钢厂应针对本单位发生事故举一反三，认真总结经验，吸取教训，从严管理，并在全厂开展“反违章、查隐患、保安全”活动，加强员工的安全意识，做到安全生产，文明生产。

（2）无论进行何种作业，都必须严格执行安全生产“五同时”并做到互联互保，责任到位，措施到位，坚决杜绝违章作业现象。

参考文献

[1] 国家电力监管委员会电力业务资质管理中心. 电工进网作业许可考试高压类理论 [M]. 北京：中国财政经济出版社，2006.
[2] 国家电力监管委员会电力业务资质管理中心. 电工进网作业许可考试低压类理论 [M]. 北京：中国财政经济出版社，2006.
[3] 林玉歧. 电气作业安全操作指导 [M]. 北京：化学工业出版社，2009.
[4] 曹孟州. 供配电设备运行维护与检修 [M]. 北京：中国电力出版社，2011.
[5] 曹孟州. 电气安全作业培训教材 [M]. 北京：中国电力出版社，2012.
[6] 王曹荣. 电工安全必读 [M]. 北京：中国电力出版社，2013.